文系のための SPSS データ解析

山際勇一郎・服部 環 著
Yuichiro Yamagiwa & Tamaki Hattori

SPSS Data Analysis for
Liberal Arts Students

ナカニシヤ出版

はじめに

本書では心理学，福祉学，教育学などの人文系領域で必要とされるデータ解析法を学びます。
そのデータ解析法は多岐にわたりますが，本書では，人文系領域で初めてデータ解析法を学ぶ人を念頭に置き，記述統計として平均と散布度，相関と連関，推測統計として基本的統計量に関する有意性検定を取り上げました。平均値に関する検定では，1 要因と 2 要因の分散分析を説明しました。また，多変量解析法として重回帰分析と探索的な因子分析を解説しました。このような方法を選択したことで，実証的研究に必要とされるデータ解析法の基本的な部分をカバーできたと思います。

本書のコンセプト

データ解析法を習得するための学習方法はさまざまなものがありますが，本書では，読者が実践的にデータ解析を行うことができるよう，次のコンセプトを設定しました。

- **IBM SPSS Statistics を用いて計算する**
  IBM SPSS Statistics（以下，SPSS）を利用できる環境が整っている大学や職場が多いですから，ほとんどの計算を SPSS に任せました。
- **計算・分析事例を先に示す**
  それぞれの分析方法について，SPSS を用いた計算・分析事例を先に示し，出力を参照しながら統計的な説明を加えるというスタイルをとりました。
- **SPSS の操作手順を詳細に説明する**
  現在の SPSS ではパソコン画面からメニューを選んで分析を進めていきますので，パソコン画面を繰り返し紹介しました。初めて SPSS を利用される方でも，本書のパソコン画面を参照してメニューを選んでいけば，操作手順を迷うことはないと思います。たとえば，SPSS でエクセル形式のファイルを読み込む手順は，次のように記述しました。

【SPSS の手順】
〈a〉データビューを開く
〈b〉メニューを選ぶ
　[ファイル (F)] → [開く (O)] → [データ (D)] →**データを開く**ダイアログボックス
　〈i〉データファイルがある場所の指定
　　データを開くダイアログボックス（図 1.15）で，**ヒストグラム.xlsx** が保存されているデスクトップを**ファイルの場所 (I)** として指定する。
　〈ii〉（以下，省略）

ここで，括弧（［ ］）で挟んだ字句は SPSS のメニューを示し，メニューを結ぶ矢印（→）は選択手順を示します。したがって，エクセル形式のファイルを読み込むためには，〈a〉SPSS を起動してデータビューを開き，〈b〉［ファイル（F）］メニューの［開く（O）］を選び，さらに［データ（D）］を選びます。すると，図 1.15（12 ページ）に示すデータを開くという名称のダイアログボックスがポップアップしますので，その中のファイルの場所（I）という枠にデスクトップを指定する，というわけです。

- **キーとなる統計量と効果量の解釈の仕方を説明する**
  SPSS を利用してデータ解析を行うとたくさんの統計量が出力されます。データ解析法を学び始めたときは，どれをどのように解釈してよいか迷うと思います。そのため，本書では，キーとなる統計量と効果量について解釈の仕方を説明しました。
- **論文の記載方法を例示する**
  初めて論文やレポートを書くとき，SPSS から出力された多数の統計量の中から，どれをどのように論文へ記載してよいかわからないのではないでしょうか。そこで，架空の分析事例を作って検定と解析方法の手順を説明し，論文へ記載すべき統計量と分析結果の記載方法を具体的に解説しました。たとえば，対応のない t 検定は次の通りです。ここでは表 3.8（54 ページ）と記号の解説を省略しますが，このような記載例から，論文へ記載すべき統計量とその記載方法を知ることができると思います。

> ある学習課題を課して個別学習とグループ学習の学習効果を調べた。事後テストの平均値と標準偏差は表 3.8 の通りであり，対応のない t 検定を用いて 2 群の平均値差を検定した結果，個別学習はグループ学習よりも学習効果が有意に高かった（$t(8) = 2.322$，$p < .05$，$r = .635$，95%CI[0.023，6.810]）。

SPSS のバージョンによる違い

SPSS はバージョンが違っても操作手順は変わりませんが，画面へ表示される字句と出力される字句が異なることがあります。たとえば，分散分析の変動因の 1 つに誤差項があるのですが，それが**エラー**と表示されるバージョンと，**誤差**と表示されるバージョンがあります。また，自由度が df と表示されたり，**自由度**と表示されたりします。本書へ記載した画面とお手元のパソコン画面の字句が異なるときは，バージョンの違いが原因であるとご理解下さい。ちなみに本書の事例の計算には，バージョン 21 とバージョン 22 を使用しました。

お礼

東京経済大学の川浦康至先生が私たちをナカニシヤ出版編集部の宍倉由高さんへご紹介下さり，本書を企画することができました。また，宍倉さんには，本書の最終稿を提出するまで長期間にわたり辛抱強く待っていただきました。川浦先生のご紹介と宍倉さんの辛抱強さがなければ本書を完成することはできませんでした。この場をお借りして，お二人に深く感謝の意を表します。

2015 年 12 月

山際勇一郎・服部　環

目次

第1章

分析の方針と SPSS の基本操作

調査や実験の対象を調査・実験協力者，被験者，ケース，個人などと呼び，身長，体重，テストの得点，質問に対する回答，反応時間のように個人ごとに異なる値を取るものを変数という。本章では，データ解析法を学ぶ準備として，最初に分析方法と変数のタイプを概観し，その後，SPSS の基本的な操作を学ぶ。

1.1　分析の方針を決める

統計的手法の選択は，

- 測定値の差の分析か関係の分析か
- データのなす尺度は何か
- 多変数を同時に扱うか

の 3 点でおおよそ決まる。さらに，多変数を扱う場合は，多変数の構造を分析するか，もしくは影響を分析するかという観点が加わる。

1.1.1　差の分析と関係の分析

測定値（データ）は，次の 2 つの観点から比較することによって意味をもつ。

(1) 差をみる

男女に能力差があるか，小学生・中学生・高校生の間では政治に対する関心の程度に違いがあるかのように，グループ間の差を調べることを目的とする分析がある。これには t 検定，分散分析，クロス集計表の χ^2 検定などが入る。第 3 章から第 8 章で，こうした検定について学ぶ。

(2) 関係をみる

身長の高さと体重の関係は強いか，また，知能と創造性に関係があるかのように，変数間の関係の強さを調べることを目的とする分析がある。関係の強さを表す統計量には Pearson の（積率）相関係数や Cramer の連関係数などがある。

また，変数間で因果関係が明確なときには回帰分析を用いて因果関係の強さを調べる。第 8 章と第 9 章で変数間の関係を分析する方法や検定について学ぶ。

1.1.2 尺度を判定する

データの尺度には名義尺度（nominal scale），順序尺度（ordinal scale），間隔尺度（interval scale），比率尺度（ratio scale；比尺度，比例尺度とも呼ばれる）の4種類がある。分析方法はデータがなす尺度によって異なる。

（1）名義尺度

名義尺度は測定値の間に順序も間隔もない。測定値は性質や属性を示すカテゴリである。たとえば，性別は「男，女」，海外旅行の経験は「経験有り，経験無し」というカテゴリである。カテゴリは2値とは限らず，「賛成，反対，どちらでもない」は3カテゴリ，「A政党，B政党，C政党，D政党，支持政党なし」は5カテゴリ，野球やサッカーなどスポーツチームの背番号は人数分だけのカテゴリがある。

データを処理するうえでカテゴリ名のままでは扱いにくいので，数値を割り当てる。たとえば，性別では「男」を1，「女」を0にしたり，意見では「はい」を1，「いいえ」を0にする。これをコーディングという。2値しかとらないデータはコーディングを1と0にすることが多いので，イチゼロ・データということもある。もちろん，名義尺度は測定値間に順序も間隔もないので「男」を1，「女」を2にしてもよい。

（2）順序尺度

順序尺度は測定値の間に大小，あるいは前後などの順序があるが，その間隔の大きさに意味はない。たとえば，卵の大きさの「S，M，L，LL」やコンテストの「金，銀，銅」，成績の「優，良，可，不可」などである。フルマラソンの1位と2位が1秒の差であっても，15分の差であっても，「金」と「銀」という同じ観測値をとる。

データを処理するときは名義尺度と同じように数値を割り当てる。コーディングに際しては，1，2，3，$\cdots$ と正の整数値を用いることが多い。ただし，1と2の間の差も2と3の間の差も1であることから，属性の差も同じように思えるが，フルマラソンのタイムの例にみられるように，順序尺度をなす測定値は順位の差が等しくても，属性の差が等しいとは限らない。

（3）間隔尺度

間隔尺度は測定値の間の順序性と等間隔性が保証されている。順序性とは，順序尺度の場合と同じで，たとえば，10°Cより20°Cの方が暑く（大きく），30°Cはさらに暑い（大きい）というように，数値の大きさが属性の大きさ，つまり暑さの順序に一致していることをいう。等間隔性とは，数値間の大きさが等しいとき，属性の差も等しいことをいう。たとえば，10°Cと20°Cの差が表す物理量の差（10°Cを20°Cへ上げるために必要なエネルギー）は，30°Cと40°Cの間の差が表す物理量の差（30°Cを40°Cへ上げるために必要なエネルギー）と等しい。このような等間隔性が保証されている点で間隔尺度は順序尺度と異なる。

（4）比率尺度

比率尺度は測定値間の順序性と等間隔性に加えて等比性が保証されている。たとえば，10kgより20kgが大きく（順序性），10kgと20kgの差の10kgと，20kgと30kgの間の差の10kgは同じ重量であり（等間隔性），さらに，等比性として，10kgの2倍は20kgであるというように，比率尺度は絶対原点（0）を基準として数値の間に比例関係がある。10°C の 2 倍の暑さが 20°C であるとは言えないので，摂氏による温度表示は比率尺度をなさない。

順序尺度と名義尺度の変数を離散変数あるいは質的変数といい，間隔尺度と比率尺度の変数を連続変数あるいは量的変数（変量）ということもある。

尺度の種類と，差をみるか関連をみるかが決まれば分析手法は決まる。

■評定尺度法を用いて収集したデータについて

心理学で多用される評定尺度（rating scale）法で収集されたデータは通常，間隔尺度をなす変数として扱われるが，厳密には難しい議論がある。たとえば，「非常に好き」を 2 点，「少し好き」を 1 点，「どちらでもない」を 0 点，「少し嫌い」を −1 点，「非常に嫌い」を −2 点というように数値化することがある。間隔尺度をなす変数であるなら数値の移動が許されるので，回答カテゴリに，5，4，3，2，1 点を与えても，4，3，2，1，0 点を与えてもよい。これには問題はない。

問題は各数値間の等間隔性である。たとえば，「非常に好き」と「少し好き」の間の 1 点が表す属性の差，つまり，好きという心理量の差は「少し好き」と「どちらでもない」の間の 1 点が表す属性の差と等しいと言えるか，という問題である。厳密には同じであるとは言い難く，等間隔性は保証されない。しかし，多くの場合は経験的な「みなし」によって等間隔性を仮定してデータ処理を行っている。その方が柔軟なデータ処理を行うことができるからである。

したがって，評定尺度は間隔尺度であると決めつけずに，慎重に扱うことが望ましい。特に，数値を割り当てる前に評定尺度の「非常に」とか「少し」などの言葉の使い方（ワーディングという）は十分な配慮が必要である。また，等間隔性に疑問がある場合は，間隔尺度をなすデータに適用する技法ではなく，順序尺度をなす変数に適用する技法を採用することも大切である。要するに，評定尺度データを解析するときは，数値間に等間隔性が成り立つかどうかを十分に検討すること，そして，等間隔性が成り立たないときや等間隔とみなせないときは，間隔・比率尺度データに適用するデータ処理技法をあきらめることである。

1.1.3 扱う変数は多変数か

実験などで観測値の条件差や変数間の関連を検討する分析では扱う変数は比較的少ない。しかし，調査研究で質問項目を扱うときには分析項目は少なくても 20〜30 項目，場合によっては 100 項目を超えることがある。このような多くの変数や要因を同時に扱う分析法は多変量解析法と呼ばれ，さまざまな手法が開発されている。多変量解析法は次の 2 つへ大別される。

(1) 変数群の構造を探る

たとえば，政治に対する満足度を調べるために 50 個の質問項目を用意したとしよう。各質問内容について満足度をみていくと 50 回の考察が必要となるが，それでは政治に対する態度全体を概観したり，全体を通して一貫したコメントを与えるには複雑すぎる。しかし，50 項目を外交，教育，福祉に関する満足度というように要約し，3，4 個のグループに分割できれば，グループ単位で検討することができ，全体の満足度を把握しやすくなる。多数の変数をグルーピングする技法として因子分析やクラスター分析などがあり，第 10 章で因子分析を学ぶ。

（2） 変数間の影響関係をみる

ある科目の学習後の成績を予測するとき，一般的な能力だけでなく，その科目に対する関心度，授業での発言回数などを合わせて用いると，予測の精度が高まることがある。このように1つの変数に与える多変数の影響を解析していく技法があり，代表的なものとして重回帰分析や判別分析がある。第9章で重回帰分析を学ぶ。

1.2 SPSSの基本操作を知る

1.2.1 ウィンドウの名称と役割

分析に使うひとまとまりの資料や測定値のことをデータセットという。SPSSの作業は，そのデータセットの作成，分析の実行，出力を読むという3段階に分かれ，作業に必要なウィンドウ（画面）がそれぞれ用意されている。主なウィンドウの名称と役割は以下の通りである。

（1） データエディタ

データセットを作るウィンドウである。SPSSを起動すると作業確認用ウィンドウ（図1.1）が開く（バージョンによって作業確認用ウィンドウは異なる）。ここで右下の**キャンセル**ボタンをクリックすると，**データエディタ**（図1.2）が開く。**データエディタ**は**データビュー（D）**と**変数ビュー（V）**の2つから構成され，**データビュー（D）**（図1.2）でデータを入力し，**変数ビュー（V）**（図1.3）で変数の名前や型などの情報を管理する。**データビュー（D）**と**変数ビュー（V）**との切り替えには，画面左下のタグを使う（変数名をダブルクリックしても切り替えは可能）。

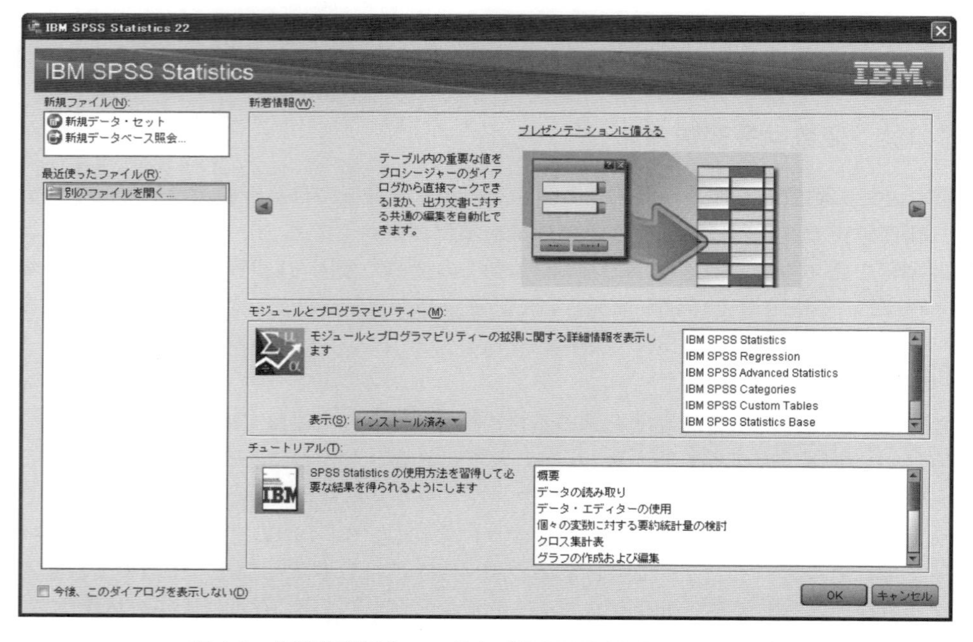

図1.1 作業確認用ウィンドウ（IBM SPSS Statistics 22）

(2) ダイアログボックス

図 1.1 の作業確認用ウィンドウのように，SPSS がユーザへ何らかの応答を要求したり，ユーザが処理方法を SPSS へ指示するウィンドウがあり，**ダイアログボックス**と呼ばれる。詳細な分析方法の指定にも，**ダイアログボックス**を利用する。

(3) ビューア

計算結果や処理に用いたシンタックス（命令文）を表示する出力ウィンドウである。

(4) シンタックスエディタ

ダイアログボックスから分析方法を指定できないときに，**シンタックスエディタ**を使う。**シンタックスエディタ**は，**データエディタ**のファイル (F) メニューを選び，[新規作成 (N)] → [シンタックス (S)] と進んで開く。**シンタックスエディタ**では，ユーザが文字列によって処理手順を書き，SPSS へ実行命令を送る。

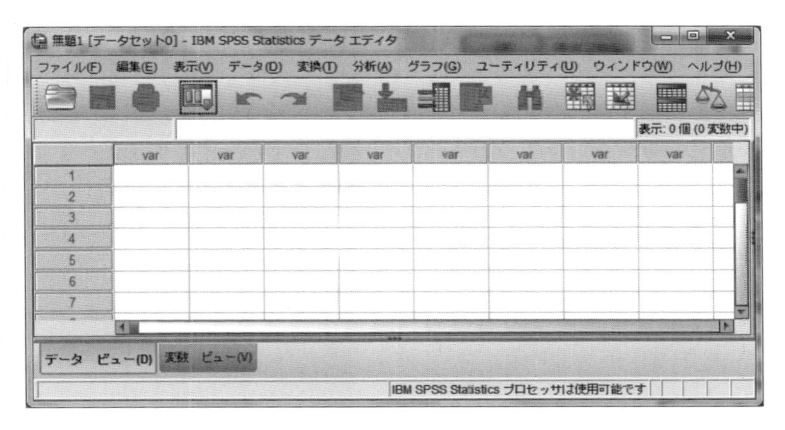

図 1.2　データビューウィンドウ

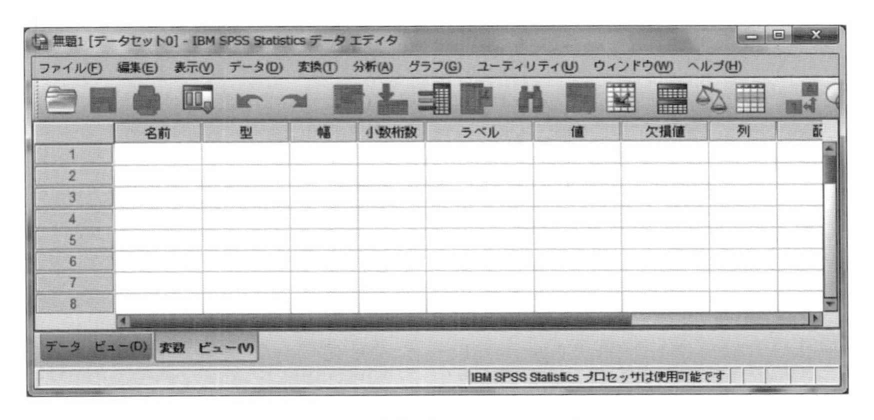

図 1.3　変数ビューウィンドウ

1.2.2　分析するデータセットを作る

データセットを作成する方法は2つあり，1つはSPSSの**データエディタ**を使う方法，もう1つは他のソフト（たとえば，エクセル）を用いて作成したデータファイルをSPSSへ読み込む方法である。2つの方法をここで説明する。

(1) データビュー(D)を用いてデータを入力する

SPSSを起動してデータエディタを開き，**データビュー(D)**（図1.2）を選ぶ。**変数ビュー(V)**が開いたときは，画面左下のタグをクリックして**データビュー(D)**へ切り替える。**データビュー(D)**に表示されるシートの行（縦）と列（横）の役割は決まっており，行（縦）を被験者，列（横）を変数とする。最左列のセル（マス目）には上から下へ1，2，3，… と行番号が表示され，最上部のセルにはすべて`var`と表示される（図1.2)。`var`とは変数を意味する英単語variableのvarである。基本的には行（縦）へ1行ずつ，被験者1人分のデータを入力する。

なお，近年の論文や書籍では，被験者（subject）という語は参加者（participant）に変わりつつあるが，本書では，SPSSの出力が被験者と標記するので，混乱を避けるために旧来の被験者という語を使用する。論文記載などにおいては2つの語を適宜使い分ける必要がある。

それでは，表1.1に示す10名の仮想データをシートの第1列から第8列のセルへ打ち込んでみよう。質問1と質問2は下記の陳述に対する回答であり，「当てはまらない」を1，「どちらでもない」を2，「当てはまる」を3とした。2項目とも不満表明傾向の強さを測るが，質問2は逆転項目と呼ばれ，得点が小さいほど不満を表明する傾向が強い。都道府県は国が定めた全国地方公共団体コードであり，北海道の1から沖縄県の47まで，おおむね北から南へ1から47までの数字が割り振られている。

(1) 番号　　被験者の番号である。
(2) 性別　　男が1，女が0である。
(3) 質問1　　「不満を感じたときは，相手に伝える。」という陳述である。
(4) 質問2　　「いらついても，冷静を装う。」という陳述である。
(5) 反応時間　刺激が呈示されてから反応するまでの時間を表す。単位はミリ秒である。
(6) 学年末　　10段階で評定した学年末成績である。
(7) 得点　　100点満点のテストの得点である。
(8) 都道府県　全国地方公共団体コードである。

10名のデータを入力した結果は図1.4の通りであり，変数名が`var`から`VAR00001`，`VAR00002`，`VAR00003`，…，`VAR00008`へ自動的に変わっている。また，数値は小数点以下2桁まで表示されている。

(2) 変数ビュー(V)で変数を管理する

データエディタの左下の隅にあるタグをクリックして**変数ビュー(V)**へ切り替えた結果を図1.5に示す。**変数ビュー(V)**の最上部のセルに，左から「**名前，型，幅，小数桁数，ラベル，値，欠損値，列，配置，尺度，役割**」という項目が並んでいる。変数の管理はこの項目を用いて行う。以下，使用頻度が高く，便利な項目について説明する。

表 1.1 入力に用いる仮想データ

(1) 番号	(2) 性別	(3) 質問 1	(4) 質問 2	(5) 反応時間	(6) 学年末	(7) 得点	(8) 都道府県
1	1	1	2	333	5	54	5
2	1	2	3	292	3	67	4
3	0	1	2	323	4	86	3
4	1	3	2	365	2	29	1
5	0	3	1	282	1	25	8
6	0	2	1	430	10	89	12
7	0	2	3	252	7	70	32
8	1	1	3	309	6	59	47
9	1	2	1	253	8	72	2
10	0	1	3	379	5	64	3

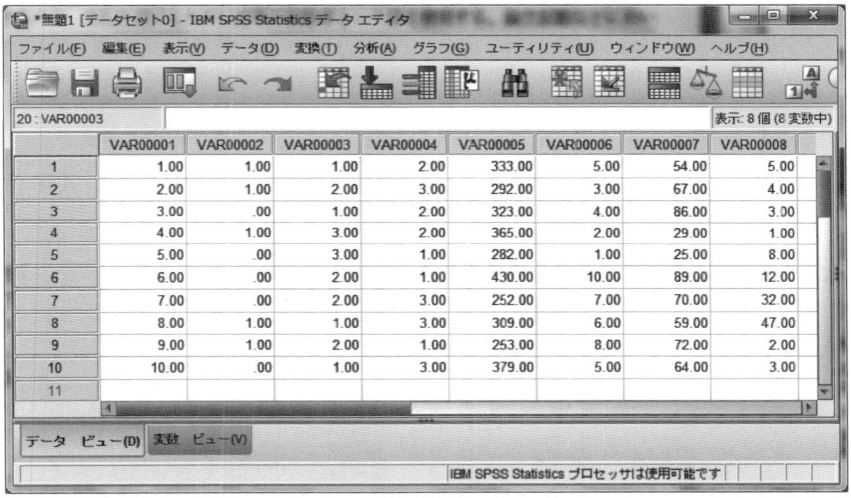

	VAR00001	VAR00002	VAR00003	VAR00004	VAR00005	VAR00006	VAR00007	VAR00008
1	1.00	1.00	1.00	2.00	333.00	5.00	54.00	5.00
2	2.00	1.00	2.00	3.00	292.00	3.00	67.00	4.00
3	3.00	.00	1.00	2.00	323.00	4.00	86.00	3.00
4	4.00	1.00	3.00	2.00	365.00	2.00	29.00	1.00
5	5.00	.00	3.00	1.00	282.00	1.00	25.00	8.00
6	6.00	.00	2.00	1.00	430.00	10.00	89.00	12.00
7	7.00	.00	2.00	3.00	252.00	7.00	70.00	32.00
8	8.00	1.00	1.00	3.00	309.00	6.00	59.00	47.00
9	9.00	1.00	2.00	1.00	253.00	8.00	72.00	2.00
10	10.00	.00	1.00	3.00	379.00	5.00	64.00	3.00
11								

図 1.4 10 名のデータを入力した画面

- 名前

変数の名前である。大文字と小文字の区別はない。名前の先頭を文字とする。名前の一部に空白や特殊文字（半角の*, &, #など）を使用することはできない。バージョンによって名前に使用できる最大文字数は異なる。図 1.4 に示した入力例のように，ユーザが変数に名前をつけずにデータを入力すると，標準設定（デフォルト）により，自動的に VAR00001, VAR00002, ... という名前がついていく。

- 型

変数の値が数値か文字かを表す。**データビュー（D）**で半角の数字を入れていくと**数値（N）型**の変数，人名などの文字を入れると**文字（R）型**の変数とされる。全角の数字を入れた場合は**文字（R）型**の変数として認識される。

- 小数桁数

数値（N）型変数の値を**データビュー（D）**へ表示するとき，表示する小数点以下の桁数を指定する。

- ラベル

文字通り，変数につけるラベルである。名前と同じような役割を持つが，長さの上限は

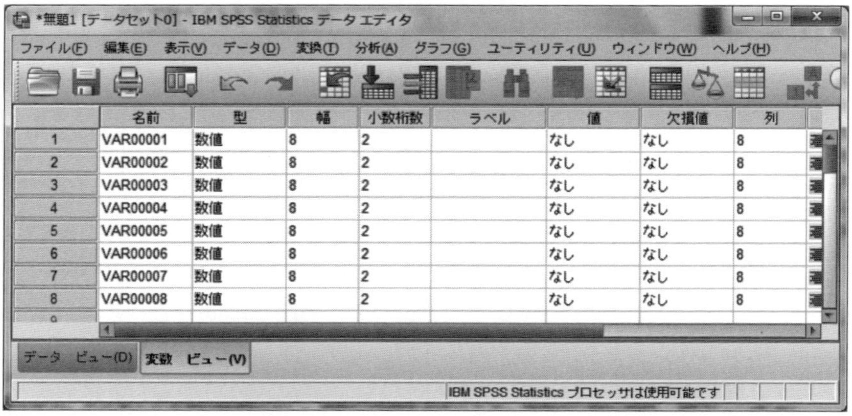

図 1.5 変数ビューで変数を管理する画面

半角で 256 文字である。ラベルには空白，特殊文字，改行などを使うことができる。長い文を入力できるので，質問項目文を入力しておくと因子分析（第 10 章）では非常に役に立つ。

- **値**
  変数の値（カテゴリ）にラベルをつける。たとえば，**データビュー**で 1 と 0 を使って性別を入力しておき，**値ラベル**で 1 に男，0 に女というラベルをつけることができる。
- **欠損値**
  データを入力する際に空白のままにすると欠損値（システム欠損値という）とみなされ，数値型の変数ではセルにピリオド（.）が入る。欠損値は分析から除外される。**欠損値**は，ユーザーが任意の数値もしくは文字を用いて欠損値を指定するときに使う。
- **尺度**
  変数の測定尺度を定義する。SPSS は**スケール**という名で間隔尺度と比率尺度を同一の水準として扱うので，各変数には**名義**，**順序**，**スケール**という 3 尺度のいずれかを設定する。データ入力の際，半角の数字を入力すると**スケール**として設定され，全角の文字を入れると自動的に**名義**として設定される。

これまで説明してきた項目で詳細な入力や指定を必要とするときは，各セルの右端に隠れているボタン（たとえば，性別の値枠の右側グレーの部分；図 1.7 参照）をクリックし，ダイアログボックスを呼び出す。

それでは，**変数ビュー (V)** を用いて名前欄に変数名を入れ，画面へ表示する小数桁数をすべてゼロとし，質問 1 と質問 2 のラベルに質問文を入れてみよう。

この操作を行った**変数ビュー (V)** は図 1.6 と図 1.7 の通りである。

次に，性別の 1 に男，0 に女というラベルをつけよう。まず，図 1.7 に示す性別の値欄でグレーのボタンをクリックし，**値ラベル**ダイアログボックスを開く（図 1.8）。そして，**値 (U)** に 1，**ラベル (L)** に**男**と書き，[**追加 (A)**] をクリックすると，中央の大きなボックスに 1="男"が入る。続いて，**値 (U)** に 0，**ラベル (L)** に**女**と書き，[**追加 (A)**] をクリックすると，ボックスの先頭行に 0="女"が挿入される。これで必要なラベルがついたので，[OK] をクリックする。

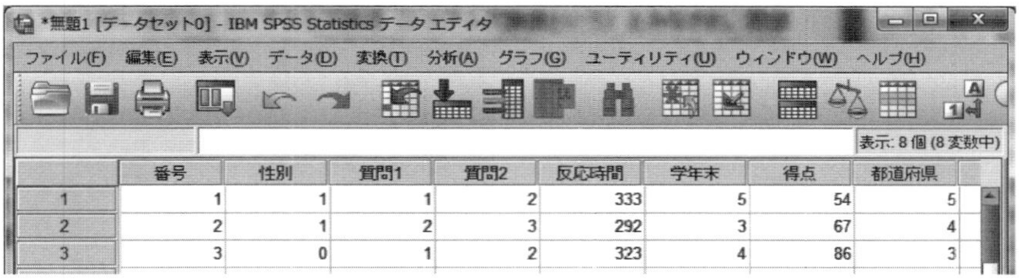

*無題1 [データセット0] - IBM SPSS Statistics データ エディタ

ファイル(F) 編集(E) 表示(V) データ(D) 変換(T) 分析(A) グラフ(G) ユーティリティ(U) ウィンドウ(W) ヘルプ(H)

表示: 8 個 (8 変数中)

	番号	性別	質問1	質問2	反応時間	学年末	得点	都道府県
1	1	1	1	2	333	5	54	5
2	2	1	2	3	292	3	67	4
3	3	0	1	2	323	4	86	3

図 1.6 変数名を入れた後のデータビューの画面

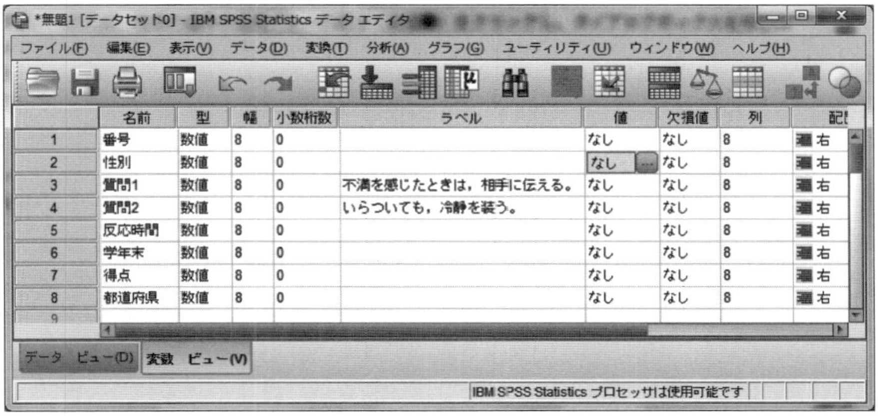

*無題1 [データセット0] - IBM SPSS Statistics データ エディタ

ファイル(F) 編集(E) 表示(V) データ(D) 変換(T) 分析(A) グラフ(G) ユーティリティ(U) ウィンドウ(W) ヘルプ(H)

	名前	型	幅	小数桁数	ラベル	値	欠損値	列	配置
1	番号	数値	8	0		なし	なし	8	右
2	性別	数値	8	0		なし	なし	8	右
3	質問1	数値	8	0	不満を感じたときは，相手に伝える。	なし	なし	8	右
4	質問2	数値	8	0	いらついても，冷静を装う。	なし	なし	8	右
5	反応時間	数値	8	0		なし	なし	8	右
6	学年末	数値	8	0		なし	なし	8	右
7	得点	数値	8	0		なし	なし	8	右
8	都道府県	数値	8	0		なし	なし	8	右

データ ビュー(D) 変数 ビュー(V)

IBM SPSS Statistics プロセッサは使用可能です

図 1.7 変数ビューに表示されたラベルと性別の値枠

性別を表す値（1 と 0）にラベル（男と女）をつけたが，**データビュー (D)** を開いても画面は図 1.6 と変わらない。性別欄は 1 と 0 のままである。値のラベルを画面へ表示するには，**データビュー (D)** の **［表示 (V)］** メニューで**値ラベル (V)**（図 1.9）にチェックを入れる。これで性別の数値がラベルづけされた内容へ切り変わる（図 1.10）。このチェックを外せば表示は入力した値に戻る。

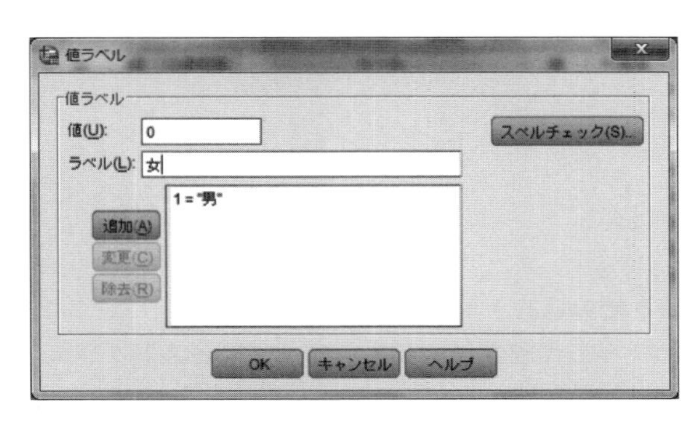

図 1.8 値ラベルダイアログボックス

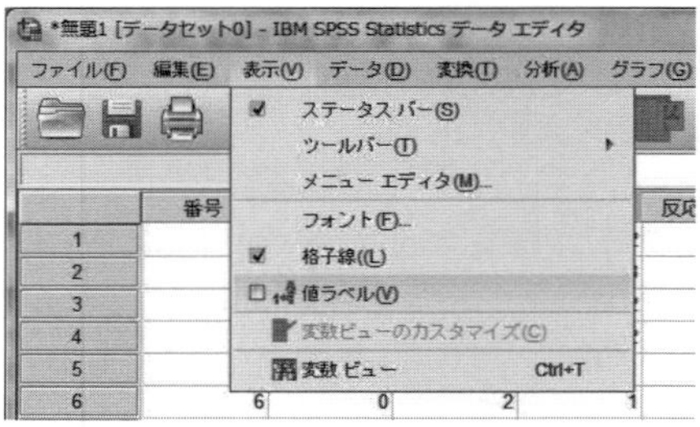

図 1.9　データエディタの表示 (V) メニュー

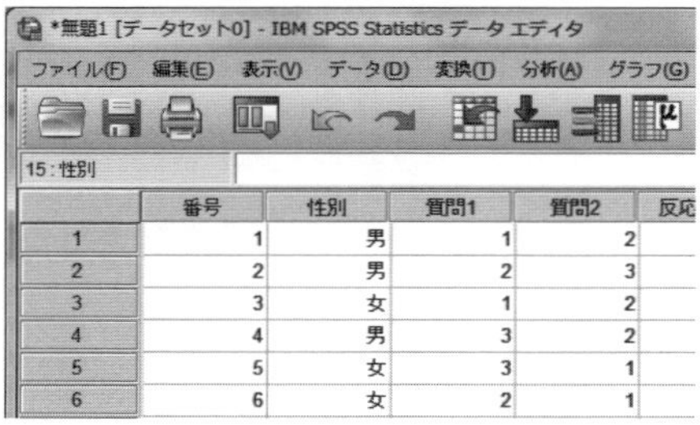

図 1.10　男女として表示された性別

(3) データセットを保存する

データセットを保存するには，データエディタの［ファイル (F)］メニューから［名前を付けて保存 (A)］を選び（図 1.11），ファイルの場所を指定したうえでファイル名を記入する。ファイル名は任意なので，ここでは「練習」として［保存 (S)］をクリックしよう（図 1.12)。標準設定では SPSS Statistics(*.sav) というタイプで保存されるので，ファイル名の拡張子として sav がつき，拡張子を含めたファイル名は「練習.sav」となる。ここで［ウィンドウ (W)］メニュー（図 1.13）の練習.sav にチェックを入れるとデータエディタへ戻る。ファイル名の拡張子を sav として保存しておけば，SPSS をいったん終了した後，ファイル名をダブルクリックすれば SPSS がデータファイルを読み込んだ状態で起動する。もちろん，SPSS を起動したあと，データエディタの［ファイル (F)］メニューから［開く (O)］→［データ (D)］と進んでデータファイルを読み込んでもよい。

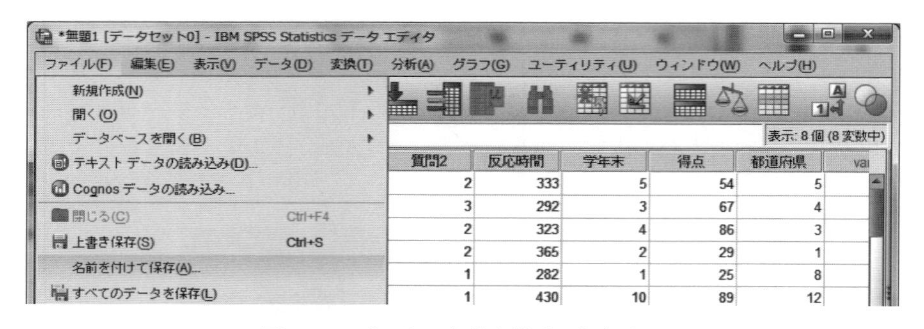

図 1.11　データに名前を付けて保存する

(4) エクセルファイルを読み込む

図 1.14 にエクセルによって作成され，デスクトップにヒストグラム.xlsx という名前で保存されている Excel ブック形式 (*.xlsx) のファイルを示す。このファイルには 15 名の仮想データが入力され，1 行目に 3 変数の名前（被験者番号，IQ 得点，身長）が書き込まれている。このファイルを以下の手順に従い SPSS へ読み込む。

【SPSS の手順】

〈a〉 データビューを開く

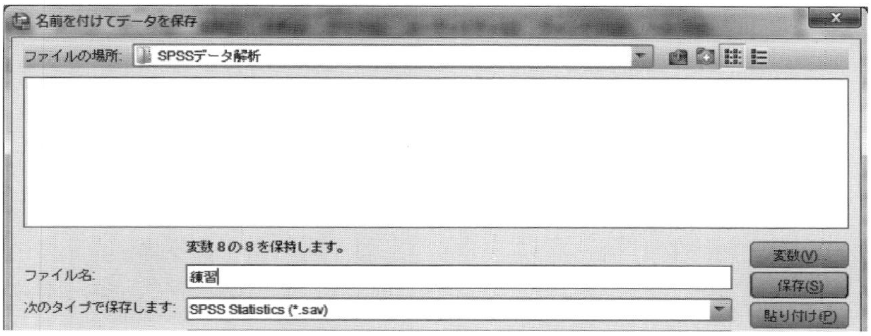

図 1.12　ファイル名の入力画面

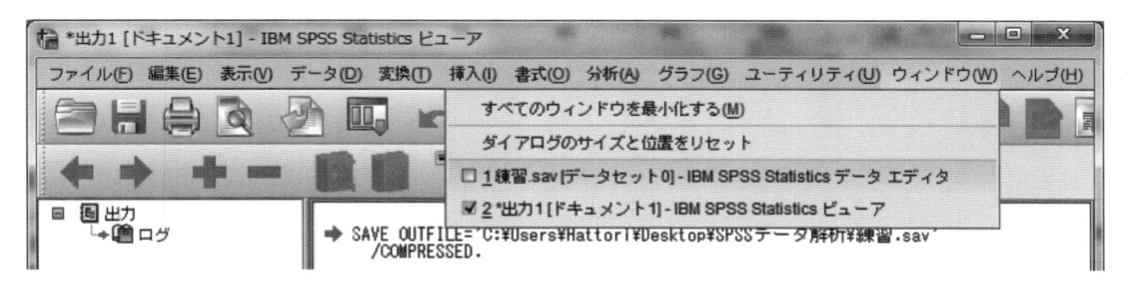

図 1.13　データに名前を付けて保存した後のウィンドウ・メニュー

	A	B	C
1	被験者番号	IQ得点	身長
2	1	94	165
3	2	95	175
4	3	98	173
5	4	99	158
6	5	100	166
7	6	101	161
8	7	102	173
9	8	104	173
10	9	105	153
11	10	107	154
12	11	108	181
13	12	112	166
14	13	113	163
15	14	116	174
16	15	133	170
17			

図 1.14　ヒストグラム.xlsx ファイルのデータ

〈b〉メニューを選ぶ

[ファイル (F)] → [開く (O)] → [データ (D)] →**データを開く**ダイアログボックス

〈i〉データファイルがある場所の指定

データを開くダイアログボックス（図 1.15）で，**ヒストグラム.xlsx** が保存されているデスクトップを**ファイルの場所 (I)** として指定する。

〈ii〉データファイルの種類の指定

読み込む**ファイルの種類 (T)** として Excel(*.xls,*.xlsx,*.slsm) を選び，該当するファイル名をボックスへ表示させる。

〈iii〉データファイルの指定

ヒストグラム.xlsx がボックスに表示されるので，**ファイル名 (N)** へドラッグして**開く**ボタンをクリックする。すると，**Excel データソースを開く**ダイアログ

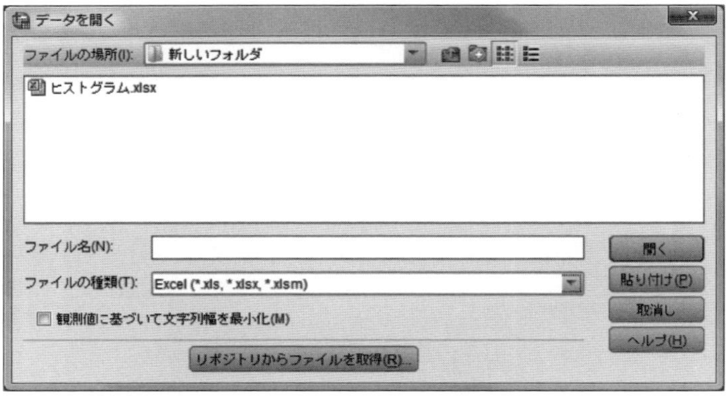

図 1.15　データを開くダイアログボックス

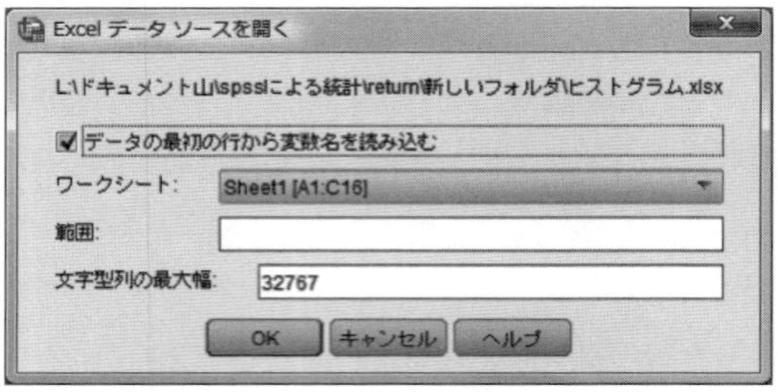

図 1.16　Excel データソースを開くダイアログボックス

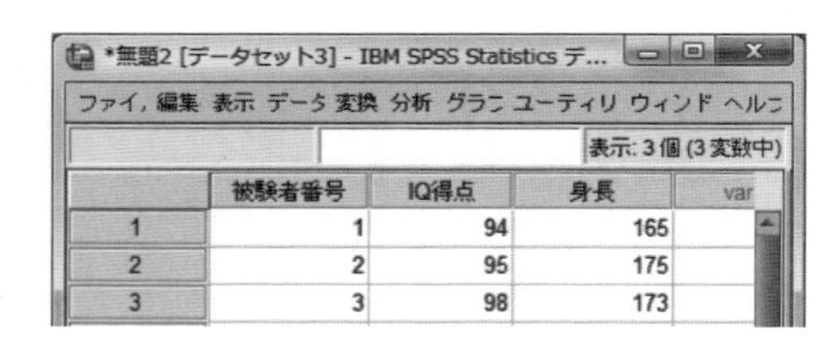

図 1.17　SPSS へ読み込んだエクセルファイルのデータ

ボックスが開く（図 1.16）。

〈iv〉ワークシートの読み込む範囲の指定

ヒストグラム.xlsx の先頭行に変数名を入れているので，**データの最初の行から変数名を読み込む**のチェックを入れたままにする（図 1.16）。先頭行に変数名を入れてないときは，そのチェックを外す。そして，`OK` ボタンをクリックし，データを読み込む。

〈v〉読み込んだデータの確認

SPSS へ読み込んだデータの**データビュー (D)** を図 1.17 に示す。変数名とデータが読み込まれていることがわかる。**変数ビュー (V)** を用いてデータを詳細に管理することができ，保存方法も先に説明した通りである（10 ページ参照）。

1.3　変数を加工する

記録した生のデータをそのまま用いて分析を行うだけでなく，統計解析を行う前に何らかの関数を用いて測定値を変換（変数変換という）することがある。また，質問項目の合計点もしくは平均点を統計解析に用いることもある。ここでは，こうした新しい変数を作成する手順について説明する。

(1)　登録されている関数を用いて新しい変数を作成する

先に作成した**練習.sav** ファイルを読み込み，対数変換を行う LN 関数を用いて**反応時間**の自然対数を求め，**対数反応時間**という新しい変数を作成してみよう。手順は次の通りである。

【SPSS の手順】

〈a〉 データビューを開く

〈b〉 メニューを選ぶ

　[**変換 (T)**] → [**変数の計算 (C)**] →**変数の計算**ダイアログボックス

　〈i〉 新しい変数名の入力

　　変数の計算ダイアログボックス（図 1.18）の**目標変数 (T)** へ新しく作る変数名として**対数反応時間**と書き入れる。

　〈ii〉 数式の作成

　　数式 (E) に計算式を入れる。対数関数は SPSS に登録されているので，**関数グループ (G)** の**算術**をクリックして**関数と特殊関数 (F)** へ LN 関数（画面では Ln と表示される）を表示させる。そして，Ln をダブルクリックすると**数式 (E) 欄**に LN(?) と入るので，**型とラベル (L)** から**反応時間**を**数式 (E)** へドラッグする（図 1.18）。**数式 (E)** へ直に算術式を書いてもよいが，その際は LN 関数の右に入れる括弧を半角とすること。

図 1.18　変数の計算ダイアログボックス

　〈iii〉 新しい変数の確認

　　目標変数 (T) と**数式 (E)** を定義できたら OK ボタンをクリックする。**データビュー (D)**（図 1.19）に**対数反応時間**が作成されていることがわかる。

*練習.sav [データセット0] - IBM SPSS Statistics データ エディタ

ファイル(F) 編集(E) 表示(V) データ(D) 変換(T) 分析(A) グラフ(G) ユーティリティ(U) ウィンドウ(W) ヘルプ(H)

表示: 9 個 (9 変数中)

	問2	反応時間	学年末	得点	都道府県	対数反応時間	var	var	var
1	2	333	5	54	5	5.81			
2	3	292	3	67	4	5.68			
3	2	323	4	86	3	5.78			

図 1.19 個人の対数反応時間

(2) 算出式を書いて新しい変数を作成する

練習.sav の質問 1 と質問 2 は不満表明傾向の強さを測っているが，質問 2 は逆転項目であるから，単純に 2 項目の得点を合計して不満表明傾向の強さとすることはできない。そこで，ここでは「4 - 質問 2」として 1 点を 3 点へ，2 点を 2 点のまま，3 点を 1 点へ変換して質問 2 逆転という新しい変数を作り，質問 1 へ加算してみる。

【SPSS の手順】

〈a〉データビューを開く

〈b〉メニューを選ぶ

[変換 (T)] → [変数の計算 (C)] →変数の計算ダイアログボックス

〈i〉新しい変数名の入力

ダイアログボックス（図 1.20）の目標変数 (T) へ質問 2 逆転と書き入れる。

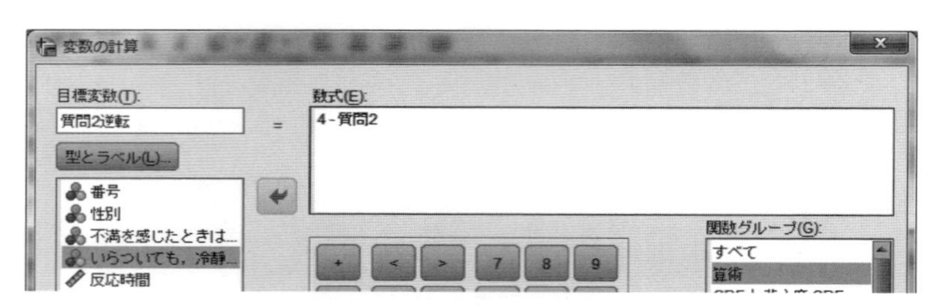

図 1.20 変数の計算ダイアログボックスで数式を入れる

〈ii〉数式の作成

数式 (E) に，4 - 質問 2 と書き込む。

〈iii〉新しい変数の確認

目標変数 (T) と数式 (E) を定義したら，OK ボタンをクリックする。これで質問 2 逆転が作成される。

〈iv〉新しい変数名の入力

変数の計算ダイアログボックス（図 1.21）の目標変数 (T) へ不満表明得点と書き入れる。

〈v〉数式の作成

数式 (E) に，質問 1 + 質問 2 逆転と書き込む。

〈vi〉新しい変数の確認

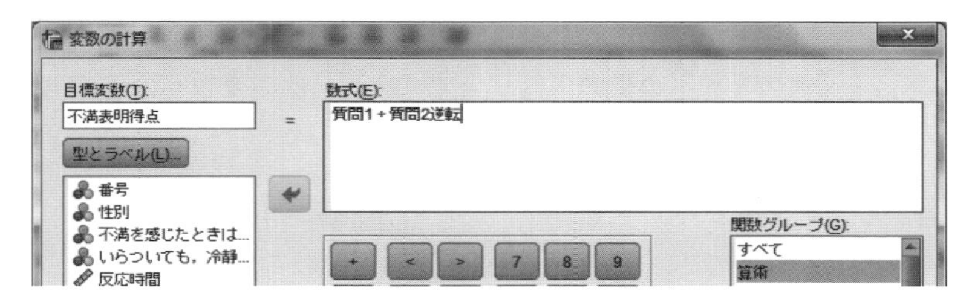

図 1.21　不満表明得点を計算する

目標変数（T）と**数式（E）**を定義できたので，OK ボタンをクリックする。これで**不満表明得点**ができ，**データビュー（D）**（図 1.22）に**不満表明得点**が表示される。もちろん，最初から**数式（E）**へ「**質問 1 ＋ 4 － 質問 2**」と書き入れて新しい変数（**目標変数**）を作成してもよい。

	質問1	質問2	反応時間	学年末	得点	都道府県	対数反応時間	質問2逆転	不満表明得点	var
1	1	2	333	5	54	5	5.81	2.00	3.00	
2	2	3	292	3	67	4	5.68	1.00	3.00	
3	1	2	323	4	86	3	5.78	2.00	3.00	

図 1.22　個人の不満表明得点

(3) 他の変数への値の再割り当て — 新たな数値を割り当てる

SPSS では変数の元の値に対して新しい値を割り当てることを**値の再割り当て**という。その方法には 2 つあり，1 つは新しい変数を作る**他の変数への値の再割り当て（R）**，もう 1 つは同じ変数に上書きする**同一の変数への値の再割り当て（S）**である。**同一の変数への値の再割り当て（S）**を用いると，ユーザ自身が入力した値と再割り当てした値とを混同したり，元の変数を別の分析で使用できないことになるので，**他の変数への値の再割り当て（R）**を利用する方がよい。

【事例】

図 1.19 に示す**得点**と**学年末**を用い，次の事例〈a〉と事例〈b〉で再割り当てを行う。事例〈a〉は数値型変数から数値型変数を作り，事例〈b〉は数値型変数から文字型変数を作る。

事例〈a〉**得点**の 59 点以下を 0（不合格），60 点以上を 1（合格）とする**合否**という変数を作る。

事例〈b〉学年末の成績（10 段階）で 3 以下を L 群，4～7 を M 群，8 以上を H 群とする **LMH 群**という変数を作る。

【SPSS の手順－事例〈a〉】

〈a〉データビューを開く

〈b〉メニューを選ぶ

[変換 (T)] → **[他の変数への値の再割り当て (R)]** →**他の変数への値の再割り当て**ダイアログボックス

〈i〉元の変数の指定

得点をダイアログボックス中央にある**入力変数->出力変数**枠へドラッグする。このとき，**入力変数**という表示が**数値型変数**へ変わる（図 1.23)。

〈ii〉新しい変数名の入力

変換先変数欄の**名前 (N)** へ新しい変数名として**合否**を入れて（図 1.23）**変更 (H)** ボタンをクリックすると，**数値型変数->出力変数**のボックスへ**合否**が入る。

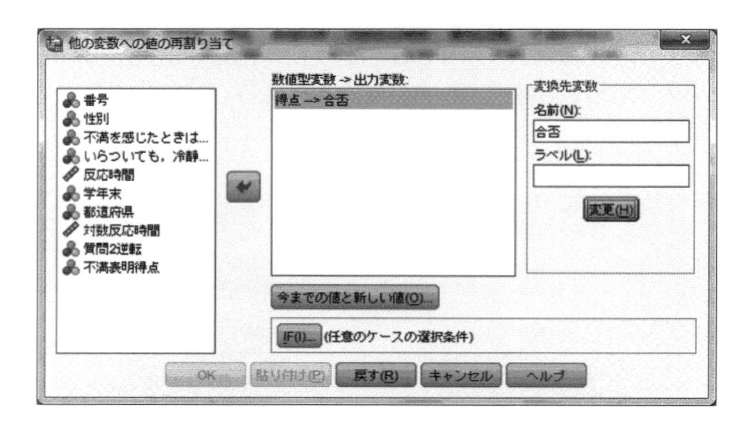

図 1.23 他の変数への値の再割り当てで出力変数を指定する画面

〈iii〉変数変換の内容の指定

ウィンドウ中央のやや下にある**今までの値と新しい値 (O)** ボタン（図 1.23）をクリックして，**他の変数への値の再割り当て：今までの値と新しい値**ダイアログボックスを開く（図 1.24)。

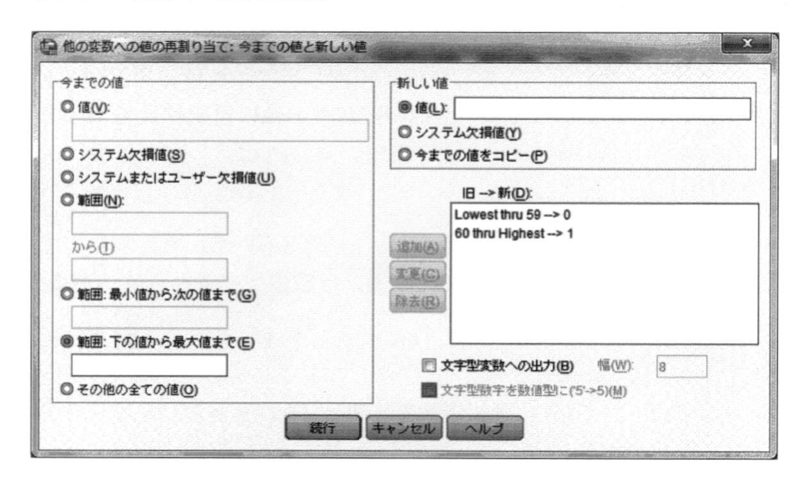

図 1.24 今までの値と新しい値を指定する画面

- そして，**今までの値**の枠内にある**範囲:最小値から次の値まで (G)** をチェックして 59 と入れ，**新しい値の値（L）**へ 0 を入れる。そして，**追加（A）**ボタンをクリックする。

- 次に，**今までの値**の枠内にある**範囲：下の値から最大値まで（E）**をチェックして 60 と入れ，**新しい値の値（L）**へ 1 を入れる。そして，**追加（A）**ボタンをクリックする。これで**旧->新（C）**枠に表示されている通り（図 1.24），必要な割り当て方法が記述できたので，**続行**ボタンをクリックする。
- すると，**他の変数への値の再割り当て**ダイアログボックスが表示されるので（図 1.25），**OK** ボタンをクリックして再割り当てを実行する。このとき，**ビューア**に再割り当てに用いたシンタックスが表示される。

〈iv〉新しい変数の確認

データビュー（D）（図 1.26）を開くと**合否**が作成されていることがわかる。

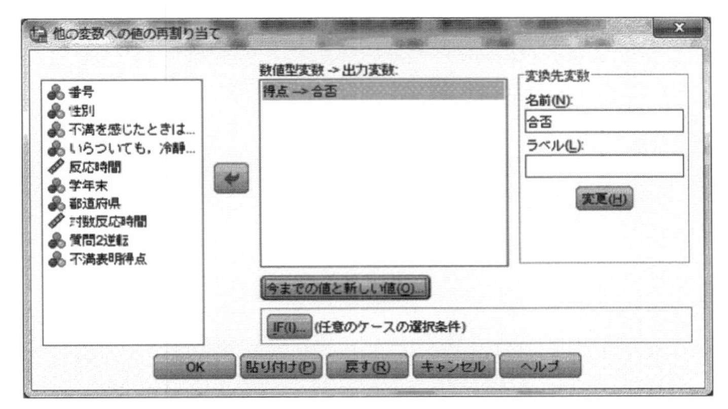

図 1.25　今までの値と新しい値を指定して再割り当てを実行する

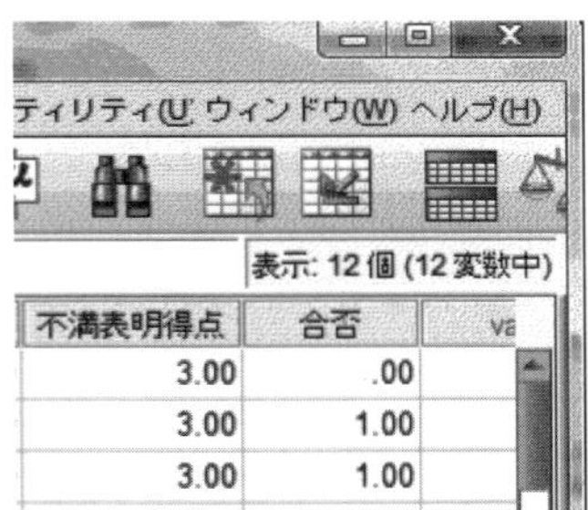

図 1.26　新しく作成した合否変数

【SPSS の手順－事例〈b〉】

〈a〉**データビュー**を開く

〈b〉メニューを選ぶ

［変換（T）］→**［他の変数への値の再割り当て（R）］**→**他の変数への値の再割り当て**ダイアログボックス

〈i〉元の変数の指定

事例〈a〉と同様の手順を踏み，ダイアログボックスの**入力変数->出力変数**へ**学年末**をドラッグする。

〈ii〉新しいへ変数名の入力

- **変換先変数**欄の**名前（N）**へ新しい変数名として **LMH 群**と入れ，**変更（H）**ボタンをクリックする（図 1.27）。そして，**今までの値と新しい値（O）**ボタンをクリックすると，**他の変数への値の再割り当て：今までの値と新しい値**ダイアログボックスが開く。
- そこで，**文字型変数への出力（B）**にチェックを入れ，新しい変数の **LMH 群**を文字型変数とする（図 1.28）。

〈iii〉変数変換の内容の指定

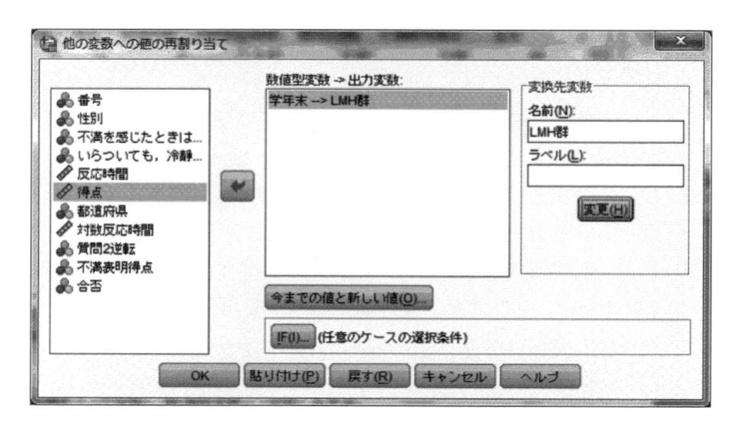

図 1.27 他の変数への値の再割り当てを行い LMH 群を作る

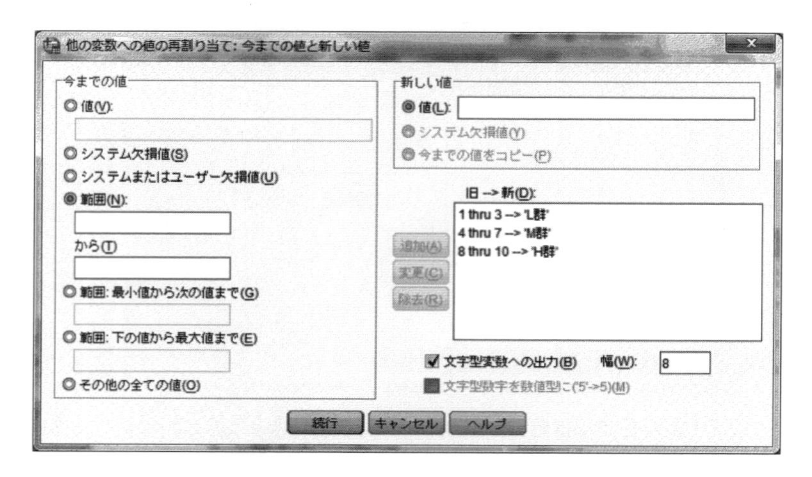

図 1.28 他の変数への値の再割り当てで LMH 群を設定する（旧と新の関係）

- **今までの値**の枠内にある**範囲 (N)** にチェックを入れ，**から (T)** の上にあるボックスに 1，その下のボックスに 3 と入れ，**新しい値の値 (L)** へ L 群と入れる。L 群を定義できたので，**追加 (A)** ボタンをクリックすると，**旧->新 (D)** へ再割り当ての方法が表示される（図 1.28）。さらに，L 群の定義と同様の手順を踏んで M 群と H 群を定義する。
- **旧->新 (D)** の枠内で再割り当ての方法が正しく設定されていることを確認してから**続行**ボタンをクリックすると，**他の変数への値の再割り当て**ダイアログボックスが開くので（図 1.27），**OK** ボタンをクリックして再割り当てを実行する。このとき，**貼り付け (P)** ボタンを押すと**シンタックスエディタ**が開き，RECORD というコマンドが使われていることがわかる。

〈iv〉 新しい変数の確認

データビュー (D)（図 1.29）を開くと新しい変数として LMH 群が作成されていることがわかる。

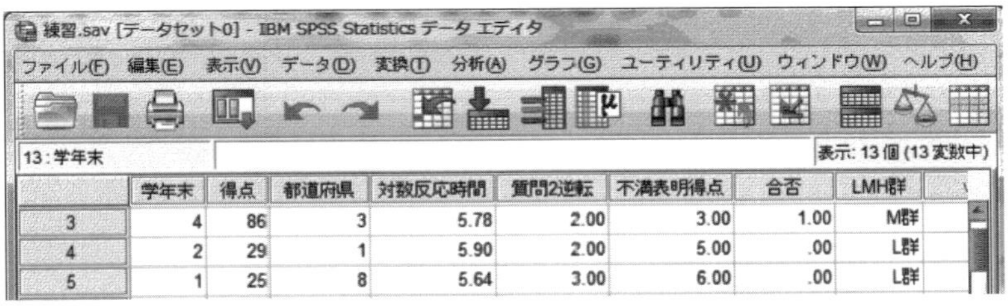

練習.sav [データセット0] - IBM SPSS Statistics データ エディタ

ファイル(F) 編集(E) 表示(V) データ(D) 変換(T) 分析(A) グラフ(G) ユーティリティ(U) ウィンドウ(W) ヘルプ(H)

13 : 学年末　　表示: 13 個 (13 変数中)

	学年末	得点	都道府県	対数反応時間	質問2逆転	不満表明得点	合否	LMH群
3	4	86	3	5.78	2.00	3.00	1.00	M群
4	2	29	1	5.90	2.00	5.00	.00	L群
5	1	25	8	5.64	3.00	6.00	.00	L群

図 1.29 他の変数への値の再割り当てで作成した LMH 群（データビュー）

(4) 同一の変数への値の再割り当て

同一の変数へいったん再割り当てすると元の値へ戻すことができないことがあるので，注意が必要である。ここでは，不満表明得点の 2 点と 3 点を 1 点へ，4 点から 6 点を 2 点へ再割り当てし，再割り当ての手順を説明する。

【SPSS の手順】

〈a〉 **データビュー**を開く

〈b〉 メニューを選ぶ

[変換 (T)] → [同一の変数への値の再割り当て (S)] →同一の変数への値の再割り当てダイアログボックス

〈i〉 元の変数の指定

ダイアログボックス中央の**変数 (V)** に再割り当てをする変数名の**不満表明得点**をドラッグする（図 1.30）。このとき，**不満表明得点**は数値型の変数なので，図 1.30 のようにボックスの名前が**数値型変数**へ変わる。続けて，**今までの値と新しい値 (O)** ボタンをクリックする。

〈ii〉 変数変換の内容の指定

- **同一の変数への値の再割り当て：今までの値と新しい値**ダイアログボックスが開いたら，**今までの値**の**範囲 (N)** の**から (T)** の上のボックスへ 2，下のボックスへ 3 と入れる。そして，**新しい値**欄の**値 (L)** へ 1 と入れ，**追加 (A)** ボタンをクリックする。
- さらに，同様の手順を踏んで，今までの値の 4 から 6 を新しい値の 2 へ設定し，最下段にある**続行**ボタンをクリックする（図 1.31）。すると，**同一の変数への値の再割り当て**ダイアログボックスへ戻るので，**OK** ボタンをクリックして，値の再割り当てを実行する（図 1.30）。

〈iii〉 変換後の内容の確認

以上で再割り当てができたので，**変数ビュー (V)** の配置項目を用いてデータを中央へ配置し，**少数桁数**を 0 として（**対数反応時間**は 2 のまま）**データビュー (D)** を開く。それを図 1.32 に示す。

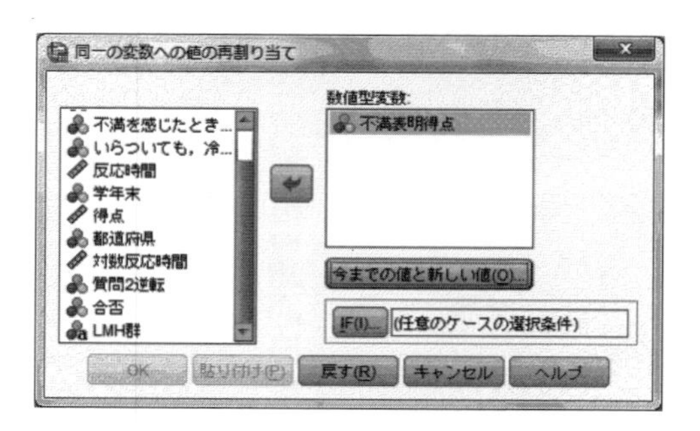

図 1.30 カテゴリ化する変数のヒストグラム（同一の変数への値の再割り当てダイアログボックス）

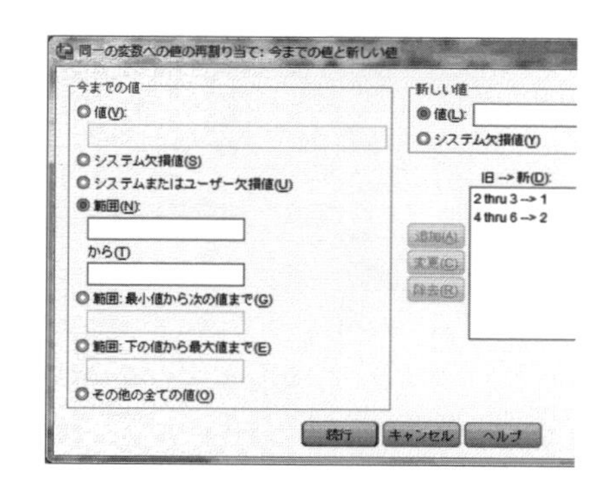

図 1.31 同一の変数への値の再割り：当て今までの値と新しい値ダイアログボックス

*練習.sav [データセット0] - IBM SPSS Statistics データ エディタ

表示: 13 個 (13 変数中)

	番号	性別	質問1	質問2	反応時間	学年末	得点	都道府県	対数反応時間	質問2逆転	不満表明得点	合否	LMH群
1	1	男	1	2	333	5	54	5	5.81	2	1	0	M群
2	2	男	2	3	292	3	67	4	5.68	1	1	1	L群
3	3	女	1	2	323	4	86	3	5.78	2	1	1	M群

図 1.32 同一の変数（不満表面得点）への値の再割りをした結果

（5）連続変数のカテゴリ化

連続変数のカテゴリ化（B）は連続変数を適当な範囲で区切り，新しいカテゴリ変数を作ることができる。このメニューは，尺度得点や測定値の大きさに応じて被験者を群分けする際に利用する。カテゴリ化を行う分割点の設定に標準偏差を利用できる点が便利であるが，SPSS を操作する中で**ビン分割する変数（B）**や**バンドする変数**など，バージョンによって異なる用語が出てくるので注意したい。ここでは図 1.33 に示すデータセットの VAR00003 として保存されている**身長**をカテゴリ化してみよう。

【SPSS の手順】

〈a〉 データビューを開く

〈b〉 メニューを選ぶ

[**変換（T）**] → [**連続変数のカテゴリ化（B）**] →**連続変数のカテゴリ化**ダイアログボックス

〈i〉 元の変数の指定

ダイアログボックスの**変数（V）**から**身長 [VAR00003]** を**ビン分割する変数（B）**へドラッグし，**続行**ボタンをクリックする（図 1.34）。

〈ii〉 新しい変数名の入力

連続変数のカテゴリ化ダイアログボックスが開くので，**ビン分割する変数（B）**に**新身長**と入れる。そして，**分割点の作成（M）**ボタンをクリックし（図 1.35），**分割点の作成**ダイアログボックスを開く（図 1.36）。

〈iii〉 分割点の作成

ここでは，平均，平均 ±1 標準偏差，平均 ±2 標準偏差を分割点としてみるので，ヒストグラム.sav [データセット2] - IBM SP...

ファイ 編集 表示 データ 変換 分析 グラフ ユーティリ ウィンド ヘルプ

表示: 3 個 (3 変数中)

	VAR00001	VAR00002	VAR00003
1	1	94	165.00
2	2	95	175.00
3	3	98	173.00
4	4	99	158.00
5	5	100	166.00
6	6	101	161.00
7	7	102	173.00
8	8	104	173.00
9	9	105	153.00

図 1.33　カテゴリ化を行うための身長（VAR00003）

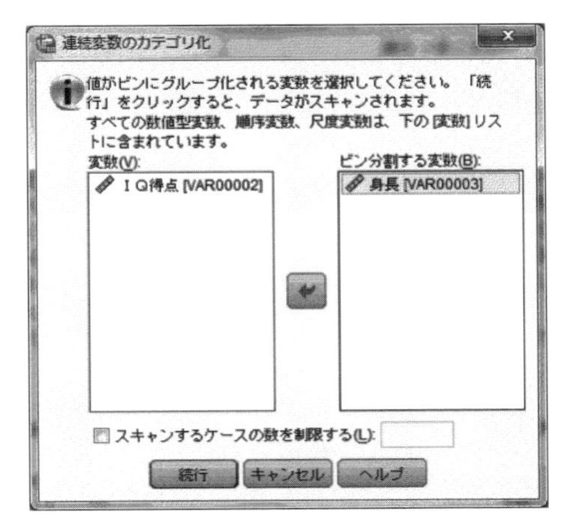

図 1.34　ビン分割する変数の指定

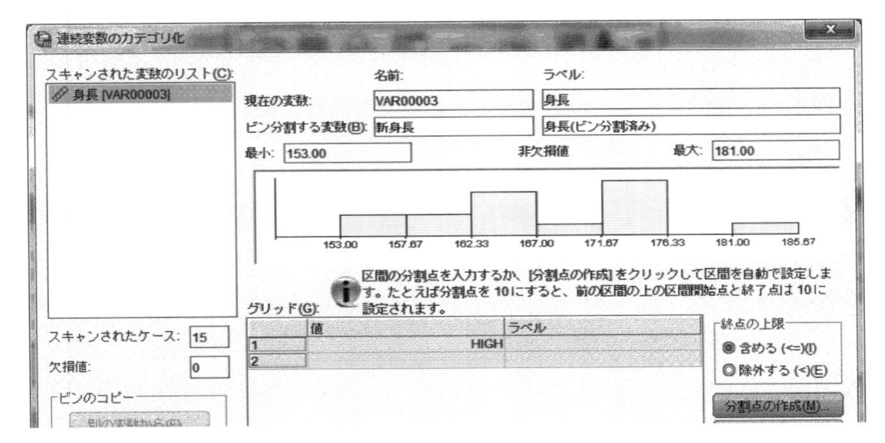

図 1.35　カテゴリ化する変数のヒストグラム（連続変数のカテゴリ化ダイアログボックス）

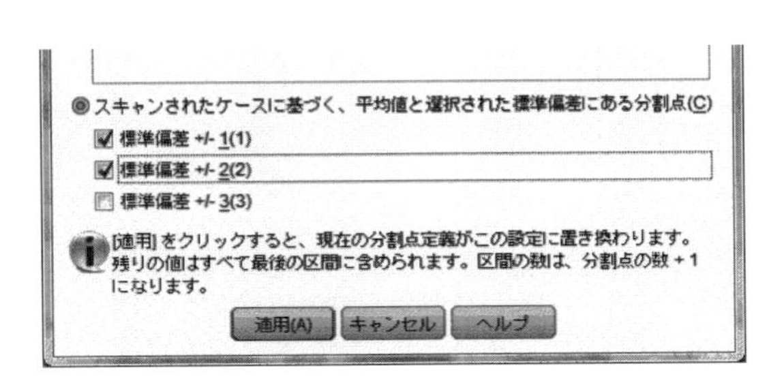

図 1.36　分割点の作成ダイアログボックス

分割点の作成ダイアログボックスの**スキャンされたケースに基づく、平均値と選択された標準偏差にある分割点 (C)** と，その下の**標準偏差 +/-1(1)** と**標準偏差 +/-2(2)** にチェックを入れる。続けて，**適用 (A)** ボタンをクリックすると，**連続変数のカテゴリ化**ダイアログボックスのヒストグラムに分割点が青色と赤色の縦棒で表示され，5 つの分割点によって身長が 6 個のカテゴリへ分割されることがわかる（図 1.37）。

表 1.2 カテゴリ化の範囲とカテゴリ名

カテゴリ化の範囲			カテゴリ名
	～	$-2SD$	3L
$-2SD$	～	$-1SD$	2L
$-1SD$	～	平均	L
平均	～	$+1SD$	H
$+1SD$	～	$+2SD$	2H
$+2SD$	～		3H

〈iv〉新しいカテゴリのラベルづけ

新しく作成されたカテゴリ変数（**新身長**）には，小さい方のカテゴリから自動的に 1 から 6 までの数値が入るが（この 15 名では 2 から 5 までのみ），図 1.37 では，**ラベル**欄へ表 1.2 に示す L と H を用いてラベル（3L，2L，L など）を入れ，OK ボタンをクリックする。さらに**ラベルの作成 (A)** をクリックするとカテゴリを作る区間がラベルとして挿入される。

〈v〉新しい変数の確認

データビュー (D) の［**表示 (V)**］メニューで**値ラベル (V)** にチェックを入れたときのデータは，図 1.38 の通りである。

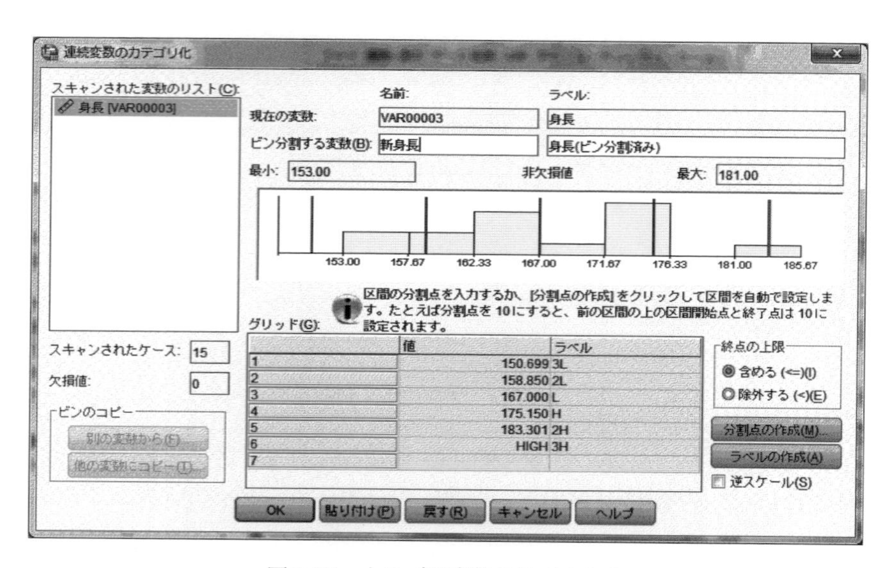

図 1.37 カテゴリ変数のラベル入力

(6) 2 つ以上の変数を組み合わせて新しい変数を作る

この作業はメニューのクリックによる操作ではカバーしきれないので，シンタックスエディタを利用する。

【事例】

aggres（攻撃性）と nerve（神経質的傾向）という 2 つの変数を組み合わせ，表 1.3 に示す攻撃的（1）で神経質（1）な人を**グループ 1**，非攻撃的（2）で神経質な（1）人を**グループ 2**，

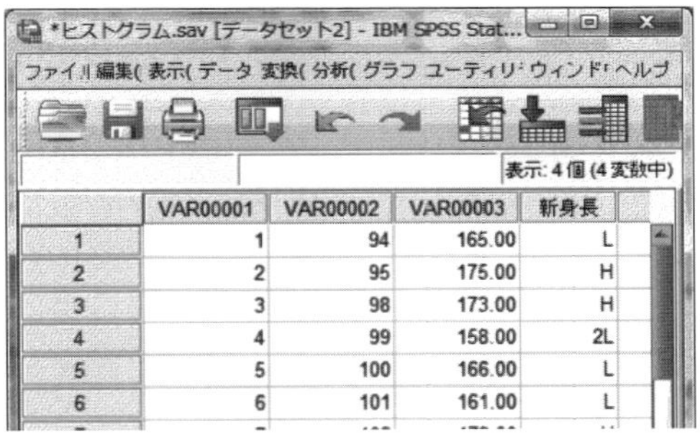

	VAR00001	VAR00002	VAR00003	新身長
1	1	94	165.00	L
2	2	95	175.00	H
3	3	98	173.00	H
4	4	99	158.00	2L
5	5	100	166.00	L
6	6	101	161.00	L

図 1.38　カテゴリ変数（新身長）の値

攻撃的（1）で非神経質（2）な人をグループ 3，非攻撃的（2）で非神経質（2）な人をグループ 4 とするカテゴリ変数（new_var）を作る。

表 1.3　攻撃性と神経質の組み合わせ

攻撃性	神経質 高（1）	 低（2）
高（1）	グループ 1	グループ 3
低（2）	グループ 2	グループ 4

【SPSS の手順】

〈a〉データビューを開く
aggres（攻撃性）と nerve（神経質的傾向）を入れたデータセットを開く。

〈b〉メニューを選ぶ
[ファイル (F)] → [新規作成 (N)] → [シンタックス (S)] → [シンタックスエディタ] を開く

〈i〉プログラム（シンタックス）作成
グループの番号を代入する変数を new_var とし，次のシンタックスを記述する（図 1.39）。

```
do if(aggres=1 & nerve=1).
  compute new_var=1.
    else if(aggres=2 & nerve=1).
    compute new_var=2.
      else if(aggres=1 & nerve=2).
      compute new_var=3.
        else if(aggres=2 & nerve=2).
        compute new_var=4.
end if.
execute.
```

このとき，1 つのコマンド（命令文）の終わりには半角のピリオド「.」をつける。スペースはすべて半角とする。全角のスペースを入れるとエラーとなる。

〈ii〉プログラム（シンタックス）の実行

[実行 (R)] メニューからすべて (A) を選び，シンタックスを実行する。

〈iii〉 新しい変数の確認

ビューアが開き，実行したシンタックスが表示されるので，[ウィンドウ (W)] からデータセットを選択する。`new_var` が作成されていることがわかる（図 1.40)。

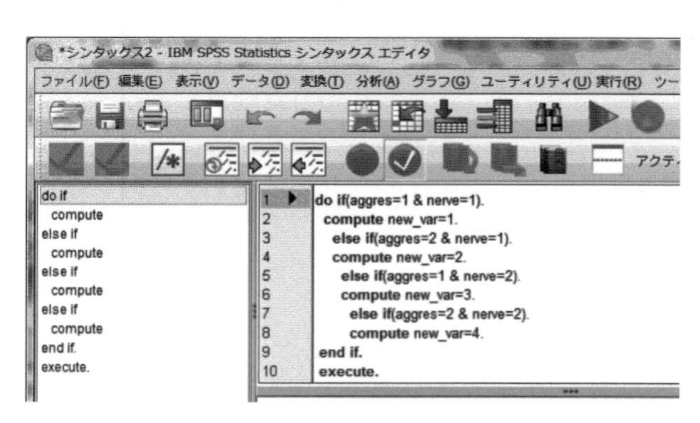

図 1.39 新しい変数（new_var）を作るシンタックス

	aggres	nerve	new_var
1	1	2	3.00
2	1	1	1.00
3	2	2	4.00
4	2	1	2.00
5	1	1	1.00
6	1	2	3.00
7	2	1	2.00
8	1	2	3.00
9	2	2	4.00
10	2	2	4.00

図 1.40 新しい変数（new_var）の値

1.4 ケースを選択して分析する

大きな調査ではケース（回答者）全体をいくつかのグループに分けて分析することがある。たとえば，居住する地域に注目したとき，

- 地域間で比較分析を行う
- 地域別に同じ分析を行う
- 特定の地域を選んで分析する

という場合が考えられる。

さらに，性別や年代のような個人属性に注目して分析を行うことも多い。たとえば，t 検定や分散分析などはグループ間（男女間や地域間）で平均値を比較するが，SPSS は分析メニューで自動的にケースを選択し，グループの平均値を比較する。そのため，こうした検定については第 3 章から第 7 章で説明することにし，ここでは，以下の事例を用い，性別に注目した分析手順について説明する。

(1) グループ間で統計量を比較する

地域間や男女間で統計量を比較する手順を説明する。

【事例】

先に作成した練習.sav を用い（10 ページ参照)，男女別に記述統計量を求める。

【SPSS の手順】

〈a〉 データビューを開く

〈b〉メニューを選ぶ

［データ（D）］→［ファイルの分割（F）］→ファイルの分割ダイアログボックス

〈i〉同じ分析を行うグループ（変数）の指定

グループごとの分析（O）にチェックを入れ，**グループ化変数（G）**に**性別**をドラッグし，OK ボタンをクリックする（図 1.41）。これで，以降のすべての分析はグループごと（男女別）に同じ分析が実行される。すべてのケースを用いた分析へ戻るには，ここで**全てのケースを分析（A）**にチェックを入れる。

〈ii〉**記述統計量**を求める分析メニューの選択

［分析（A）］→［記述統計（E）］→［記述統計（D）］→**記述統計量**ダイアログボックスと進み，**変数（V）**へ**得点**を指定する（図 1.42）。そして，OK ボタンをクリックし，計算を実行する。

〈iii〉分析結果の確認

図 1.43 に示す通り，男女別に記述統計量（**度数，最小値，最大値，平均値，標準偏差**）が算出されている。平均値のような単純集計であれば，［データ（D）］メニューから［グループ集計（A）］を選択して実行することもできる。

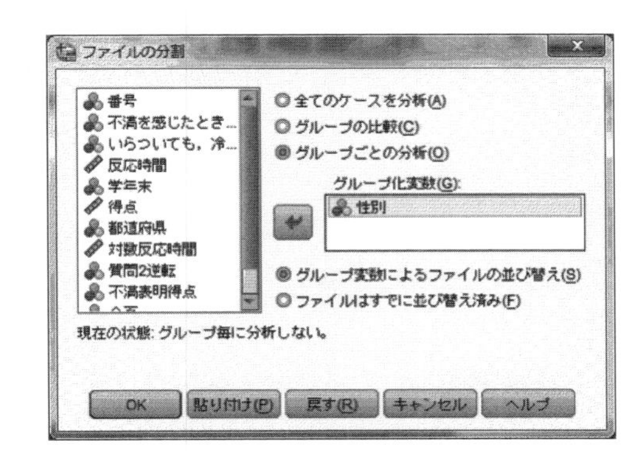

図 1.41　ファイルの分割

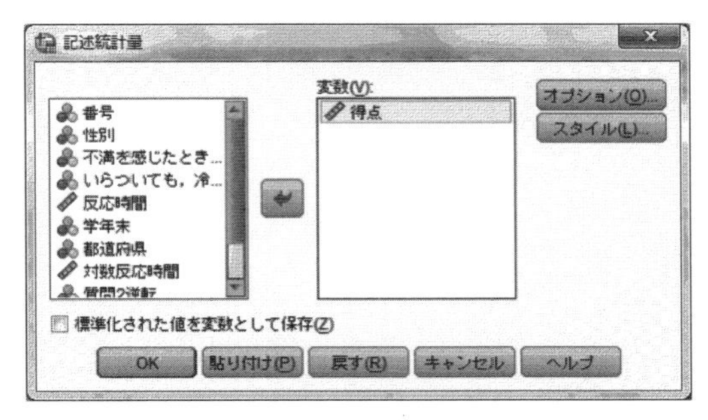

図 1.42　男女別に得点の記述統計量を求める

記述統計量[a]

	度数	最小値	最大値	平均値	標準偏差
得点	5	25	89	66.80	25.626
有効なケースの数 (リストごと)	5				

a. 性別 ＝ 女

記述統計量[a]

	度数	最小値	最大値	平均値	標準偏差
得点	5	29	72	56.20	16.724
有効なケースの数 (リストごと)	5				

a. 性別 ＝ 男

図 1.43　男女別の記述統計量

(2) ケースを選んで分析する

全ケースの中から特定の条件を満たすケースを選んで分析する手順について，以下の事例を用いて説明する。

【事例】

練習.sav のデータを用い，東北地方の被験者のみを選択し，男女の人数をカウントする。

【SPSS の手順】

〈a〉 **データビュー**を開く

〈b〉 メニューを選ぶ

[データ (D)] → [ケースの選択 (S)] →**ケースの選択**ダイアログボックス

〈i〉 ケースを選択する条件の入力

- **IF 条件が満たされるケース (C)** を選び，**IF(I)...** ボタンをクリックする（図 1.44）。

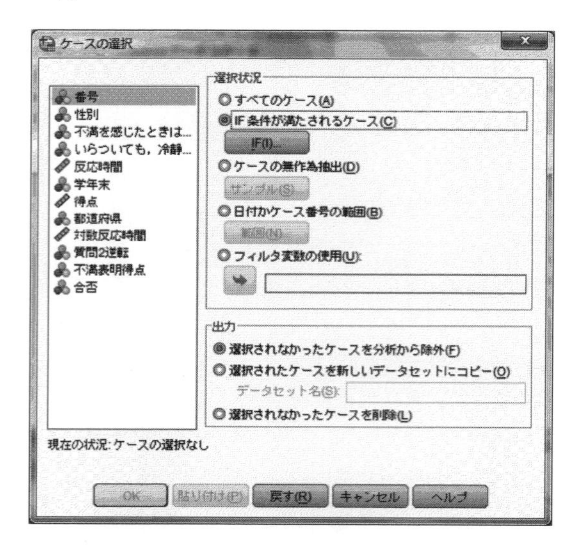

図 1.44 ケースの選択ダイアログボックス

- **ケースの選択：IF 条件の定義**ダイアログボックス（図 1.45）が開くので，ケースを選択する条件を定義する。条件の定義は数値計算や論理演算を用いて宣言するが，全国**都道府県**コードの東北地方は 2（青森県）から 7（福島県）であるから，

```
都道府県 >= 2 & 都道府県 <= 7
```

と記述する。これは，**都道府県**コードが 2 以上（**都道府県 >= 2**），かつ（&），7 以下（**都道府県 <= 7**）という条件を定義している。ここで**続行**ボタンをクリックして**ケースの選択**ダイアログボックスへ戻り，**OK** ボタンをクリックする。

〈ii〉 分析メニューの選択

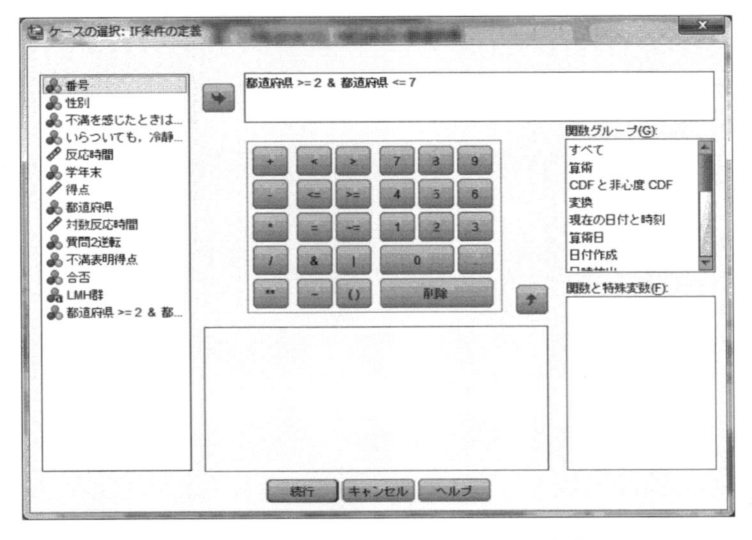

図 1.45　ケースを選択する IF 条件の定義

データエディタのメニューから，［分析 (A)］→［記述統計 (E)］→［度数分布表 (F)］→度数分布表ダイアログボックスと進み，変数 (V) に性別をドラッグする（図 1.46）。そして，OK ボタンをクリックして分析を実行する。ビューアへ出力された度数分布表（図 1.47）では東北地方に該当する 5 名の被験者が選択され，男女の人数がカウントされていることがわかる。

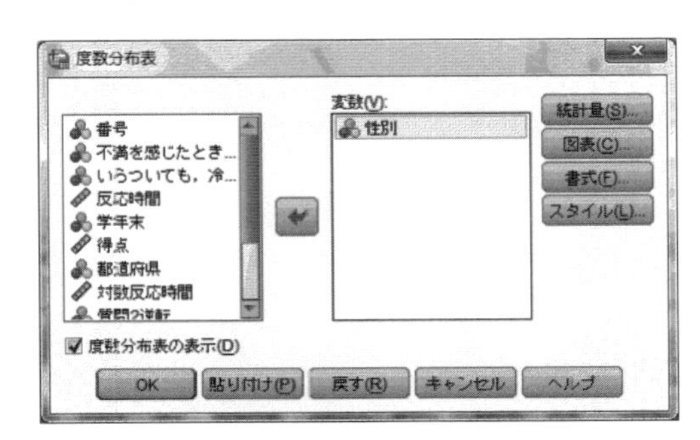

図 1.46　度数分布表ダイアログボックスで変数を指定する

性別

		度数	パーセント	有効パーセント	累積パーセント
有効	女	2	40.0	40.0	40.0
	男	3	60.0	60.0	100.0
	合計	5	100.0	100.0	

図 1.47　東北地方の男女別人数

〈iii〉 よく使われる演算記号

ケースを選択する際に利用される演算とそれを指定する記号は表 1.4 の通りである。こうした演算を組み合わせてケースを選択する。

表 1.4　ケース選択を行う際に利用する演算とその記号

<table>
<tr><th>演算</th><th>記号</th></tr>
<tr><td>大小関係</td><td><, >, <=, >=</td></tr>
<tr><td>等しい</td><td>=</td></tr>
<tr><td>等しくない</td><td>~=</td></tr>
<tr><td>和集合（あるいは）</td><td>|</td></tr>
<tr><td>共通集合（かつ）</td><td>&</td></tr>
<tr><td>論理否定</td><td>~</td></tr>
</table>

第 2 章

間隔・比率データの分析

データ解析は観測変数の特徴を読み取ることから始まり，検定へと続く。本章では，間隔尺度もしくは比率尺度をなす量的変数の特徴を図を用いて示す方法と基礎的な記述統計量について学ぶ。また，正規分布と変数変換の方法についても学ぶ。

2.1 データの特徴を記述する

2.1.1 データの分布をチェックする

【事例】

15 人で構成される部署で知能テストを実施したところ，表 2.1 の結果を得た。これを用いて IQ 得点の状態を概観する。表では IQ 得点の大きさに従って被験者を並べているが，SPSS への入力では，その必要はない。

表 2.1　ある職場において測定された IQ 得点

被験者番号	IQ 得点	被験者番号	IQ 得点	被験者番号	IQ 得点
1	94	6	101	11	108
2	95	7	102	12	112
3	98	8	104	13	113
4	99	9	105	14	116
5	100	10	107	15	133

【分析方法】

ヒストグラム。

【SPSS の手順】

〈a〉 データエディタを開く

表 2.1 のデータは図 1.14 のエクセルファイルに保存した数値と同一である。したがって，既にファイルを作成してある場合は，そのファイル（図 1.17 参照）を利用すればよい。ファイルを作成していない場合は，10 ページの手順に従うか，データエディタを用いて数値を入力し，分析用のファイルを作成する。

〈b〉 メニューを選ぶ

以下のように，ヒストグラムを描く方法はいくつかある。いずれの場合にも得点分布の正規性を確認するオプションをチェックしておくとよい。

〈i〉 度数分布表メニューを使う

[分析 (A)] → **[記述統計 (E)]** → **[度数分布表 (F)]** →**度数分布表**ダイアログボックス（図 2.1）

ヒストグラムを描く変数を右側のボックスの**変数 (V)** に指定する（図 2.2）。続いて，**図表 (C)** のボタンをクリックして，**度数分布表：図表の設定**ダイアログボックスを開き，**ヒストグラム (H)** とその下の**正規曲線付き (S)** のボックスをチェックする。

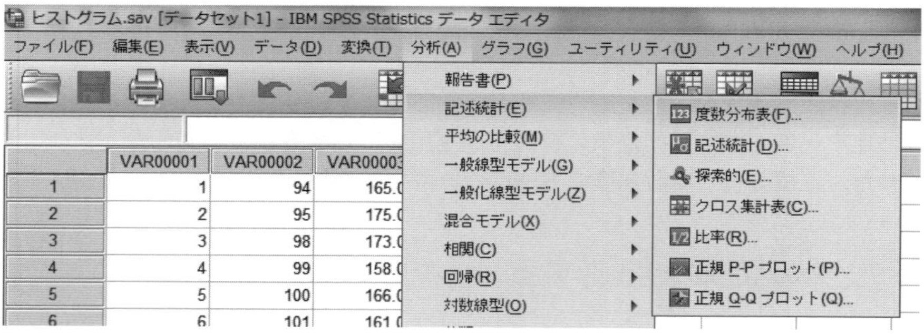

図 2.1 度数分布表作成メニューの選択

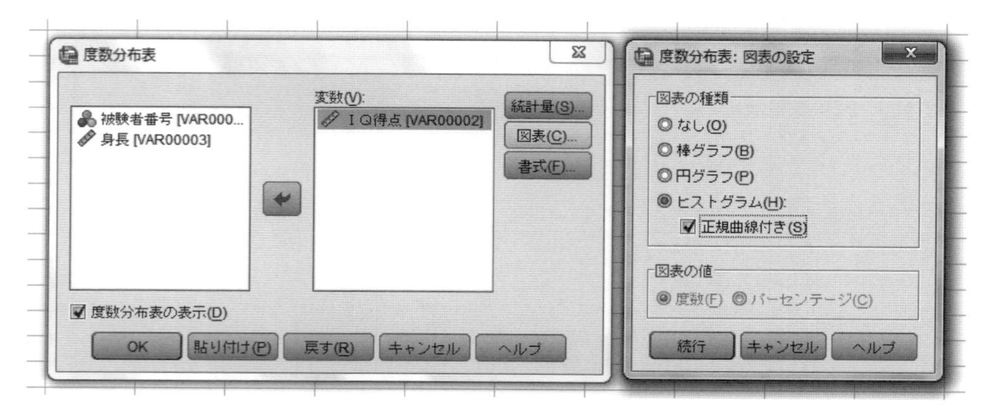

図 2.2 ヒストグラムに正規曲線を付ける

〈ii〉 探索的分析のメニューを使う

[分析 (A)] → **[記述統計 (E)]** → **[探索的 (E)]** →**探索的**ダイアログボックス

従属変数 (D) のボックスにヒストグラムを描く変数を入れ，**作図 (T)** のボタンを押して**ヒストグラム (H)** と**正規性の検定とプロット (O)** をチェックする（画面省略）。

〈iii〉 グラフメニューを使う

[グラフ (G)] → **[図表ビルダー (C)]** →**図表ビルダー**ダイアログボックス（図 2.3）→**ギャラリ**から**ヒストグラム**を選択（あるいは図をダブルクリック）

図表のプレビューに見本が表示されたら，プレビュー枠の **X 軸？**（横軸部分）に変数（この事例ではＩＱ得点）をドラッグする。続いて，**要素のプロパティ（T）**をクリックして**要素のプロパティ**ダイアログボックスを開き（図 2.4），**正規曲線を表示（N）**をチェックする。さらに，**パラメータの設定（A）**ボタンを押すと，**要素のプロパティ：パラメータの設定**ダイアログボックスが開くので，**ビンサイズ**の**ユーザー指定（S）**をチェックして，**間隔の数（N）**や**間隔の幅（I）**を必要に応じて設定する（図 2.5）。すべての設定ができたら**続行**ボタンを押す。

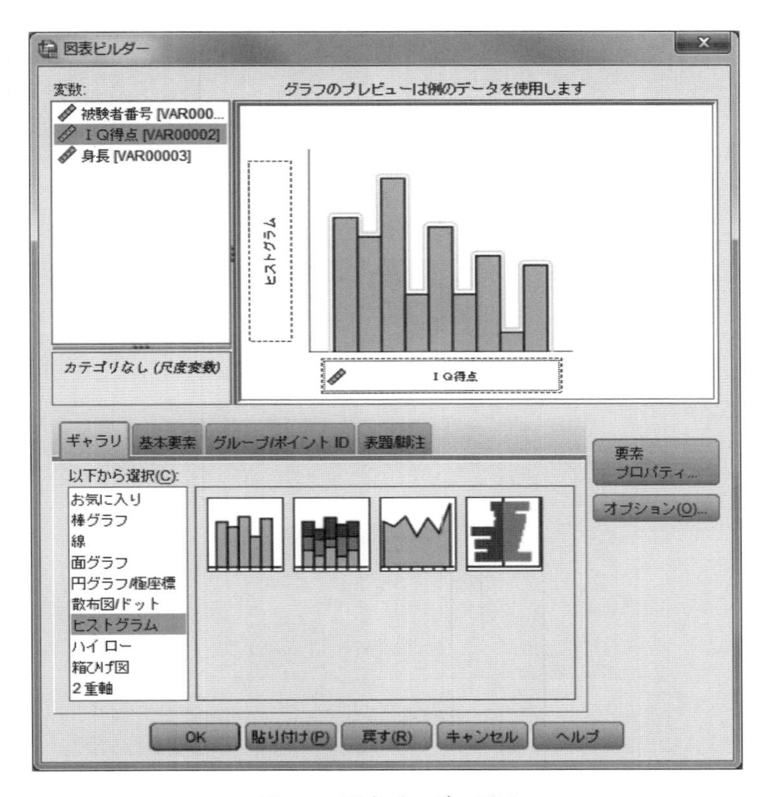

図 2.3　図表ビルダー画面

【出力の読み方と解説】

変数の値が 5 つの間隔（これを階級，クラスという）に分割されたヒストグラムが描かれた（図 2.6）。ヒストグラムを概観して，極端値がないこととほぼ左右に緩やかな裾野を持つ山型になっているかを確認する。この事例のデータでは，133 がいくらか外れた位置にあることが確認できる。グラフメニューからヒストグラムを選択した場合は，正規性をみるオプションをチェックしておくと正規曲線が重ね描きされる。

■図表エディタを用いてヒストグラムを描き変える

測定値の分布をチェックするという目的に限定するならヒストグラムを概観するだけでよいが，好みのヒストグラムにしたいときは**図表エディタ**を用いる。ヒストグラムは階級数によって図から受ける印象が異なるので，**図表エディタ**を用いて階級数を変えてみるのもよい。

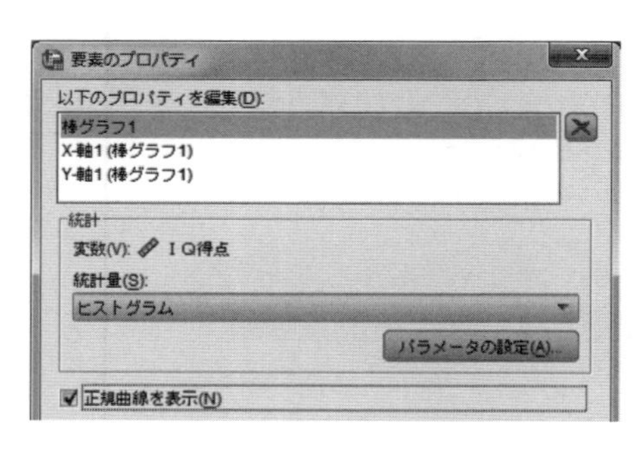

図 2.4 要素のプロパティ画面

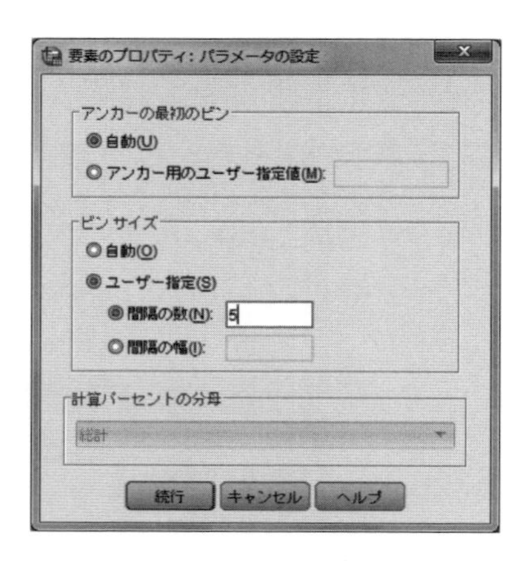

図 2.5 パラメータ設定 (A) 画面

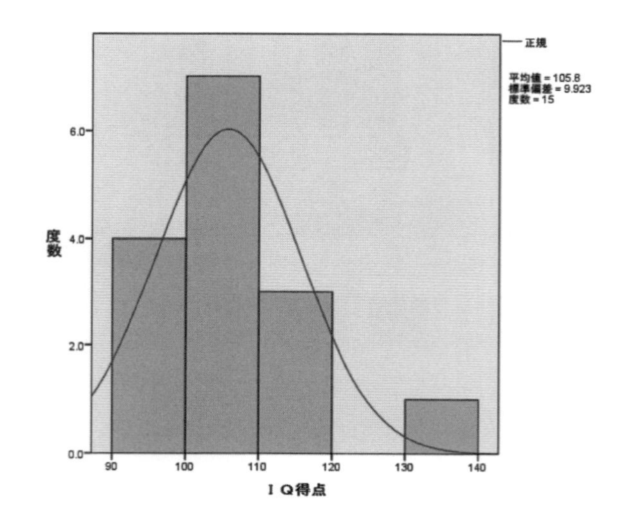

図 2.6 I Q得点のヒストグラム

【SPSS の手順】

階級数の設定手順は SPSS のバージョンによって異なるが，基本的な操作は以下の通りである。

〈a〉作成した**図形**をダブルクリック→**図表エディタ**ダイアログボックス
〈b〉**図表エディタ**の**図形の部分**をダブルクリック→**プロパティ**
〈c〉**ビンのサイズ**を**ユーザー指定**（S）にして，**間隔の数**（N），**間隔の幅**（I）を変更する
　間隔（階級）の数は，式 (2.1) に示すスタージェスの公式を用いて決めることもあるが，およそ 10 階級くらいを目安にするとよい。

$$
\begin{aligned}
\text{間隔（階級）の数} &= 1 + \log_2(\text{データの数}) \\
&= 1 + \frac{\log_{10}(\text{データの数})}{\log_{10} 2} \\
&= 1 + \frac{\log_e(\text{データの数})}{\log_e 2}
\end{aligned} \tag{2.1}
$$

変数の分布の正規性を推測統計に基づいて調べるには，［分析（A）］→［記述統計（E）］→［探索的（E）］と進み，**探索的**ダイアログボックスで分析対象の変数を**従属変数（D）**として指定する。さらに，**作図（T）**ボタンをクリックし，**探索的分析：作図**ダイアログボックスで**正規性の検定とプロット（O）**をチェックして**続行**ボタンを押す。**探索的**ダイアログボックスへ戻るので，OK ボタンをクリックすると，**正規性の検定**（Kolmogorov-Smirnov の正規性の検定 (探索的) と Shapiro-Wilk の検定）が実行される（37 ページ参照）。

2.1.2　数値を用いてデータの特徴を記述する

【事例】

表 2.1 のデータの特徴を数値を用いて記述する。

【分析方法】

平均値，標準偏差などの統計量。

【要件】

平均値や標準偏差を求める場合，測定値が間隔・比率尺度データであること。

【注意点】

測定値の分布が正規分布をしている，あるいは正規分布に近いかたちをしていること（37 ページ参照）。

【SPSS の手順】

平均値や標準偏差は多くのメニューで標準設定（デフォルト）により出力される。または，オプションなどで記述統計をチェックをすることによっても出力される。

〈a〉**データエディタを開く**

表 2.1 のデータは列に変数，行がケースとなる（図 1.33）。

〈b〉**メニューを選ぶ**

［分析（A）］→［記述統計（E）］→［記述統計（D）］：他に［度数分布表（F）］など

記述統計量ダイアログボックスのオプションで**平均値（M）**，**標準偏差（T）**をチェックする。また，入力したデータの論理チェックをするために**最小値（N）**，**最大値（X）**をチェックしておくとよい。チェックができたら**続行**ボタンを押してダイアログボックスへ戻り，OK ボタンをクリックする。

【出力の読み方と解説】

記述統計量へ平均値，標準偏差などが出力される（図 2.7）。データの基本的特徴を表す統計的数量を統計量という。間隔尺度と比率尺度データの記述に必要な統計量は以下の通りである。

記述統計量

	度数	最小値	最大値	平均値	標準偏差
ＩＱ得点	15	94	133	105.80	9.923
有効なケースの数 (リストごと)	15				

図 2.7 ＩＱ得点の記述統計量

〈a〉データ数：N

最も基本的な情報として必ず記述する。欠損値（無回答）がある場合は，そのケースを除いて平均値などが計算されるので，研究への被験者数（参加者数）と異なる場合があり，特に欠損値が多い場合は注意が必要である。

〈b〉平均値：$\bar{X}$（エックスバー）あるいは M

データ全体を代表する値，すなわち代表値（中心傾向）であり，間隔尺度と比率尺度データでは最も多く使われる統計量である。事例では，出力から $\bar{X} = 105.8$ であることがわかる。ただし，計算に使われたデータに 105.8 はない。データは実際になくても平均値の周りにデータが密集し，測定値が平均から大小の方向に離れていくに従ってデータがまばらになる。

〈c〉標準偏差：SD

データの散らばりの程度を示す統計量の 1 つである。図 2.8 に示すグループ A（左図）とグループ B（右図）の平均値は同一（50）であるが，あきらかに測定値の散らばりが異なる。グループ A は平均値の近くにデータが集まっているのに対して，グループ B は平均値よりも遠いところにもデータが点在している。標準偏差は測定値の散らばりを表し，散らばりが大きいほど大きな値となる。2 グループの標準偏差はグループ A が 5，グループ B が 13 である。標準偏差は分散（40 ページ）の平方根である。

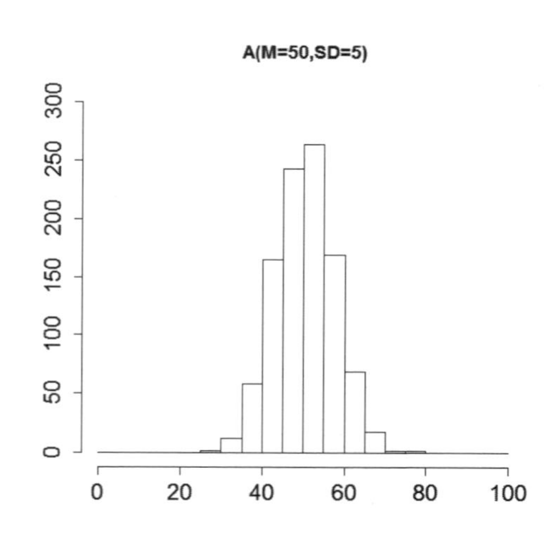

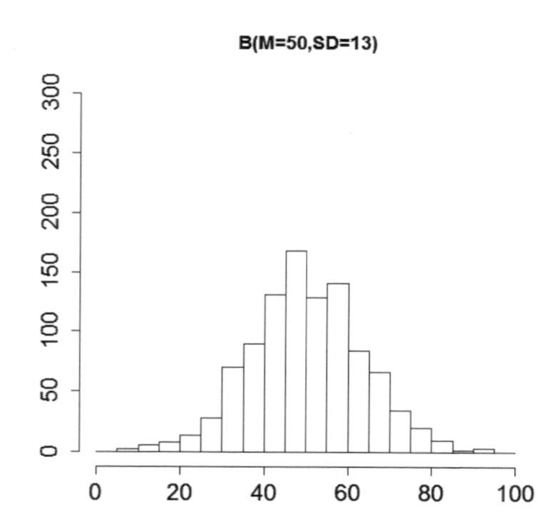

図 2.8 グループ A とグループ B のヒストグラム

測定値が正規分布に従っている場合，標準偏差（SD）の重要な特徴は，標準偏差がどのような単位，さらに，どのような大きさであっても，標準偏差の大きさと所定の測定値の範囲に入るデータ数との間に一定の関係（表 2.2）があるということである。

表 2.2　測定値の範囲とその範囲に入るデータの割合

測定値の範囲	範囲に入るデータの割合
$\bar{X} - 1SD \sim \bar{X} + 1SD$	約 68.2%
$\bar{X} - 2SD \sim \bar{X} + 2SD$	約 95.4%
$\bar{X} - 3SD \sim \bar{X} + 3SD$	約 99.9%

標準偏差は平均値と同じように外れ値（分布全体から大きく外れている値；outlier）の影響を受けやすい。そのような場合は 4 分位範囲などを用いる。SPSS では［分析 (A)］→［記述統計 (E)］→［探索的 (E)］で 4 分位範囲（四分位レンジ）が出力される。

■外れ値と平均値

平均値はすべてのデータを天秤に乗せたときに釣り合う点，すなわち重心である。したがって，平均値はヒストグラムの頂点の位置になるとは限らない。

また，平均値には分布の歪みと外れ値に強く影響されるという性質がある。たとえば，5 名の身長が「149，150，152，154，155（単位は cm）」であったとする。この 5 名の平均身長は 152cm であるが，6 人目に 176cm の人が加わると平均身長は 156cm となる。このとき，6 人の平均値が，そのうちの 5 人の誰よりも大きな値となり，グループを代表する値として不適切なものとなってしまう。このような場合は中央値（メディアン）を代表値として使用するか，外れ値（176cm）を分析から除く。また，グループを 2 つに分けて解析を進めることもある（149cm〜155cm と 176cm グループに分ける）。

■幾何平均と調和平均

データをそのまま加算してデータ数（N）で割って求める算術平均は，代表値として最もよく使われる。しかし，伸び率や成長率に適用すると誤解を与える。たとえば，3 年間で測定値が「10 → 20 → 30 → 75」と伸びたとき，伸び率の算術平均は

$$\frac{20/10 + 30/20 + 75/30}{3} = 2.0$$

である。ところが，初年度から 3 年続けて毎年 2.0 倍で伸びたとすると，3 年後の値は

$$((10 \times 2.0) \times 2.0) \times 2.0 = 80$$

となり，実際の 75 とは一致しない。

一方，伸び率や成長率に適用する

$$\begin{aligned} \text{幾何平均}\ (G_M) &= \sqrt[N]{X_1 \times X_2 \times \cdots \times X_N} \\ &= (X_1 \times X_2 \times \cdots \times X_N)^{\frac{1}{N}} \end{aligned} \tag{2.2}$$

として定義される幾何平均（相乗平均とも呼ばれる）を用いると，平均伸び率は

$$(20/10 \times 30/20 \times 75/30)^{\frac{1}{3}} = 1.95743$$

である。この値を用いて3年後の値を求めると

$$((10 \times 1.95743) \times 1.95743) \times 1.95743 = 75$$

となり，実際の75と一致する。

また，比率へ算術平均を適用しても誤解を与える。たとえば，3名が100kmの距離をそれぞれ1時間，2時間，4時間で走行したとする。このとき3名の時速はそれぞれ100km/h，50km/h，25km/hであるから，算術平均は

$$\frac{100+50+25}{3} = 58.333$$

である。ところが，3名合わせて7時間で300kmを走行しているので，正しい平均速度は

$$\frac{300}{7} = 42.857$$

であり，単純な算術平均と一致しない。

一方，速度のような比率に適用する平均として

$$\text{調和平均}\ (H_M) = \left(\frac{\frac{1}{X_1}+\frac{1}{X_2}+\frac{1}{X_3}+\cdots+\frac{1}{X_N}}{N}\right)^{-1} = \frac{N}{\dfrac{1}{X_1}+\dfrac{1}{X_2}+\dfrac{1}{X_3}+\cdots+\dfrac{1}{X_N}} \tag{2.3}$$

がある。3名の時速の調和平均は，

$$\frac{3}{\dfrac{1}{100}+\dfrac{1}{50}+\dfrac{1}{25}} = 42.857$$

となり，正しい平均速度と一致する。

【SPSSの手順】

〈a〉データエディタを開く

〈b〉メニューを選ぶ

[分析(A)]→[報告書(P)]→[ケースの要約(M)]→**ケースの要約**ダイアログボックス

統計量(S)のボタンを押し，**統計量(S)**の中から**調和平均**，**幾何平均**を選ぶ。幾何平均と調和平均を出力するメニューは少ないが，調和平均は人数の異なるグループで平均値を比較するときなど，いくつかの分析で出力される。

■標準偏差と標準誤差

標準偏差がデータの散らばりを示す統計量であるのに対し，標準誤差は平均値の散らばりを示す統計量である。社会調査の報告では標準誤差を記載することが多い。

われわれが手にするデータは全データ（母集団）から抽出したサンプル（標本）である。たとえば，中学2年生の起床時間を調べる際，全国の百万人を超える中学2年生全員を調査することはできないので，全データから無作為に抽出されたサンプル，つまり，何名かの中学2年

生の起床時間を調べることによって，全データの平均（母平均と呼ばれる）を推定する。その際，サンプルの平均値がどれだけ信頼できるかを示さなければならず，そのときに利用されるのが標準誤差である。

標準誤差はサンプルの抽出を繰り返したとしたときに，平均値がどれくらいの範囲で散らばるかを示すので，この値が小さいほどサンプルで求めた平均値が母平均に近い可能性が高い。標準誤差の値は，単一のサンプルに基づいて $SD/\sqrt{N}$ として推定されるので，サンプルが大きい（被験者が多い）ほど小さくなる。

SPSS では多数のメニューで標準誤差を求めることができ，たとえば，下記の手順がある。

- ［分析 (A)］→［記述統計 (E)］→［記述統計 (D)］→［オプション (O)］
- ［分析 (A)］→［記述統計 (E)］→［探索的 (E)］

また，分散分析を実行した際には，**推定周辺平均**で信頼区間とともに標準誤差が出力される。

2.2　分布

2.2.1　正規分布

ある値をとる確率が数学的な関数によって定義される分布を確率分布と呼ぶ。連続変数（変量）の確率分布の 1 つに正規分布がある。人の体重，身長，知能など，自然界には平均の近くに多くのデータが集まり，平均から離れるほどデータが少ない分布をしているものが多い。そうしたデータの分布を表現するのに適切であるとされるのが，正規分布である。

図 2.9 に 2 つの正規分布を示す。左の分布（A）は $M = 30$，$SD = 5$，右の分布（B）は $M = 60$，$SD = 10$ である。正規分布は理論的な分布であるから，縦軸の値は確率密度と呼ばれる。正規分布は平均と標準偏差で分布の位置と形が決まり，以下の特徴を持つ。

- 変数の値に上限値と下限値はない。
- 平均を中心として左右対称に分布する。
- 左右対称に分布するので，歪み（歪度）は 0 である。
- 尖り（尖度）は平均や標準偏差にかかわりなく，3（SPSS は本来の定義から 3 を引いているので 0）である。
- 曲線のカーブする方向が変化する点（変曲点）が平均 M から $\pm 1SD$ 隔たったところにある。

■**標準正規分布**

平均が 0，分散が 1 の正規分布を標準正規分布という。標準正規分布に従う変数の値を z とし，z よりも大きな領域の面積（上側面積）を付表 A.1，その一部を表 2.3 に示す。表中の z の下へ縦に並べた値は小数点以下 1 桁までの z 値，z の右へ並べた値は小数点以下 2 桁目の z 値であり，その 2 つが交わる表中の値が z よりも大きな領域（黒塗り）の面積を表す。したがって，たとえば，$z > 1.96$（下線部）の面積は .0250（下線部）であることが読み取れる。

■**分布の正規性の検定**

心理学で用いられる統計分析では，正規分布を前提として分析を進めることが多い。したがって，入手したデータが上述の特徴を持っているかどうかが重要になる。正規分布している

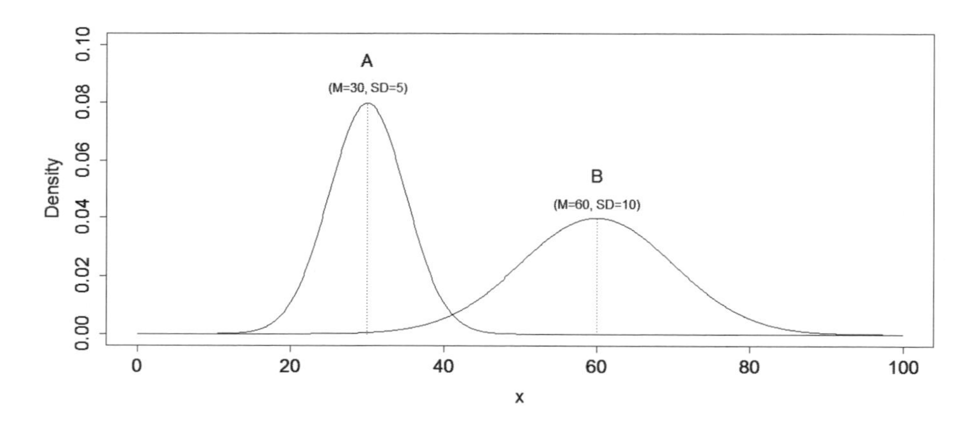

図 2.9　平均と標準偏差が異なる 2 つの正規分布

表 2.3　標準正規分布表（一部）

z	.00	.01	.02	.03	.04	.05	.06	.07	.08	.09
1.6	.0548	.0537	.0526	.0516	.0505	.0495	.0485	.0475	.0465	.0455
1.7	.0446	.0436	.0427	.0418	.0409	.0401	.0392	.0384	.0375	.0367
1.8	.0359	.0351	.0344	.0336	.0329	.0322	.0314	.0307	.0301	.0294
1.9	.0287	.0281	.0274	.0268	.0262	.0256	.0250	.0244	.0239	.0233
2.0	.0228	.0222	.0217	.0212	.0207	.0202	.0197	.0192	.0188	.0183

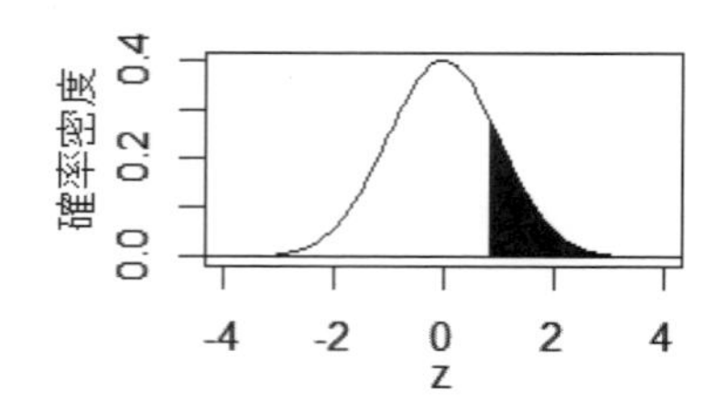

かは検定によって確かめることもできるが，実践的にはヒストグラム（29 ページ参照）を描いて左右対称の山型であれば，それほど大きな問題は生じない。

正規性の検定を行う手順と結果の読み取り方は以下の通りである。

【SPSS の手順】

〈a〉データエディタを開く

〈b〉メニューを選ぶ

［分析 (A)］→［記述統計 (E)］→［探索的 (E)］→探索的ダイアログボックス

探索的ダイアログボックスの従属変数 (D) へ検定を行う変数をドラッグし，オプション (O) を押して探索的分析：作図ダイアログボックスを開き，正規性の検定とプロット (O) をチェックする。続行ボタンを押して探索的ダイアログボックスへ戻り，OK ボタンを押す。

【出力の読み方と解説】

検定結果を図 2.10 に示す。Kolmogorov-Smirnov の検定を修正した Lilliefors の検定と $N < 50$ のときに Shapiro-Wilk の検定が出力される。いずれも有意確率が .05 より小さければ正規分布していないと判定する。この事例では，2 つの検定とも有意確率が .05 よりも大きいので，ＩＱ得点が正規分布から外れているとは言えない。一般的にデータ数が大きくなると有意になりやすいことが正規性の検定にも当てはまることに注意する。

Kolmogorov-Smirnov の検定は，**［ノンパラメトリック検定 (N)］→［1 サンプルによる K-S 検定 (1)］**へ進み，**分布の検定**で**正規 (N)**（他には**一様 (U)**，**ポアソン (I)**，**指数 (E)** がある）を選択して実行することもできる。

正規性の検定

	Kolmogorov-Smirnov の正規性の検定 (探索的)[a]			Shapiro-Wilk		
	統計量	自由度	有意確率.	統計量	自由度	有意確率.
ＩＱ得点	.146	15	.200*	.886	15	.059

*. これが真の有意水準の下限です。

a. Lilliefors 有意確率の修正

図 2.10　正規性の検定結果

2.2.2　標本分布

実験や調査などの実践で入手するデータはほとんどが母集団からのサンプル（標本）であり，サンプルで算出される平均値，分散，標準偏差，相関係数などを標本統計量あるいは単に統計量という。母集団が同一でも，統計量は標本誤差を伴うのでサンプルごとに異なる値をとり，それ自身が確率変数となって分布する。その分布は標本分布（sampling distribution）と呼ばれ，母集団に正規分布を仮定する代表的な標本分布として χ^2 分布，F 分布，t 分布がある。

χ^2 分布は比率の差，質的変数の独立性，分布の適合度などの検定，F 分布は分散比の検定や分散分析，t 分布は平均値，平均値の差，相関係数などの検定に利用される。

なお，SPSS は標本（sample）をサンプルと訳しているので，本書もサンプルとしているが，統計学の専門書では sampling distribution は標本分布と訳される。

■不偏推定量

同一の母集団から同一の大きさ（N）のサンプルを反復抽出し，サンプルごとに標本平均を求めたとする。このとき，個々のサンプルで求めた標本平均は母集団の平均（母平均）とは一致しないが，その平均（期待値と呼ばれる）は母平均に一致する。このように標本統計量の平均が母数の値に一致する性質を不偏性と呼び，その不偏性を有する統計量を母数の不偏推定量，そして，サンプルで求めた値を不偏推定値と呼ぶ。つまり，サンプルの平均値は母平均の不偏推定値である。

ところで，N をデータ数，X_i を被験者 i の測定値とすると，分散には以下の 2 つの算出式がある。関数電卓や表計算ソフトには 2 つの分散が用意されているが，SPSS で出力される分

散は U の方である。

$$U = \frac{1}{N-1}\sum_{i=1}^{N}\left(X_i - \bar{X}\right)^2 \tag{2.4}$$

$$V = \frac{1}{N}\sum_{i=1}^{N}\left(X_i - \bar{X}\right)^2 \tag{2.5}$$

U は不偏性を有するので不偏分散と呼ばれ，V は不偏性を持たないので不偏分散と区別するために標本分散と呼ばれることがある。同一のサンプルでは，U と V との間には，常に $U > V$ という関係がある。N が大きい場合は V と U のどちらを用いるかについて，それほどこだわる必要はないが，出力された値がどちらであるかを知っておくべきである。SPSS では $\sqrt{U}$ を標準偏差として出力するが，$\sqrt{V}$ も標準偏差として利用できる。ただし，2 つとも標準偏差の不偏推定値ではない。

2.2.3 変数変換

元の数値を加工して別の値にすることを変数変換という。変数変換は，データの分布が統計的検定の前提を満たしていないとき，それを満たすことを目的として行うことが多い。しかし，変数変換を施すと変換前と測定値の意味が異なるので，解釈が難しくなることに注意すべきである。

その変数変換には線形変換（1 次変換）と非線形変換があり，定数 a（正でも負でもよい）と定数 b（$\neq 0$; 0 以外の値）を用いて元の数値 X_i を

$$a + bX_i \tag{2.6}$$

とする変換を線形変換という。たとえば，式 (2.7) で定義される標準得点（Z_i）は，定義式を変形すると式 (2.6) のように $Z_i = a + bX_i$ と表現できるので，線形変換に基づく値である。

$$Z_i = \frac{X_i - \bar{X}}{SD} = \underbrace{-\frac{\bar{X}}{SD}}_{a} + \underbrace{\frac{1}{SD}}_{b} X_i \tag{2.7}$$

元の値に線形変換を施す場合，変換前後で変数の単位と分布の位置は異なるが，分布の形は変わらず，統計的検定結果も同じになる。線形変換では，変換前の値を X_i，変換後の値を Y_i としたとき，$X_2 - X_1 = X_4 - X_3$ であるなら $Y_2 - Y_1 = Y_4 - Y_3$ が成り立つ。

一方，式 (2.6) で表現できない変換を非線形変換という。非線形変換は変換前後で分布の形が変わり，統計的検定結果も異なる。むしろ非線形変換は変数の分布の形を変え，検定の統計的条件を満たすために行う。以下に代表的な非線形変換を示す。

(1) 分布が L 字型の場合：開平変換，対数変換，逆数変換

データが L 字型の分布をしているとき，右裾にあるデータは少数であるが，分析結果へ与える影響は大きい。このようなときはデータに非線形変換を施し，変換後の分布を正規分布（37 ページ参照）に近づける。このとき利用される非線形変換として，次の開平変換，対数変換（常用対数でも自然対数でもよい），逆数変換がある。下記の記号「≥ 0」は「0 以上」を意味する。

$$開平変換:\begin{cases} Y=\sqrt{X} & (X \geq 0) \\ Y=\sqrt{X+0.5} & (X \geq 0,\ 10\text{ 以下の値が多い場合}) \end{cases} \tag{2.8}$$

$$対数変換:\begin{cases} Y=\log_{10} X & (X > 0) \\ Y=\log_{10}(X+1) & (X \geq 0) \end{cases} \tag{2.9}$$

$$逆数変換:\begin{cases} Y=\dfrac{1}{X} & (X > 0) \\ Y=\dfrac{1}{X+1} & (X \geq 0) \end{cases} \tag{2.10}$$

利用する変換は分布の広がりによるが，右裾の広がりが比較的大きいときは対数変換もしくは逆数変換を利用する。また，分散分析を用いて多群間で平均を比較する場合，群間の等分散性が前提となるので，群間で 分散/平均 がほぼ等しいときに開平変換，標準偏差/平均 がほぼ等しいときに対数変換，標準偏差/平均の 2 乗 がほぼ等しいときに逆数変換を用いて変数変換を行うことがある。

(2) 分布が閉じた形（L 字型，J 字型）の場合：角変換（逆正弦変換）

たとえば，被験者の能力に対して易しすぎる問題を出題した場合，正答率（成功率）が 1.0 もしくはそれに近い値を取る者が多くを占め，能力の個人差を知ることが難しい。これを天井効果（シーリング効果）といい，このときの分布は J 字型となる。逆に難しすぎる問題を出題した場合は正答率（成功率）が 0.0 もしくはそれに近い値を取る者が多くを占め，やはり，能力の個人差を知ることが難しい。これを床効果（フロア効果）といい，このときの分布は L 字型となる。分布が閉じているとは，天井効果や床効果が生じて分布が J 字型もしくは L 字型となる状態を指す。このような場合，正答率（成功率）P へ次式の角変換（逆正弦変換）を施してから統計解析を行う。角変換は分散を安定化させる非線形変換として知られる。

$$角変換:\begin{cases} Y=\sin^{-1}\sqrt{P} \\ Y=\arcsin\sqrt{P} \end{cases} \tag{2.11}$$

ただし，$P=0.0$ のときは $P=0.25/N$，$P=1.0$ のときは $P=(N-0.25)/N$ とする。ここで，N は全問題数（試行数）である。

【SPSS の手順 ― 変数の加工】

手順をすでに説明した（12 ページ）ので，以下にはおおよその手順を示す。

〈a〉 データビューを開く

〈b〉 メニューを選ぶ

　［変換（T）］→［変数の計算（C）］→変数の計算ダイアログボックス

　〈i〉 新しい変数名の入力

　　目標変数（T）に新しい変数名（変換後の名前）を入れる。

　〈ii〉 数式の作成

　　関数グループ（G）の**算術**を選び，算術式として表示される**関数と特殊変数（F）**の中から変換式を指定する。変換方法と指定する関数は以下の通りである。関数をダブルクリックすると変換式が**数式（E）**へ入る。

- 開平変換：Sqrt

- 対数変換（常用対数）: Lg10
- 角変換 : Arsin
- 逆数変換 : **数式 (E)** のボックスに分数式（**1/変数**）を作成する。

第3章

平均値の差の検定

2条件の平均値や男女別の平均値，あるいは処遇前後の平均値などを比較したいことがある。平均値の差の検定とは，こうした2つの平均値の差に実質的な意味があるかどうかを調べる統計的方法である。

3.1　2条件の平均値の差を検定する

2条件の平均値の差の検定では，2条件間に対応があるかないかでSPSSの分析メニューが異なる。

「対応がある」「対応がない」というのは，一般的に1人の被験者に2条件を割り当てるかどうかで考える。たとえば，男女の違いをみたり，小学生グループと中学生グループの違いをみたり，実験操作を受けた実験群と受けない統制群の差をみるという場合は，被験者は2つのグループのいずれかに割り当てられるので，データに「対応がない」という。こうしたデータをSPSSでは**独立したサンプル**と呼ぶ。また，それとは異なり，1人の被験者が朝晩に2回実験に参加する，右手と左手で測定する，CMの視聴前後で質問を受けるという場合は，データに「対応がある」という。こうしたデータをSPSSでは**対応のあるサンプル**と呼ぶ。

3.2　2条件の間に対応がない場合

【事例】

2グループを用意して，一方を個別学習，他方をグループ学習とし，ある学習課題を課した。表3.1に示す学習後のテスト得点を用いて2グループの間で学習効果の差を調べる。

表3.1　2つの学習条件のテスト得点（$N = 10$）

学習条件	個別学習（4名）	グループ学習（6名）
被験者	17	11
	18	12
	19	15
	19	16
		17
		18

Note. 得点の範囲は0点〜20点である。

【分析方法】

t 検定。

【要件】

間隔・比率尺度データであり，2 つの標本の間に対応がないこと。

【注意点】

2 条件の等分散性を確認する。

【SPSS の手順】

〈a〉 データエディタを開く

図 3.1 のようにデータビューに分析用のデータを作成する。データ入力の原則に従い，1 行に 1 名のデータとする。**VAR00001** は**被験者番号**，**VAR00002** は**学習条件**，**VAR00003** は**テスト得点**である。

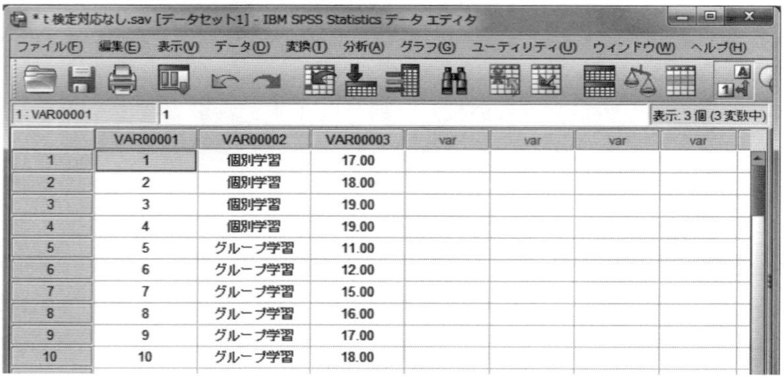

*t検定対応なし.sav [データセット1] - IBM SPSS Statistics データ エディタ

ファイル(F)　編集(E)　表示(V)　データ(D)　変換(T)　分析(A)　グラフ(G)　ユーティリティ(U)　ウィンドウ(W)　ヘルプ(H)

1 : VAR00001　1　表示: 3 個 (3 変数中)

	VAR00001	VAR00002	VAR00003	var	var	var	var
1	1	個別学習	17.00				
2	2	個別学習	18.00				
3	3	個別学習	19.00				
4	4	個別学習	19.00				
5	5	グループ学習	11.00				
6	6	グループ学習	12.00				
7	7	グループ学習	15.00				
8	8	グループ学習	16.00				
9	9	グループ学習	17.00				
10	10	グループ学習	18.00				

図 3.1　t 検定（対応なし）に用いるデータ

〈b〉 メニューを選ぶ

[分析 (A)] → [平均の比較 (M)] → [独立したサンプルの t 検定 (T)] →独立したサンプルの t 検定ダイアログボックス

〈i〉 **検定変数 (T)** と**グループ化変数 (G)** の指定

独立したサンプルの t 検定ダイアログボックス（図 3.2）で**検定変数 (T)** と**グループ化変数 (G)** を指定する。**検定変数 (T)** とは平均値差を調べたい測定値を入れた変数（この事例では**テスト得点**），**グループ化変数 (G)** とは平均値差を調べたいグループ名を入れた変数（この事例では**学習条件**）である。

〈ii〉 グループの定義

グループ化変数 (G) として**学習条件**を指定したら，**グループの定義 (D)** をクリックし，**グループの定義**ダイアログボックスを開く（図 3.3）。**学習条件**は個別学習が **1**，グループ学習が **2** とコーディングされているので，**グループ 1** へ **1**，**グループ 2** へ **2** を指定して**続行**を押す。**独立したサンプルの t 検定**ダイアログボックスへ戻ったらOKボタンを押し，t 検定を実行する。この事例のように2グループの被験者数は不揃いであってもかまわない。また，この事例は検定変数が1つであるが，複数の変数を一度に指定することもできる。

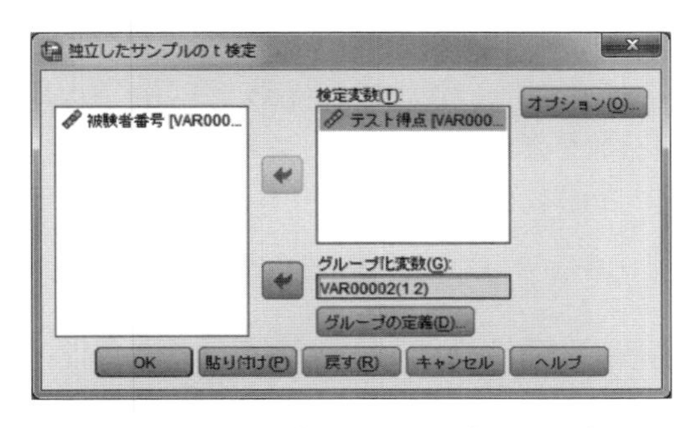

図 3.2　独立したサンプルの t 検定ダイアログボックス

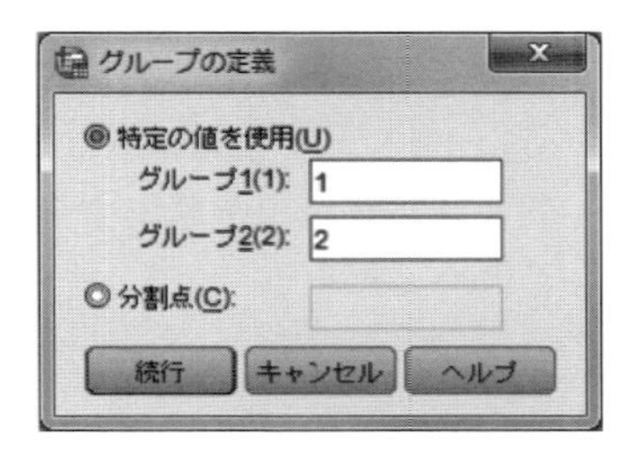

図 3.3　グループの定義ダイアログボックス

【出力の読み方と解説】

統制群と実験群の比較のように，2つの条件（グループ）の平均値の差を調べるときに多用されるのが t 検定である。t 検定は以下の手順で実行し，結果を読み進める。

〈a〉 対応の有無の確認

対応の有無に応じてデータセットの作成方法と分析メニューが異なるので，状況に応じて準備する。一般的に，条件間に対応があるかないかは，被験者が各条件すべてについて割り当てられるか，それともどれか1条件だけに割り当てられるかで判断する。t 検定は2条件の平均値の比較であるから，被験者側から見るとどれか1条件の実験を受けるのか，それとも2条件とも受けるのかということになる。この事例では，対応のないデータの t 検定を実行した。ただし，厳密には2条件で被験者が異なっていても条件の間に「対応がある」こともある。たとえば，同じ家庭からの第1子と第2子（きょうだい）で2グループを作ると，グループ間で被験者は異なるが「対応のある」分析になる。

〈b〉 記述統計量の確認

標準設定（デフォルト）により**グループ統計量**（図3.4）が出力されるので，N（ケース数），**平均値**，**標準偏差**を読む。**グループ統計量**によれば，サンプルの平均は**個別学習**の方が**グループ学習**よりも大きく，標準偏差はグループ学習の方が大きい。

グループ統計量

	学習条件	N	平均値	標準偏差	平均値の標準誤差
テスト得点	個別学習	4	18.2500	.95743	.47871
	グループ学習	6	14.8333	2.78687	1.13774

図 3.4　独立したサンプルのグループ統計量

〈c〉 等分散性の確認

t 検定は2グループの母集団の分散（母分散）が等しいことを前提とするので，はじめに2つの母分散が等しいとみなせるか，**等分散性のための Levene の検定**を使って確かめる。この検定の結果は**独立サンプルの検定**（図3.5）に出力される（ここでは紙幅が足りないので**独立サンプルの検定**を2段に分けて表示している）。この検定の有意確率が

.05 以上のときは2グループに等分散性を仮定できると判断し，上段の**等分散を仮定する。**を横に読んでいく。一方，有意確率が .05 未満のときは等分散性を仮定できないと判断し，下段の**等分散を仮定しない。**を横に読んでいく。等分散を仮定できないときは t 分布を使用できるように t 値と自由度が修正される。修正の方法には Cochran-Cox や Welch による方法があり，SPSS は Welch の修正法を採用している。この事例では，**等分散性のための Levene の検定**が F 値 = 4.289，有意確率 = .072 となり，有意確率が .05 (5%) よりも大きいので，上段の**等分散を仮定する。**を横に読んでいく。なお，自由度とは有意確率を算出する際に参照すべき標本分布を決める値で，検定ごとにデータ数によって定まる。

独立サンプルの検定

		等分散性のための Levene の検定	
		F 値	有意確率
テスト得点	等分散を仮定する。	4.289	.072
	等分散を仮定しない。		

（下へ続く）

2 つの母平均の差の検定						
t 値	自由度	有意確率 (両側)	平均値の の差	差の 標準誤差	差の 95 % 信頼区間 下限	上限
2.322	8	.049	3.41667	1.47167	.02300	6.81033
2.768	6.583	.030	3.41667	1.23435	.46002	6.37331

図 3.5 独立したサンプルの検定結果

〈d〉 両側検定として t 検定の結果を読む

単に2つの母平均が異なると仮定して行う検定を両側検定，母平均が大きいグループを事前に予測して行う検定を片側検定という。検定結果を読むときは両側検定か片側検定かに注意する。SPSS の出力は標準設定（デフォルト）が両側検定であるから，両側検定の場合は出力された有意確率をそのまま読めばよい。したがって，t 値 = 2.322，自由度 = 8，有意確率 (両側) = .049 であり，有意確率が .05 よりも小さいので，2グループの母平均に有意差があると判断できる。図 3.4 の平均値によれば，個別学習条件の方がグループ学習条件よりも学習効果が大きいと言える。

〈e〉 片側検定として t 検定の結果を読む

片側検定のときは出力された有意確率の値を半分にして読む。つまり，**有意確率（両側）**として出力された .049 を2で割り，t 値 = 2.322，自由度 = 8，有意確率 (片側) = .024 であり，有意確率が .05 よりも小さいので有意差がある，と読む。この事例では，両側検定と片側検定のいずれも .05 (5%) 水準で有意となったが，.10 > **有意確率（両側）** > .05 の場合は両側検定では有意にならないが，片側検定では有意になる。

〈f〉 等分散性を仮定できない場合

等分散性のための Levene の検定で等分散性が否定された場合は**2つの母平均の差の検定**の下段，つまり，**等分散を仮定しない。**の横を読む。t 値 = 2.768，自由度 = 6.583，有意確率 (両側) = .030 とあるので，有意差がある。Welch の修正法は t 値と自由度を調整するが，自由度が整数になるとは限らない。また，外れ値があったり，2群の分布の形に大きな違いがある場合は t 検定を避け，Mann-Whitney 検定を行う方がよい。

3.2.1　統計的仮説検定の考え方

（1）背理法と帰無仮説と対立仮説

平均値差や 2 変数の関連の有無を確率的に判断する手続きを統計的仮説検定といい，その考え方は背理法に従う。たとえば，10 円硬貨の製造方法に疑念があるとしよう。背理法では製造方法に疑念があっても，10 円硬貨はきちんと製造されている，つまり，10 円硬貨を投げたら表裏の出る確率に差がないと言う仮説を最初に立てる。これを帰無仮説（null hypothesis）という。そして，実際にデータを集めてみる。たとえば，10 円硬貨を 100 回投げる。その結果，表と裏の出た回数がほぼ半々であれば，直感的にも表裏の出る確率に差がないと判断でき，帰無仮説を正しいとして採択する。

しかし，表が 30 回しか出なかった場合はどうであろうか。帰無仮説が正しいという仮説のもとでは，100 回中の 30 回以下というのは確率的にありえないくらい珍しいことであり，使った 10 円硬貨がきちんと製造されていなかったと疑うしかない。そこで，はじめに立てた帰無仮説は間違いであると判断し，帰無仮説を棄却する。帰無仮説を棄却するということは，対立仮説（alternative hypothesis）を採択することに等しい。対立仮説とは帰無仮説を否定する仮説であり，ここでは表裏の出る確率が等しくないという仮説である。

さて，通常の研究に話を戻すと，第 1 群と第 2 群の平均値は違う，変数 X と変数 Y は関連しているというように，平均値に差がある，2 変数に関連があるという方向でデータを集めて分析を行うので，研究の視点は対立仮説にある。しかし，その場合でも，統計的仮説検定は背理法の考え方に従うので，平均値差がない，関連がないという帰無仮説を立てて証拠（データ）を収集する。そして，帰無仮説を疑うに十分な証拠があるとき，帰無仮説を棄却して対立仮説を採択する。

この背理法の考え方を本節の事例で用いた t 検定に当てはめると，帰無仮説（H_0）と対立仮説（H_1）は次のようになる。

$H_0 : \mu_1 = \mu_2$　（個別学習［第 1 群］とグループ学習［第 2 群］の効果は同じである）
$H_1 : \mu_1 \neq \mu_2$　（個別学習［第 1 群］とグループ学習［第 2 群］の効果は同じでない）

ここで，μ（ミュー）は母集団の平均（母平均）である。一般的に標本の統計量は英語のアルファベットを用いて表すが，母集団の統計量にはギリシャ語のアルファベットを使う。

2 つの仮説を立てたら帰無仮説を仮に真として t 分布（39 ページ）を利用し，標本で得た t 値以上に大きな t 値の生じる確率（これを有意確率，p 値という）を求める。このとき，有意確率が極めて小さければ（慣例では .05 未満），真と仮定した帰無仮説「個別学習とグループ学習の効果は同じである」を疑い，対立仮説「個別学習とグループ学習の効果は同じでない」を採択する。

■ t 値と有意確率および t 分布表

独立サンプルの t 検定では帰無仮説が真のとき，t 値は自由度が「データ数 $-$ 2」の t 分布に従う。先の事例（図 3.5）に合わせ，図 3.6 に自由度（df）が 8（$= 4 + 6 - 2$）の t 分布を示した。t 分布はゼロを中心として左右対称に分布する。有意確率はデータから求めた t 値以上に大きな t 値が生じる確率であるから，先の事例では，図 3.6 において $t < -2.322$ の面積と $2.322 < t$ の面積を合わせた面積に等しい。これが .049 である（図 3.5 参照）。

一方，図 3.6 の黒塗りの 2 つの領域は左が下側確率 .05/2(= .025)，右が上側確率 .05/2 (= .025) であり，2 つを合わせた両側確率が有意水準 (α) .05 となっている。

t 分布の形は自由度によって異なるので，それをさまざまな自由度についてまとめたものが付表 A.3 の t 分布表である。その一部を表 3.2 に示す。両側確率 α を .05 とした場合，t 分布表は上側確率 .025 を与える棄却値（黒塗りの領域と白塗りの領域を分ける t の値）を示すので，自由度 (df) が 8（下線部）の場合，棄却値は 2.306（表中の下線部）である。したがって，データから求めた t 値の絶対値が 2.306 よりも大きいとき，有意水準 $\alpha = .05$ で帰無仮説を棄却する。先の事例（図 3.5）は t 値 (2.322) が棄却値の 2.306 よりも大きいので，有意確率が .05 よりも小さいことがわかり，有意水準 (α) .05 で帰無仮説を棄却できる。

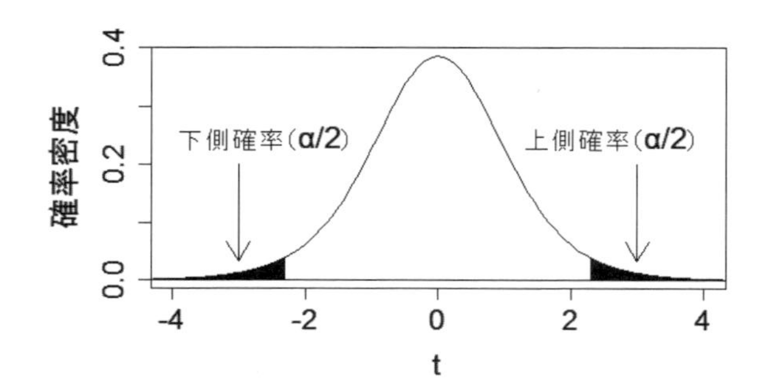

図 3.6 t 分布 ($df = 8$) と両側確率 ($\alpha = .05$)

表 3.2 t 分布表（一部）

自由度 (df)	両側確率 α（上側確率 $\alpha/2$）				
	.200 (.100)	.100 (.050)	.050 (.025)	.020 (.010)	.010 (.005)
6	1.440	1.943	2.447	3.143	3.707
7	1.415	1.895	2.365	2.998	3.499
<u>8</u>	1.397	1.860	<u>2.306</u>	2.896	3.355
9	1.383	1.833	2.262	2.821	3.250
10	1.372	1.812	2.228	2.764	3.169

(2) 有意確率とタイプ I エラーとタイプ II エラー

心理学では，帰無仮説を棄却して対立仮説を採択するときの「めったにありえないくらい小さい確率」を .05 (5%) に設定している。この確率を有意水準といい，これよりも有意確率（p 値）が小さいとき，文章中では「有意であった」「有意に大きかった」と表現する。したがって，本文に「有意（英文では significant，significantly など）」という表記があれば，統計的仮説検定に基づいた判断がされていることになる。多くの研究領域で有意水準の大きさは .05 (5%) とされるが，この値に数学的な根拠はなく，慣例で .05 (5%) としているにすぎない。

統計的仮説検定は確率をベースにしているので，基準値の .05 (5%) よりも小さな有意確率であっても，帰無仮説を棄却した判断が誤っていることがある。たとえば，先の 10 円硬貨の実験に戻ると，10 円硬貨を 100 回投げて表が 30 回しか出なくても，きちんと製造された 10 円硬貨であり，30 回は極めて珍しいことであるが，偶然に起きた結果であったかもしれない。

その場合は判断を誤ることになる。このような正しい帰無仮説を棄却してしまう誤りをタイプIエラー（第一種の過誤）と呼び，有意水準は判断エラーを犯す確率なので危険率（α）と呼ぶ。この α は採否を決める基準値であるから，これを小さく設定すればタイプIエラーを犯す可能性は小さくなるが，先述の通り，慣例で .05 (5%) としている。

一方，10 円硬貨を 100 回投げて 50 回近く表が出たときは，きちんと製造された 10 円硬貨であると判断し，帰無仮説を採択する。しかし，もしかしたら歪んだ 10 円硬貨であったかもしれない（対立仮説が正しい）。このように正しい対立仮説を採択できない判断の誤りをタイプIIエラー（第二種の過誤）という。この確率を β とすると，$1-\beta$ は対立仮説が正しいときに正しく対立仮説を採択できる確率に等しく，これを検定力（power）あるいは検出力という。

これまで説明してきた統計的仮説検定における 2 つの誤り，有意水準，検定力の関係を表 3.3 にまとめた。前述の t 検定に用いた計算事例では，個別学習とグループ学習に本当は平均値差がない（H_0 が正しい）とき，平均値差があるとする判断の誤りがタイプIエラーである。逆に個別学習とグループ学習には平均値差がある（H_1 が正しい）とき，平均値差がないと判断してしまう誤りがタイプIIエラーであり，収集したデータを証拠として正しく帰無仮説を棄却できる確率が検定力である。

表 3.3　統計的仮説検定における誤り

	真の状況	
	H_0 が正しい	H_1 が正しい
H_0 を棄却	タイプIエラー α 有意水準・危険率	正しい判断 $1-\beta$ 検定力
H_0 を採択	正しい判断 $1-\alpha$ （確率に名称はない）	タイプIIエラー β （確率に名称はない）

慣例では有意水準を .05 (5%) とするが，有意確率が小さいことを表すために .01 (1%) や .001 (0.1%) という基準を使用することがある。こうした基準を使用する場合は有意確率の大きさを表 3.4 のような不等号と数値で表記し，表中へ *（アスタリスク）を付記する。

表 3.4　有意確率の表記方法

有意確率（p）の大きさ	判断	表記方法	表へ付記するアスタリスク
$0.05 \leq p$	有意差なし	$p \geq .05$ あるいは $n.s.$ (non-significant の略)	アスタリスクを付記しない
$0.01 \leq p < 0.05$	有意差あり	$p < .05$	*
$0.001 \leq p < 0.01$	有意差あり	$p < .01$	**
$p < 0.001$	有意差あり	$p < .001$	***

また，研究の進め方やデータの収集状況によるが，有意確率が .10 (10%) 以上を有意差なしとして，「$.05 \leq p < 0.10$」を「有意傾向」とすることがある。その場合はアスタリスクに代えて †（ダガー）記号もしくは + 記号を表中へ入れ，有意傾向であることを示す。

(3) 両側検定と片側検定

本節の事例が用いた対立仮説（$H_1 : \mu_1 \neq \mu_2$）は単純に母平均を等しくないとする両側検定と呼ばれる仮説検定に対応している。しかし，先行研究の積み重ねや実験の特徴によっては大小関係（一方が他方よりも大きいとか早いとか）を予測することがあり，その場合は片側検定に対応した対立仮説を立てる。たとえば，何らかの強い根拠があり，本節の事例で個別学習の効果がグループ学習の効果よりも大きいと予測した場合，以下の帰無仮説（H_0）と対立仮説（H_1）を立てて検定する。

$H_0 : \mu_1 = \mu_2$ （個別学習［第 1 群］とグループ学習［第 2 群］の効果は同じである）
$H_1 : \mu_1 > \mu_2$ （個別学習［第 1 群］の方がグループ学習［第 2 群］よりも効果が大きい）

片側検定は両側検定と同一の t 値と自由度となるが，有意確率が両側検定の半分になる。これは同じ t 値でも片側検定の方が有意になりやすい，つまり検定力が高いことを意味する。したがって，仮説を厳格に立てられるなら，片側検定を行う方が無駄なく平均値差を検出できる。ただし，有意差を出しやすいからという理由で，記述統計量や有意確率を見てから両側検定を片側検定に変えてはいけない。

3.2.2 効果量・信頼区間・検定力（検出力）

近年の論文誌では，投稿論文内に効果量（effect size），信頼区間，検定力（検出力）を記載するよう求められることが増えている。しかし，SPSS では効果量，信頼区間，検定力が出力されないものもある。主要な検定については効果量，信頼区間，検定力の計算手順について説明する。

（1）効果量

統計的仮説検定は標本分布（39 ページ）に基づいて有意確率を求めるので，標本のデータ数が大きいほど標本分布の分散が小さくなり，統計量の値が同じでも有意確率が小さくなる。したがって，統計的仮説検定の結果が有意であるという理由だけで，平均値差が大きい，あるいは 2 変数の関連が強いと単純に考えることはできない。統計的に有意であっても（$p < .05$ でも），その有意性に意味のない場合があり，有意であることと実際の統計量の大きさの意味を分けて考える必要がある。たとえば，表 3.5 に示す 2 群の平均値差は t 検定で有意になる（$t(998) = 2.299$，$p < .05$）が，平均値差は 1.0cm であり，特に大きな差があるとは思われない。

表 3.5 2 群の平均身長

	第 1 群	第 2 群
人数	500	500
平均値	160.0	161.0
標準偏差	7.08	6.67
最小値	150.0	151.0
最大値	170.0	170.0

以前から，統計的仮説検定で得られた有意確率と統計量の大きさを区別して考察すべきであると言われ，有意確率とは別の指標として，平均値差や関連の強さを表す効果量が提案されてきた。多数の効果量があり，種々の呼び方で分類されているが，ここでは r 族（r-family）と d 族（d-family）として分類される効果量の算出式を示す。ただし，t 検定の効果量は SPSS では出力されない。また，平均値差を解釈するための確率的な指標を紹介するが，他にも種々の効果量が提案されているので，研究目的に応じて使い分けることが望まれる（南風原, 2014）。

- r 族による効果量

この効果量は平均値差の大きさを相関係数（2変数の関係の強さを表す指標；第8章）として数値化したものであり，対応のない t 検定では式 (3.1) によって算出される。この r は，平均値よりも大きい群に属する被験者を1点，小さい群に属する被験者を0点とする変数と，**検定変数**（ここではテスト得点）との間の点双列相関係数に等しい。

$$r = \sqrt{\frac{t^2}{t^2 + df}} \tag{3.1}$$

ここで，t は t 検定で算出された t 値，df は自由度である。r は0.0から1.0の値をとり，1つの目安として表3.6のように解釈する（Cohen, 1992；小野寺・菱村, 2005）。表3.1に示す事例の効果量は，

$$r = \sqrt{\frac{2.322^2}{2.322^2 + 8}} = 0.635$$

であり，大きな学習効果の差があったと言える。一方，表3.5の平均値差を示す効果量は

$$r = \sqrt{\frac{2.299^2}{2.299^2 + 998}} = 0.073$$

であり，有意差があっても，平均身長の1cmという差は意味のある大きさとは言えない。実際，既製服は1cm刻みではなく，S，M，L，LLや7，9，11… のような数段階の大きさで提供されている。

表3.6　効果量 r の解釈

効果量の大きさ	解釈の目安
$.10 \leq r < .30$	小さい効果（平均値差は小さい）
$.30 \leq r < .50$	中程度の効果（平均値差はやや大きい）
$.50 \leq r$	大きい効果（平均値差は大きい）

- d 族による効果量

d 族の効果量は

$$d = \frac{|M_1 - M_2|}{s} \tag{3.2}$$

である。ここで，M_1 と M_2 はそれぞれ第1群と第2群の平均値，$|M_1 - M_2|$ はその平均値差の絶対値，分母の s は2群の共通の標準偏差である。s の算出法には2つの考え方があり，1つは2群の標本分散（式 (2.5)）V_1 と V_2 を用いる

$$s_{(V)} = \sqrt{\frac{N_1 V_1 + N_2 V_2}{N_1 + N_2}} \tag{3.3}$$

である。この $s_{(V)}$ はプールした標準偏差と呼ばれ，これを式 (3.2) の分母として算出される効果量はCohenの d と呼ばれる（大久保・岡田, 2012）。もう1つは2群の不偏分

散（式 (2.4)）U_1 と U_2 を用いる

$$s_{(U)} = \sqrt{\frac{(N_1 - 1)U_1 + (N_2 - 1)U_2}{N_1 + N_2 - 2}} \tag{3.4}$$

である。この $s_{(U)}$ は2群で共通の不偏分散の平方根を標準偏差とするもので，これを式 (3.2) の分母として算出される効果量は Hedges の g と呼ばれる（大久保・岡田, 2012）。SPSS から出力される標準偏差は不偏分散の正の平方根となっているので，本書では，$s_{(U)}$ を用いて効果量 d の計算例を示す。d は 0 以上の値をとり，1つの目安として表 3.7 のように解釈する（Cohen, 1992；小野寺・菱村, 2005）。表 3.1 に示す事例の効果量は，

$$s_{(U)} = \sqrt{\frac{(4-1)0.957^2 + (6-1)2.787^2}{4+6-2}} = 2.280$$

であるから，

$$d = \frac{|18.250 - 14.833|}{2.280} = 1.499$$

となり，大きな学習効果の差があったと言える。一方，表 3.5 に示す事例では，平均値差の効果量が，

$$s_{(U)} = \sqrt{\frac{(500-1)7.08^2 + (500-1)6.67^2}{500+500-2}} = 6.878$$

である。したがって，

$$d = \frac{|160.0 - 161.0|}{6.878} = 0.145$$

となり，統計的には大きな平均値差があるとは言えない。

表 3.7 効果量 d の解釈

効果量の大きさ	解釈の目安
$.20 \leq d < .50$	小さい効果（平均値差は小さい）
$.50 \leq d < .80$	中程度の効果（平均値差はやや大きい）
$.80 \leq d$	大きい効果（平均値差は大きい）

● 優越率

一方の群から選ばれた測定値が他方の群から選ばれた測定値よりも大きい確率は優越率と呼ばれ，2群の平均値差を解釈するための確率的な指標として提案された（南風原・芝, 1987）。優越率は2群の測定値が正規分布に従うものと仮定され，標本の優越率 π_d は標準正規分布に従う変数 z と式 (3.2) の d により

$$z < \frac{d}{\sqrt{2}} \tag{3.5}$$

を満たす確率として求めることができる。優越率 π_d は2群の平均値が等しいときに最小値の .500 となり，平均値差が大きいほど大きな値をとる。表 3.1 に示す事例の優越率は，$d = 1.499$ であるから $d/\sqrt{2} = 1.06$，したがって，付表 A.1 の標準正規分布表より，

$$\pi_d = 1 - .145 = .855$$

である。平均値の小さい群の測定値が大きい群の測定値を上回る確率は $1 - .855 = .145$ と小さいので，平均値差が大きいと言える。一方，表 3.5 の事例では，$d = 0.145$ であるから $d/\sqrt{2} = 0.103$，したがって，

$$\pi_d = 1 - .460 = .540$$

である。π_d が最小値の .500 に近く，この事例の平均値差は小さいと言える。

(2) 信頼区間

あらかじめ設定した確率の下で，平均値や平均値差などの母数を含む区間を推定することができ，このときの確率を信頼水準または信頼係数，母数を含むとされる区間を信頼区間（confident interval）と呼ぶ。一般的に信頼水準として .95 を用いることが多く，そのときの信頼区間を母数の信頼水準 .95 の信頼区間，95% 信頼区間などと呼ぶ。

表 3.1 のデータを用いた t 検定（図 3.5）では「差の 95% 信頼区間」として平均値差の信頼区間が出力され，下限値が 0.023，上限値が 6.810 となっている。これは，0.023 から 6.810 の範囲に母集団の平均値差を含む確率が .95（95%）であることを意味する。ただし，母集団の平均値差は定数であるが，同じ手続きに従っても，信頼区間はその算出に用いた標本ごとに異なるので，この標本で求めた信頼区間が母集団の平均値差を含む確率が 95% であると理解するのがよい。

この事例では，信頼区間を求めたことにより，母集団で平均値差が大きな可能性もあるが，極めて小さい可能性のあることがわかる。

論文へ信頼区間を記載する場合は検定結果や効果量と合わせ，「個別学習はグループ学習よりも学習効果が有意に高かった（$t(8) = 2.322$，$p < .05$，$r = .635$，95%CI[0.023, 6.810]）。」のように表記するとよい。ここで，ES は effect size（効果量）の頭文字の E と S，CI は confident interval（信頼区間）の頭文字の C と I である。

(3) 検定力（検出力）

検定力は帰無仮説が誤りのとき，その帰無仮説を誤りと判断して棄却する確率であった（表 3.3）。平均値差の t 検定の場合，検定力は母集団における平均値差，有意水準（α），対立仮説のタイプ（両側，片側），そして標本の大きさによって決まる。もともと母集団の平均値差が未知であるから検定を行うのであるが，平均値差があると仮定して有意水準を .05（5%），両側対立仮説として検定を行うと，標本が大きいほど検定力は大きくなり，「有意差あり」とする結論を得やすい。

先行研究や予備調査・実験の結果からおおよその平均値差を推測できれば，所定の検定力を与える標本の大きさをあらかじめ求めることができる。これを検定力分析という。検定力分析では，有意水準を .05（5%）とするとき，.80 以上の検定力が望ましいとされる。SPSS には検定力分析を行う機能が備わっていないので，SPSS SamplePower，R 言語（R Core Team, 2013），G*Power（Faul, Erdfelder, Buchner, & Lang, 2009）などを利用するとよい。

一方，統計的仮説検定を行った後，標本の平均値差や標本の大きさから検定力を求めることができ，このときの検定力は**観測検定力**といわれる。SPSS では［一般線型モデル (G)］→［1 変量 (U)］→ 1 変量ダイアログボックスと進み，オプション (O) で観測検定力を求める（図 4.3，62 ページ）。表 3.1 のデータの場合は .532 となる。ただし，検定結果がわかっているので観測検定力に特段の意味はない。論文には「個別学習はグループ学習よりも学習効果が有意に高かった（$t(8) = 2.322$，$p < .05$，$r = .635$，95%CI[0.023，6.810]）。」のように表記する。観測検定力を特に記載する必要はない。

3.3 論文の記載例 — 対応がない場合

ある学習課題を課して個別学習とグループ学習の学習効果を調べた。事後テストの平均値と標準偏差は表 3.8 の通りであり，対応のない t 検定を用いて 2 群の平均値差を検定した結果，個別学習はグループ学習よりも学習効果が有意に高かった（$t(8) = 2.322$，$p < .05$，$r = .635$，95%CI[0.023，6.810]）。

表 3.8 学習方法による学習効果の違い（$N = 10$）

	個別学習	グループ学習
平均	18.25	14.83
標準偏差	0.96	2.79
人数	4	6

論文には以下の事項を記載する。

〈a〉 単純集計の結果
記載例のように表を使って平均値，標準偏差，データ数を示すとわかりやすい。

〈b〉 t 検定の結果
t 検定の結果を示す場合は t 値，自由度，有意確率を出力から読み取り「t（自由度）$=t$ 値，有意確率」のように記載する。t 値が負になる場合はマイナス符号を外して表示する。文章での表現としては「有意差があった（$t(8) = 2.322$，$p < .05$）。」でもよいが，具体的に「個別学習はグループ学習よりも学習効果が有意に高かった（$t(8) = 2.322$，$p < .05$，$r = .635$，95%CI[0.023，6.810]）。」と表現する方がわかりやすい。

〈c〉 効果量
効果量の記載を求められることが多いので，必要な場合は併記する。この事例では r 族を用いて「$r = .635$」としているが，優越率と合わせ「$r = .635$，$\pi_d = .855$」もしくは「$r = .635$，優越率 $= .855$」とするのもよい。

3.4 2 条件の間に対応がある場合

【事例】

ある製品に対する好意度が CM（コマーシャル）視聴前後で異なるかを検討する。CM に対する好意度は非常に好きを 10 点，非常に嫌いを 0 点とする 11 段階で 7 名に評定してもらった

（表 3.9）。

表 3.9　CM 視聴による好意度の変化（$N = 7$）

評定条件		CM 視聴前	CM 視聴後
被験者名	遠藤	2	10
	倉沢	5	5
	石崎	3	8
	笠井	2	5
	首藤	7	9
	渡辺	7	6
	篠田	1	7

【分析方法】

t 検定。

【要件】

間隔・比率尺度データであり，2 つの標本の間に対応があること（12 ページ参照）。

【SPSS の手順】

〈a〉 データエディタを開く

対応のある場合は図 3.7 のように分析用データを作成する。1 行ごとに被験者名と CM 視聴前後の評定値を入れる。VAR00001 を**被験者**，VAR00002 を CM **視聴前**の好意度，VAR00003 を CM **視聴後**の好意度とした。

〈b〉 メニューを選ぶ

[分析 (A)] → [平均の比較 (M)] → [対応のあるサンプルの t 検定 (P)] →対応のあるサンプルの t 検定ダイアログボックス（図 3.8）

対応のある変数 (V) へ CM **視聴前** [VAR00002] の好意度と CM **視聴後** [VAR00003] の好意度を指定する。最初に指定した変数が**変数 1** の枠に，次に指定した変数が**変数 2** の枠に入り，平均を比較する**ペア (A)** が決まる。ペアができたら OK ボタンを押す。ダイアログボックスからわかるように，一度に複数のペアを指定することができる。

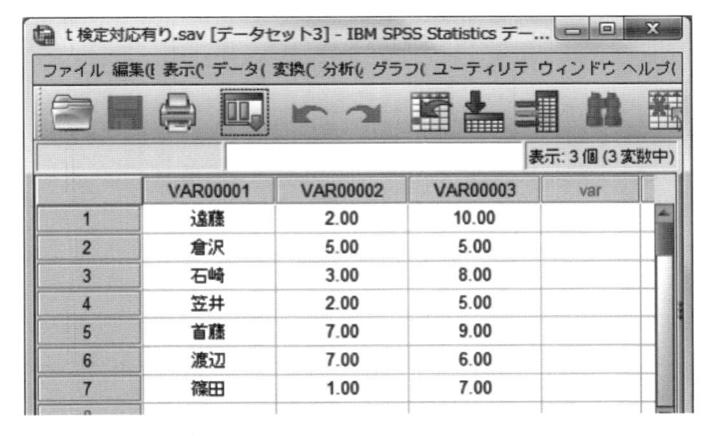

図 3.7　t 検定（対応のあるサンプル）に用いるデータ

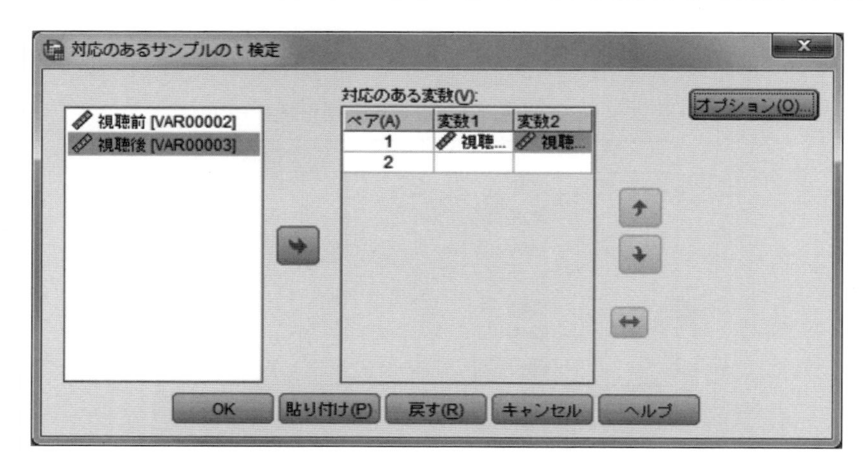

図 3.8 t 検定（対応のあるサンプル）で対応のある変数を指定する

【出力の読み方と解説】

対応のあるデータで平均値差を検定する t 検定を用いる場合，以下の手順を踏む。

〈a〉 対応の有無の確認

7 名が CM 視聴前後に好感度を評定しているので，対応のあるデータである。

〈b〉 帰無仮説と対立仮説の確認

CM 視聴前後の平均を比較するということは，被験者ごとに「CM 視聴前の評定値 −CM 視聴後の評定値」として好意度の差を定義して，その差の平均値が 0 と言えるかどうかを調べることに等しい。そのため，SPSS は後者の検定に基づき，次の帰無仮説（H_0）と対立仮説（H_1）を立てて検定を行う。この検定は差得点という 1 つの変数の検定であるから，対応のないデータの t 検定で必要であった等分散性の確認は不要である。

$H_0\!:\mu_{差} = 0$ （CM に対する好意度の差の平均値は 0 である）

$H_1\!:\mu_{差} \neq 0$ （CM に対する好意度の差の平均値は 0 ではない）

この 2 つの仮説を CM 視聴前後の好感度の平均値を使って言い換えると

$H_0\!:\mu_{視聴前} = \mu_{視聴後}$ （CM 視聴前と CM 視聴後の平均値は等しい）

$H_1\!:\mu_{視聴前} \neq \mu_{視聴後}$ （CM 視聴前と CM 視聴後の平均値は等しくない）

となる。

〈c〉 t 検定の結果を読む

図 3.9 に t 検定の結果を示す。検定結果は t 値 $= -2.674$，自由度 $= 6$，有意確率（両側）$= .037$ とあるので，有意水準 .05 (5%) で差の平均値が 0 とは言えない，言い換えると，視聴後に好感度が有意に上昇したと判断できる。この事例では好意度の差が正の方向へ変化しているので t 値が負になったが，論文へ記載するときは絶対値で示す。

〈d〉 片側検定として

事前研究などにより，好意度が上昇する，あるいは減退するという，どちらかの傾向が強く予測できる場合は片側検定が可能となり，SPSS で出力された有意確率の値を 1/2 にして読む。この事例では，t 値 $= -2.674$，自由度 $= 6$，有意確率（片側）$= .0185$ と読み，有意水準 .05 (5%) で好意度が有意に上昇したと判断する。

	対応サンプルの差							
			平均値の	差の 95 % 信頼区間				有意確率
	平均値	標準偏差	標準誤差	下限	上限	t	df	(両側)
ペア 1　視聴前 - 視聴後	-3.28571	3.25137	1.22890	-6.29273	-.27870	-2.674	6	.037

図 3.9　対応のあるサンプルの検定結果

3.4.1　効果量

SPSS は**対応のあるサンプルの t 検定**でも効果量を出力しないので，次のように計算する。

- r 族による効果量
  対応のない t 検定と同様に式 (3.6) によって算出する。

$$r = \sqrt{\frac{t^2}{t^2 + df}} \tag{3.6}$$

ここで，t は t 検定で算出された t 値，df は自由度である。r は 0.0 から 1.0 の値を取り，1 つの目安として表 3.6 のように解釈する。表 3.10 の t 検定の場合，

$$r = \sqrt{\frac{(-2.674)^2}{(-2.674)^2 + 6}} = 0.737$$

となり，大きな効果があったと言える。

- d 族による効果量
  次式によって計算する。解釈は 1 つの目安として表 3.7 に従う。

$$d = \frac{|M_1 - M_2|}{\text{差得点の標準偏差}} \tag{3.7}$$

表 3.10 の t 検定の場合，

$$d = \frac{|3.857 - 7.143|}{3.251} = 1.011$$

となり，大きな効果があったと言える。

- 優越率
  対応のあるサンプルの場合，優越率は一方の変数の値が他方の変数の値よりも大きい被験者の割合として提案された（南風原・芝, 1987）。標本の優越率 π'_d は，2 変数の差得点が正規分布に従うと仮定し，標準正規分布に従う変数 z と式 (3.7) の d を用い，

$$z < d \tag{3.8}$$

を満たす確率として与えることができる。優越率 π'_d は 2 変数の平均値が等しいときに最小値の .500 となり，平均値差が大きいほど大きな値をとる。表 3.10 の場合，$d = 1.011$ であるから，付表 A.1 の標準正規分布表より，

$$\pi'_d = 1 - .156 = .844$$

である。標本では 80% を越える被験者が CM 視聴後に好意度が高くなっており，CM 視聴前後の平均値差が大きいと言える。

3.5 論文の記載例 — 対応がある場合

7名の被験者に，CM視聴前後に0 ～ 10点までの11段階で製品に対する好意度を評定してもらったところ，評定値の平均値と標準偏差は表3.10の通りであった。対応のあるt検定を用いてCM視聴前後の平均値の差を検定した結果，CMの視聴によって好意度が有意に高くなっていた（$t(6)$=2.674，$p < .05$，r=.737，95%CI[−6.29，−0.28]）。

表3.10 CM視聴による好意度への影響（$N = 7$）

	好意度	
	CM視聴前	CM視聴後
平均	3.86	7.14
標準偏差	2.48	1.95

Note. 得点範囲は0～10であり，得点が高いほど好意的であることを示す。

論文には以下の事項を記載する。統計量の表記方法は2条件の間に対応がないt検定と同様である。

〈a〉単純集計の結果
記載例のように表を用いて平均値，標準偏差，被験者数を示す。

〈b〉t検定の結果
SPSSの出力からt値，自由度，有意確率（両側）を読み取り「t(自由度) = t値，有意確率」のように表記する。t値が負になる場合はマイナス符号をはずして表示する。

〈c〉効果量
近年では効果量の記載を求められることが多いので，必要に応じて併記する。先の記載例では効果量（ES）としてr族の効果量を用いているので，「$r = .737$」と表記しているが，このrは相関係数ではない。優越率を記載する場合は，「$r = .737$，$\pi'_d = .844$」もしくは「$r = .737$，優越率 = .844」とするとよい。

〈d〉観測検定力
SPSSの**対応のあるサンプルのt検定（P）**は信頼区間を出力するが，観測検定力を出力しないので，観測検定力を知りたい場合は**［一般線型モデル（G）］→［反復測定（R）］→反復測定の因子の定義**ダイアログボックス→**反復測定**ダイアログボックスと進み，オプションを使って求める。

〈e〉信頼区間
信頼区間を記載する場合は「CMの視聴によって好意度が有意に高くなっていた（$t(6)$=2.674，$p < .05$，r=.737，95%CI[−6.29，−0.28]）。」のように記載する。

第 4 章

1 要因の分散分析

分散分析は測定値の分散に着目して平均値の差を検定する手法であり，実験計画法（experimental design）と組み合わせて利用される。実験計画法そのものは実験を行うにあたり，原因として想定しない影響因を系統的にコントロールしたり，あるいは排除するための，まさに実験デザインの仕方をいう。実験デザインと分散分析は不可分な関係にあるが，本書では実験計画法の詳細には踏み込まず，分散分析の基本的な事項について学ぶ。

4.1 分散分析と実験計画法 — 3 つ以上の平均値を比較する

4.1.1 基本用語とモデル

本章でははじめに分散分析の基本用語を説明し，その後，事例を通して 1 要因の分散分析について説明する。

(a) 要因と水準

実験計画では，変数の値を変化させる原因を要因（factor；因子と訳すこともある）という。要因は 2 つ以上の条件によって構成され，その条件を水準（level）という。たとえば，「発達という要因として小学生，中学生，高校生の 3 水準を設定する」という使い方をする。また，複数の要因を組み合わせることもできる。たとえば，性別（2 水準）と発達（3 水準）を組み合わせた場合は 2×3 の実験計画となり，総計 6 条件が設定される。

要因を独立変数，要因から影響を受ける変数を従属変数と呼ぶことがある。これは回帰分析において使われる用語であり，SPSS の分散分析メニューでは要因に相当する変数を**因子**と呼び，回帰分析メニューでは**独立変数**と呼んでいる。このように SPSS では要因に相当する変数の呼び方が分析メニューによって異なるので注意したい。一方，要因から影響を受ける変数は，2 つのメニューとも**従属変数**となっている。

(b) 被験者の配置とその表記法

要因の各水準へ被験者を割り当てる方法が 2 つある。1 つは各水準ごとに異なる被験者を割り当てる被験者間実験計画（between subjects design）で，その要因は被験者間要因と呼ばれる。典型的な事例として性別や地域などの要因があり，1 人の被験者はいずれかの水準に割り当てられる。この実験計画は被験者間配置計画とも呼ばれる。もう 1 つは，1 人の被験者をその要因のすべての水準に割り当てる計画で，被験者内実験計画（within subjects design）と呼ばれ，その要因は被験者内要因と呼ばれる。たとえば，1 人の被験者が右手と左手の 2 水準で繰り返し測定されるような要因は被験者内要因である。2 つの実験計画の違いは t 検定における対応の有無と同じ考え方をするとよい。

さらに，2 つ以上の要因を組み合わせる実験計画では，被験者間実験計画と被験者内実験計画を組み合わせる混合計画（mixed design）がある。たとえば，性別（被験者間）と右手・左手（被験者内）という 2 つの要因を考えた計画は，2×2 の混合計画である。

以下，本書では要因名として A，B，C，... を使い，被験者間要因と被験者内要因を区別するために，被験者間要因を被験者（Subject）を表す S の前（外）に置き，被験者内要因を S の後（内）に置く。たとえば，1 要因の被験者間実験計画を AS，1 要因の被験者内実験計画を SA と表記する。また，2 要因の実験計画では，2 要因とも被験者間の実験計画を ABS，2 要因とも被験者内配置の実験計画を SAB，混合計画を ASB と表記する。

(c) 固定効果モデルと変量効果モデル

研究の関心が性差を知ることにあるとき，男と女は無作為に選ばれた水準ではない。また，小学校，中学校，高等学校の差を知りたい場合も，3 種の学校は無作為に選ばれたわけではない。このように水準が意図的に選ばれている要因は固定効果要因（fixed effects factor）と呼ばれ，それを分析する分散分析を固定効果モデルという。心理学の研究で扱う要因は固定効果要因となることが多い。固定効果モデルは母数モデル（parameter model）とも呼ばれる。

一方，水準が母集団からの無作為抽出によって設定されている場合，その要因は確率変数となる。確率変数となっている要因は変量効果要因（random effects factor）と呼ばれ，それを分析する分散分析は変量効果モデルと呼ばれる。変量効果要因としてしばしば引き合いに出される例は学級差である。たとえば，一斉講義形式とグループ学習形式の違いを調べるとき，1 つの形式に 1 学級では不十分であるから，通常は 1 つの形式の授業を無作為に選んだ複数の学級で行う。このとき，分散分析では学級を 1 つの要因として学習効果を比較することができるが，選択された学級間の差に関心はない。

さらに，固定効果モデルと変量効果モデルを同時に設定する分散分析があり，混合効果モデル（mixed effects model）という。名称が先の混合計画と紛らわしいので注意する。

固定効果要因と変量効果要因では統計量の計算式が異なることがあるので，SPSS を使用する際にはダイアログボックスで正しく要因を指定しなくてはいけない。

4.1.2 1 要因の分散分析と事後分析の関係

1 要因の分散分析とその事後分析の関係は図 4.1 の通りである。

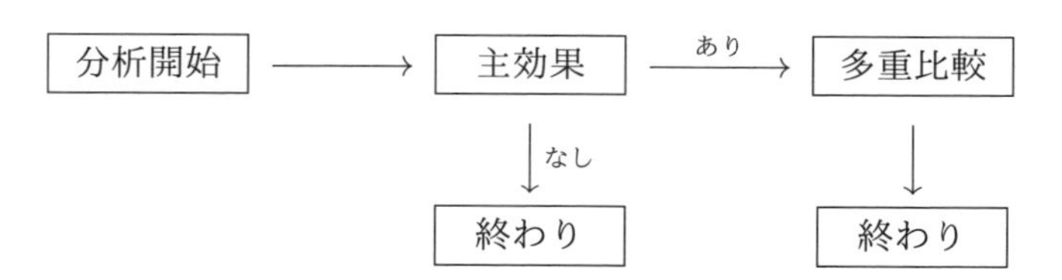

図 4.1 1 要因分散分析と事後分析の関係

最初に「すべての水準の母平均は等しい」とする帰無仮説を検定する。この帰無仮説が棄却されたとき，要因の主効果がある，もしくは要因の主効果が有意であると言う。主効果があるときは，水準間で母平均の有意差検定を行う。これを多重比較といい，多重比較ができたら分散分析の事後分析が終了する。

一方，1 要因の分散分析では主効果がないときは多重比較の必要はなく，分析を終了する。

4.2 被験者間実験計画 — 対応がない平均値の場合（AS タイプ）

【事例】

被験者 18 名を無作為に 6 名ずつ個別学習条件，グループ学習条件，講義学習条件へ割り当てて授業を行い，事後テストの得点（表 4.1）を用いて 3 条件の学習効果を比較する。

表 4.1 学習条件別のテスト得点（AS タイプ）

	学習条件（A）		
被験者（S）	個別学習	グループ学習	講義学習
各条件 6 名	15	11	15
（合計 18 名）	17	12	16
	18	15	16
	19	16	16
	19	17	17
	20	18	18

Note. 得点は 0〜20 点である。

【分析方法】

分散分析。

【要件】

間隔・比率尺度データであり，水準（3 つの学習条件）は被験者間要因となっていること。

【注意点】

得点分布の正規性と等分散性が仮定できること。

【SPSS の手順】

〈a〉データエディタを開く

被験者間要因の分析データはデータビューへ図 4.2 のように作成する。

〈b〉メニューを選ぶ

[分析 (A)] → [一般線型モデル (G)] → [1 変量 (U)] → 1 変量ダイアログボックス

〈i〉従属変数と独立変数の指定

1 変量ダイアログボックス（図 4.3）で，従属変数とする**テスト得点 [VAR00002]** を**従属変数 (D)** のボックスへ，独立変数とする**学習条件 [VAR00001]** を**固定因子 (F)** のボックスに指定する。

〈ii〉平均値の図示指定

作図 (T) を選び，**1 変量：プロファイルのプロット**ダイアログボックスで**横軸 (H)** へ独立変数とした **VAR00001**（学習条件）をドラッグして**追加 (A)** ボタンを押す（図 4.4）。そして，**続行**を押して **1 変量**ダイアログボックスへ戻る。この機能を使うと平均値の違いを視覚的に知ることができるので，特に多要因の分散分析では有用である。

〈iii〉 記述統計，誤差分散の等質性，効果量，観測検定力の出力指定
オプション（O）を選び**記述統計（D）**，**等分散性の検定（H）**，**効果サイズの推定値（E）**，**観測検定力（B）**をチェックする（図 4.5）。続いて**続行**ボタンを押して 1 変量ダイアログボックスへ戻り，OK ボタンをクリックする。その後の**検定（H）**で多重比較を行う方法については後述する（66 ページ参照）。

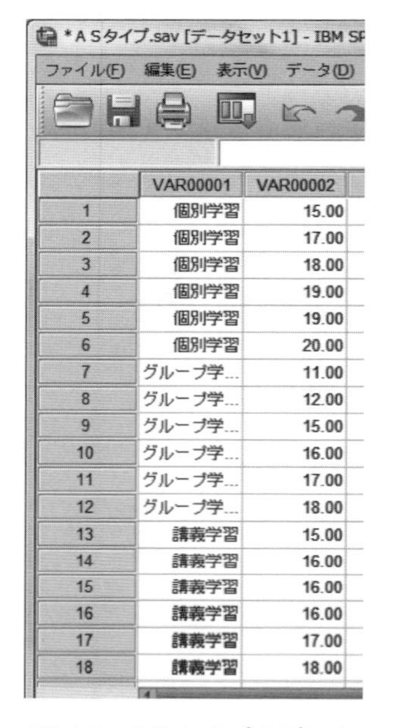

図 4.2 AS タイプのデータ

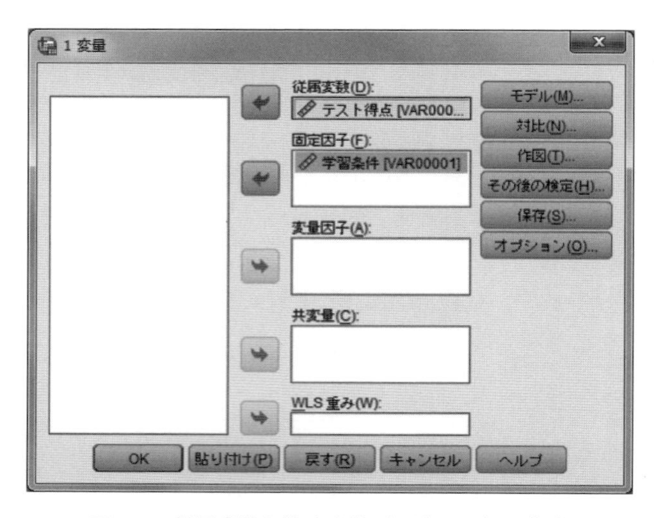

図 4.3 従属変数と独立変数（固定因子）の指定

図 4.4 AS タイプにおけるプロファイルのプロット指定

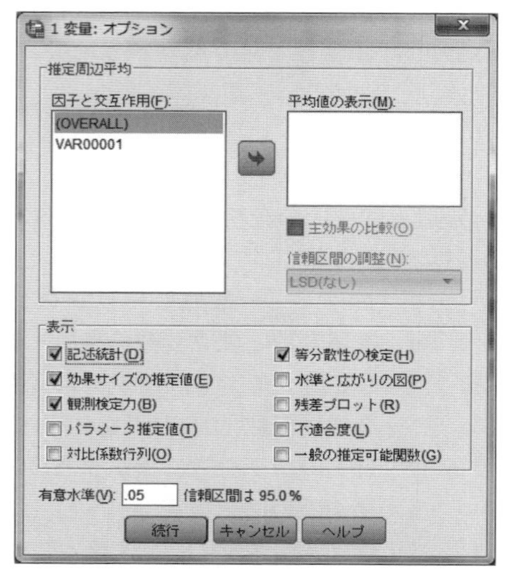

図 4.5 AS タイプのオプション指定画面

【出力の読み方と解説】

1 要因被験者間分散分析は以下の 3 点を読む。

〈a〉 記述統計

平均値や標準偏差などの単純集計の結果が**記述統計**として出力される（図 4.6)。

〈b〉 分散の等質性の検定

オプションで等分散性の検定をチェックしたので **Levene の誤差分散の等質性検定**が出力される（図 4.7)。分散分析は水準間に誤差分散の等質性を前提とするので，主要な検定結果を読む前に，この検定結果を確認する。等質性検定が有意になった場合は誤差分散の等質性が保証されず，そのままでは分散分析を適用できないので，従属変数の変数変換を試みる。この事例では有意確率が .084 であるから，有意水準 .05 (5%) で等質性仮説を棄却する必要はなく，**被験者間効果の検定**（図 4.8）を読み取る。

記述統計

従属変数：テスト得点

学習条件	平均	標準偏差	度数
個別学習	18.0000	1.78885	6
グループ学習	14.8333	2.78687	6
講義学習	16.3333	1.03280	6
合計	16.3889	2.30444	18

図 4.6 テスト得点の記述統計量

Levene の誤差分散の等質性検定[a]

従属変数：テスト得点

F	df1	df2	有意確率
2.942	2	15	.084

従属変数の誤差分散がグループ間で等しいという帰無仮説を検定します。

a. 計画: 切片 + VAR00001

図 4.7 Levene の誤差分散の等質性検定の結果

〈c〉 被験者間効果の検定

この検定の帰無仮説（H_0）と対立仮説（H_1）は下記の通りである。

H_0:3 水準の母平均はすべて等しい

H_1:少なくとも 2 水準の母平均は異なる

帰無仮説（H_0）が棄却されたとき，要因の主効果（main effect）が認められたことになる。**被験者間効果の検定**（図 4.8）から読みとる数値は `VAR00001`（要因）の `df`（SPSS のバージョンによっては**自由度**と表示される）と `F` と**有意確率**，**エラー**（SPSS のバージョンによっては**誤差**と表示される）の `df` である。`VAR00001`（要因）の有意確率は .048（自由度は 2 と 15）であるから，有意水準 .05 (5%) で帰無仮説を棄却でき，少なくともいずれか 2 つの水準間で母平均が異なると判断できる。

被験者間効果の検定

従属変数： テスト得点

ソース	タイプ III 平方和	df	平均平方	F	有意確率	偏イータ 2 乗	非心度パラメータ	観測検定力[b]
修正モデル	30.111[a]	2	15.056	3.753	.048	.334	7.507	.594
切片	4834.722	1	4834.722	1205.332	.000	.988	1205.332	1.000
VAR00001	30.111	2	15.056	3.753	.048	.334	7.507	.594
エラー	60.167	15	4.011					
合計	4925.000	18						
修正総和	90.278	17						

a. R2 乗 = .334 (調整済み R2 乗 = .245)

b. アルファ = .05 を使用して計算された

図 4.8 被験者間効果の検定結果（AS タイプ）

■ F 値の算出式と有意確率および F 分布表

AS タイプの分散分析では，帰無仮説を検定する統計量 F は，

$$F = \frac{\text{VAR00001 の平均平方（}MS_A\text{）}}{\text{エラー（誤差）の平均平方（}MS_e\text{）}} \tag{4.1}$$

と定義され，事例では F=15.056/4.011=3.753 となった。F 値は要因の効果が誤差に対してどれくらい大きいかを表し，帰無仮説が正しいとき VAR00001 の自由度（2）とエラーの自由度（15）の F 分布に従う。有意確率は，その F 分布において $F \geq 3.753$ となる確率（上側確率）である。この F 値を定義する誤差の平均平方（MS_e）は後述の多重比較でも重要な役割を担う。

F 分布表は 2 つの自由度によって規定され，付表 A.4 から付表 A.7 に示すように表頭に第 1 自由度（ν_1；ν はニューと読む），表側に第 2 自由度（ν_2）をとる。F 値を定義する分子の平均平方（MS_A）の自由度が ν_1 で，分母の平均平方（MS_e) の自由度が ν_2 であるから，ν_1 を分子の自由度，ν_2 を分母の自由度とも呼ぶ。付表中の数値は F 分布において上側確率（面積）α を .01 もしくは .05 とする F 値である。したがって，F 分布表を参照し，手元のデータから求めた F 値が表中の値よりも大きいとき，有意確率が .01（1%）もしくは .05（5%）未満であると言える。

なお，図 4.9 は $\nu_1 = 5, \nu_2 = 15$ とする F 分布と上側確率（α）を .05 とする領域，また，表 4.2 は上側確率（α）を .05 とする F 分布表の一部である。

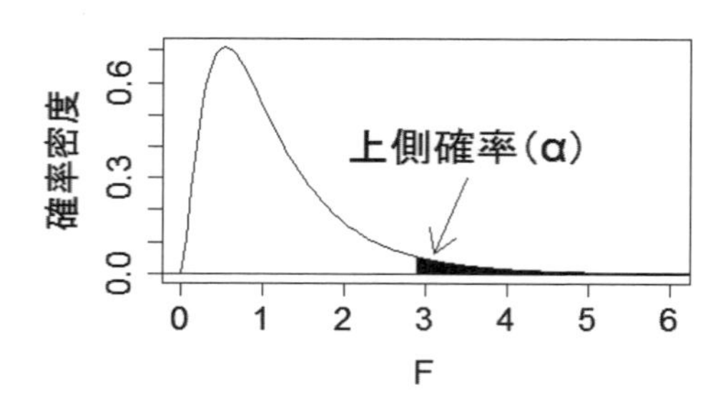

図 4.9 F 分布（$\nu_1 = 5, \nu_2 = 15$）と上側確率（$\alpha = .05$）

表 4.2 F 分布表の一部（$\alpha = .05$）

分母の自由度（ν_2）	分子の自由度（ν_1）									
	1	<u>2</u>	3	4	<u>5</u>	6	7	8	9	10
12	4.75	3.89	3.49	3.26	3.11	3.00	2.91	2.85	2.80	2.75
13	4.67	3.81	3.41	3.18	3.03	2.92	2.83	2.77	2.71	2.67
14	4.60	3.74	3.34	3.11	2.96	2.85	2.76	2.70	2.65	2.60
<u>15</u>	4.54	<u>3.68</u>	3.29	3.06	<u>2.90</u>	2.79	2.71	2.64	2.59	2.54
16	4.49	3.63	3.24	3.01	2.85	2.74	2.66	2.59	2.54	2.49

Note. 標本から求めた F 値が表中の値よりも大きければ，有意水準 .05（5%）で帰無仮説は棄却される。

多くの場合に SPSS では F 値の上側確率が出力されるが，混合計画の単純主効果検定（simple main effect ; 131 ページ）のように，分析者が F 値を算出して，その有意確率の大きさを判定しなければならないことがある。そのときに利用されるのが F 分布表である。

■分散分析における効果量

主効果が有意でも，それだけでは効果の実質的な意味が伝わりにくい。そのため，分散分析においても，要因の効果量（効果の大きさ）について論文中でコメントすべきであるという指摘がある。SPSS には効果量を求めるオプションとして **1 変量：オプション**ダイアログボックスに**効果サイズの推定値（E）**が用意されており，次式で定義される偏イータ 2 乗（partial eta square ; 偏相関比の 2 乗）を求めることができる。添え字の p は partial の p を表す。偏イータ 2 乗は当該の要因を追加することにより，他の要因で説明できなかった残差平方和（誤差平方和）をどれだけ説明できるかを表す。

$$\eta_p^2 = \frac{\text{要因の効果の平方和}}{\text{要因の効果の平方和} + \text{誤差の平方和}} = \frac{30.111}{30.111 + 60.167} = .334 \tag{4.2}$$

また，別の効果量としてイータ 2 乗（η^2 ; 相関比の 2 乗）が次式によって定義されている。イータ 2 乗は従属変数の平方和のうち，その要因によって説明できる割合を示す。ここで説明した AS タイプの分散分析は要因が 1 つなので，式 (4.2) と式 (4.3) の分母は同一となり，偏イータ 2 乗とイータ 2 乗の値は一致する。イータ 2 乗は決定係数，偏イータ 2 乗は偏決定係数とも呼ばれる（南風原, 2014）。

$$\eta^2 = \frac{\text{要因の効果の平方和}}{\text{全体の平方和}} = \frac{30.111}{90.278} = .334 \tag{4.3}$$

効果量の大きさの解釈は表 4.3 の通りであり，この計算事例では η_p^2 は .334 であるから，主効果の説明力は大きいと判断することができる。

また，全体の分散において要因で説明できる分散の割合として ω^2 が提案されている（Howell, 2012 ; 小野寺・山本, 2004）。ω^2 は SPSS では出力されないので手計算が必要となり，固定モデルと変量モデルでは定義式が異なる。ここでは固定モデルの定義式（式 (4.4)）を紹介する。その大きさの解釈は表 4.3 の通りであり，この事例では ω^2 は .234 であるから，中程度の説明力であると言える。

$$\omega^2 = \frac{\text{要因の平方和} - (\text{水準数} - 1) \times \text{誤差の平均平方}}{\text{全体の平方和} + \text{誤差の平均平方}} = \frac{30.111 - (3 - 1) \times 4.011}{90.278 + 4.011} = .234 \tag{4.4}$$

■観測平均と推定周辺平均

水準間でデータ数が異なるとき，記述統計として出力される通常の平均（SPSS は**観測平均**と表示する）と SPSS が出力する**推定周辺平均**は必ずしも一致しない。表 4.4 に示すデータは水準 1 が 5 名，水準 2 と水準 3 は 2 名であり，観測平均は 9 名の平均であるから，$29/9 = 3.22$ とな

表 4.3 2つの効果量の解釈

η_p^2の大きさ	ω^2の大きさ	解釈の目安
$.01 \leq \eta_p^2 < .06$	$.01 \leq \omega^2 < .09$	小さい効果（平均値差は小さい）
$.06 \leq \eta_p^2 < .14$	$.09 \leq \omega^2 < .25$	中程度の効果（平均値差はやや大きい）
$.14 \leq \eta_p^2$	$.25 \leq \omega^2$	大きい効果（平均値差は大きい）

る。一方，推定周辺平均は水準ごとに求めた平均の平均であるから，$(3.0+2.0+5.0)/3 = 3.33$となり，観測平均と一致しない。分散分析を行った場合，全体の平均として推定周辺平均を報告するのが望ましいとされるので，注意したい。1要因の分散分析で出力される平均の信頼区間は推定周辺平均に基づいて計算されている。

表 4.4 観測平均と推定周辺平均

水準	人数	観測データ	水準ごとの平均
水準1	5	1, 2, 3, 4, 5	3.0
水準2	2	1, 3	2.0
水準3	2	4, 6	5.0
全体	9	3.22^a	3.33^b

a：観測平均，b：推定周辺平均

4.3 被験者間要因の多重比較

分散分析の帰無仮説は「水準の母平均がすべて等しい（$H_0 : \mu_1 = \mu_2 = \mu_3 = \cdots = \mu_i$；$i$は水準数）」であるから，帰無仮説が棄却された場合は水準間で平均値を比較する。これを多重比較（multiple comparison）という。多重比較には多数の方法があり，いずれを利用すべきか迷うかもしれないが，次の2点に注目して選択するとよい。

(1) 事後比較と計画比較

研究の目的・方向によって多重比較は2つに大別される。1つは事後処理として悉皆的に条件（水準）間の差を探っていく事後比較（post hoc comparison）である。この場合，研究仮説において各条件は同等の扱い方がなされる。たとえば，教授法A，教授法B，教授法C，教授法Dの効果を比較するような場合である。主効果が有意となり，教授法によって学習効果が異なるということがわかったとき，事後検定として「教授法A 対 教授法B」,「教授法A 対 教授法C」,「教授法A 対 教授法D」,「教授法B 対 教授法C」,「教授法B 対 教授法D」,「教授法C 対 教授法D」の6通りの組み合わせについて，教授法の効果を平均値に基づいて比較する。心理学では事後比較を利用することが多い。

もう1つは，研究目的によって注目する条件（水準）が定めてあり，その条件間の差を調べていく計画比較 (planned comparison) あるいは先験的比較（a priori comparison）と呼ばれる多重比較である。たとえば，原刺激量（A）から，2倍の刺激量（B)，3倍の刺激量（C)，4倍の刺激量（D) としたときに，刺激量の増加によって反応が強くなるかを調べるような場合である。この実験の関心は「刺激量A 対 刺激量B」,「刺激量B 対 刺激量C」,「刺激量C 対 刺激量D」という3つの組み合わせのみに関心があり，その差のみを調べる。あるいは，研究の目的によっては「刺激量A 対 刺激量B」,「刺激量A 対 刺激量C」,「刺激量A 対 刺激量

D」の比較に関心がある場合もある。

(2) データ数，分散，分布など

データ数が条件間で異なる場合，あるいは条件間の分散が等しくない場合，さらに測定値の分布として正規分布が疑わしい場合などに応じて比較する方法を選択する。本書では正規分布を前提とする方法を取り上げる。

4.3.1 事後比較の場合

【事例】

3つの学習法の事例（前掲のASタイプと同じ事例）。

【分析方法】

分散分析およびTukeyのHSD法とBonferroni法による多重比較。

【注意点】

各水準で正規分布が仮定され，分散が等しいこと。

【SPSSの手順】

〈a〉分散分析を実行する

前述の手順に従い，データ作成から分散分析までを実行する。

〈b〉多重比較のメニューを選ぶ

[分析（A）] → [一般線型モデル（G）] → [1変量（U）] → 1変量ダイアログボックス

ASタイプの場合，1変量ダイアログボックスで**その後の検定（H）**をクリックし，**1変量：観測平均値のその後の多重比較**ダイアログボックスを開く。そして，**因子（F）**ボックスから多重比較を行う変数（ここではVAR00001）を**その後の検定（P）**に入れ，Bonferroni(B)とTukey(T)をチェックする（図4.10）。**続行**ボタンを押して1変量ダイアログボックスへ戻り，OKボタンを押す。

【出力の読み方と解説】

多重比較の結果は2つの書式で出力される。

〈a〉平均値差とその有意確率を出力する書式（図4.11）

有意確率が.05 (5%) 以下であれば，その水準間に有意な平均値差があると判断する。たとえば，個別学習とグループ学習の平均値の差は3.1667であり，その有意確率が.038であるから，有意差があると判断できる。

〈b〉各水準が属するサブグループを示す書式（図4.12）

同一の**サブグループ**に入る水準間では「差がない」と判断し，異なるサブグループに入る水準間では「差がある」と判断する。この事例の場合はグループ学習と講義学習は同じサブグループ（サブグループ1）に属するので有意差はないが，グループ学習と個別学習は異なるサブグループ（サブグループ1とサブグループ2）に入るので，有意な平均値差があると判断する。

〈c〉誤差の平均平方と有意確率とサンプルサイズ（図4.11，図4.12）

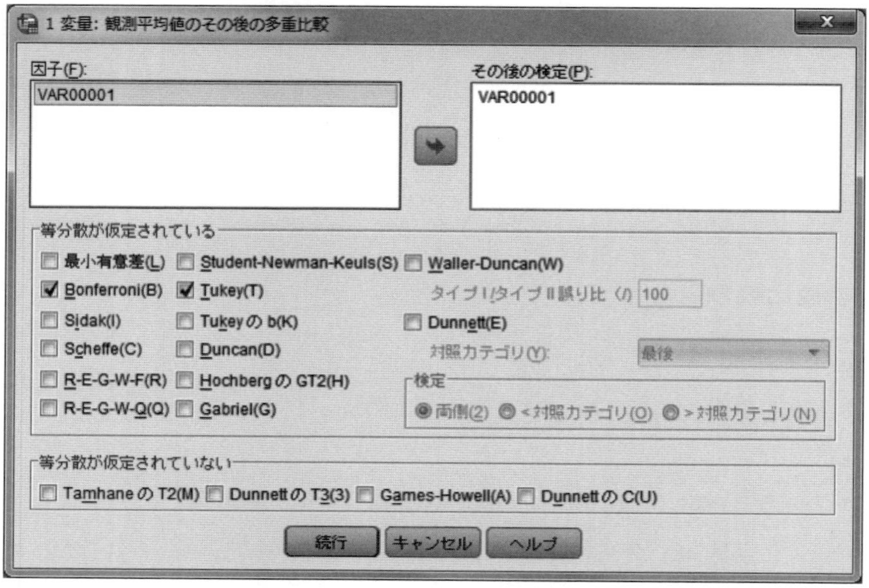

図 4.10 観測平均値のその後の多重比較（AS タイプ）

多重比較

従属変数: テスト得点

	(I) 学習条件	(J) 学習条件	平均値の差 (I–J)	標準誤差	有意確率	95% 信頼区間 下限	95% 信頼区間 上限
Tukey HSD	個別学習	グループ学習	3.1667*	1.15630	.038	.1632	6.1701
		講義学習	1.6667	1.15630	.346	-1.3368	4.6701
	グループ学習	個別学習	-3.1667*	1.15630	.038	-6.1701	-.1632
		講義学習	-1.5000	1.15630	.418	-4.5035	1.5035
	講義学習	個別学習	-1.6667	1.15630	.346	-4.6701	1.3368
		グループ学習	1.5000	1.15630	.418	-1.5035	4.5035
Bonferroni	個別学習	グループ学習	3.1667*	1.15630	.046	.0519	6.2814
		講義学習	1.6667	1.15630	.510	-1.4481	4.7814
	グループ学習	個別学習	-3.1667*	1.15630	.046	-6.2814	-.0519
		講義学習	-1.5000	1.15630	.642	-4.6148	1.6148
	講義学習	個別学習	-1.6667	1.15630	.510	-4.7814	1.4481
		グループ学習	1.5000	1.15630	.642	-1.6148	4.6148

観測平均値に基づいています。
誤差項は平均平方 (誤差) = 4.011 です。
*. 平均値の差は 0.05 水準で有意です。

図 4.11 Tukey の HSD 法と Bonferroni 法による多重比較の結果（事後比較；AS タイプ）

Tukey の HSD 法では，分散分析において F 値を計算するときに用いた誤差の平均平方（誤差項：MS_e）が重要な役割を担うので，多重比較の出力でも表の注記に「**誤差項は平均平方（誤差）= 4.011 です。**」と記載されている。分散分析で F 値の有意確率が 1% 以下であっても，表の注記の通り，多重比較では有意水準を 5%（「**b. アルファ = 0.05**」）としている。さらに，この事例では各水準の繰り返しの数（データ数）が 6 であるが，繰り返しの数が異なるときには調和平均を使用したデータ数が記載されるので，「**a. 調和平均サンプルサイズ = 6.000 を使用します。**」と記載されている。

テスト得点

	学習条件	度数	サブグループ 1	2
Tukey HSD[a,b]	グループ学習	6	14.8333	
	講義学習	6	16.3333	16.3333
	個別学習	6		18.0000
	有意確率		.418	.346

均質なサブセットのグループに対する平均値が表示されます。
観測平均値に基づいています。
誤差項は平均平方 (誤差) = 4.011 です。
a. 調和平均サンプル サイズ = 6.000 を使用します。
b. アルファ = 0.05

図 4.12 多重比較の結果に基づく学習条件群のサブグループ化（AS タイプ）

4.3.2 Tukey の HSD 法と Bonferroni 法による多重比較

Tukey の HSD 法と Bonferroni 法が心理学で多用されていること，また，SPSS で多重比較法を選択できない場合（被験者内要因の多重比較，単純主効果の後の多重比較など）でも比較的容易に手計算で対応できるので，本書ではこの 2 つの方法を解説する。特に Tukey の HSD 法は，有意となった F 値を算出するために用いた誤差の平均平方を特定できれば容易に利用でき，水準間でデータ数が不揃いでも適用に大きな問題はないとされている（永田・吉田, 1997）。

他の方法としては，正規分布を仮定できても等分散性を仮定できない場合，SPSS は `Tamhane` の `T2(M)` や `Dunnett` の `T3(3)` などを利用することができる。また，正規分布の仮定が満たされないときは，その仮定を前提としない Steel-Dwass 法や Shirley-Williams 法などのノンパラメトリック法を利用することもできる。

【Tukey の HSD 法】

〈a〉 多重比較の対象となる効果を確認する
ここでは，主効果が有意となった 3 条件の学習効果である。

〈b〉 HSD（honestly siginificant difference）を求める
式 (4.5) を用いて HSD を求める。

$$HSD = q_{\alpha,m\ df}\sqrt{\frac{MS_e}{N}} \tag{4.5}$$

$q_{\alpha,m,df}$ の値をスチューデント化された範囲の表（表 4.5，全体は付表 A.8 と付表 A.9）から読み取る。添え字の意味は次の通りである。

- α：有意水準（危険率）である。通常は $\alpha = .05$ とする。
- m：平均を比較する条件の数である。この事例では 3 つの条件を比較するので $m = 3$ である。
- df：多重比較の対象となる効果の F 値を定義する分母（誤差）の自由度である。この事例では 15 である。

したがって，$q_{\alpha,m,df} = q_{.05,3,15} = 3.67$（表中の下線部の値）である。$MS_e$ は誤差の平均平方で，ここでは図 4.8 に**エラー（誤差）**の平均平方として出力された 4.011 である。また，この値は図 4.11 と図 4.12 では「**誤差項は平均平方（誤差）= 4.011 です。**」と表示されている。ここでの N は各条件のデータ数であり，6である。ただし，条件間でデータ数が不揃いの場合は調和平均を用いる。以上から，

$$HSD = 3.67\sqrt{\frac{4.011}{6}} = 3.000$$

となる。

表 4.5 スチューデント化された範囲 $q_{\alpha,m,df}$（$\alpha = .05$；一部）

自由度 (df)	比較する条件の数（m）								
	2	3	4	5	6	7	8	9	10
13	3.06	3.73	4.15	4.45	4.69	4.88	5.05	5.19	5.32
14	3.03	3.70	4.11	4.41	4.64	4.83	4.99	5.13	5.25
15	3.01	3.67	4.08	4.37	4.59	4.78	4.94	5.08	5.20
16	3.00	3.65	4.05	4.33	4.56	4.74	4.90	5.03	5.15
17	2.98	3.63	4.02	4.30	4.52	4.70	4.86	4.99	5.11

〈c〉水準間の平均値差の絶対値と HSD を比較する

平均値差の絶対値が先に求めた HSD（$= 3.000$）よりも大きいとき，有意水準5%で有意と判断する。この事例は以下の通りであるから，個別学習とグループ学習の間に有意差があると判断する。

個別学習 対 グループ学習：$|18.00 - 14.83| = 3.17 > HSD(3.000)$ ⋯有意
個別学習 対 講義学習　　：$|18.00 - 16.33| = 1.67 < HSD(3.000)$ ⋯有意でない
グループ学習 対 講義学習：$|14.83 - 16.33| = 1.50 < HSD(3.000)$ ⋯有意でない

【Bonferroni 法】

2つの平均値の差の検定に t 検定を利用した場合，比較する組み合わせの数が増えると1対の検定でタイプIエラーを5%に抑えることができても，全体の検定ではタイプIエラーを犯す確率が5%を超える。そのため，Bonferroni 法は対比較の有意水準を小さくして，全体の有意水準が5%を超えないように調整する。

たとえば，4つの条件があるとき全体で6対の平均を比較することになるが，1対ごとに5%の有意水準で検定した場合，検定が相互に独立であるならば，帰無仮説が正しくても6対のいずれかで有意差があると誤って判断する確率が，$1 - (1 - .05)^6 = 0.265$ となる。そこで，Bonferroni 法は全体のタイプIエラーが5%を超えないように，対比較を行う回数で有意水準を除し，1対ごとの有意水準を $.05/6 = .0083$ とする。

SPSS で Bonferroni 法を指定した場合，Fisher の LSD（Least Significant Difference）法で平均値差の検定を行い，その有意確率に対比較の数を掛けた値を有意確率として出力する。たとえば，個別学習とグループ学習の平均値差を LSD 法で検定した場合，検定統計量は平均値差を標準誤差で除した値であるから，$t = 3.1667/1.15630 = 2.7386$ となり，有意確率（p 値）は .01522 である（自由度は誤差の自由度の15）。したがって，Bonferroni 法による有意確率は，この値を3倍した値の .046 として出力される（図4.11参照）。

このように，Bonferroni 法は有意水準を調整する方法なので，対比較だけでなく，任意の組み合わせの比較やクロス表の検定などにも適用できる。ただし，タイプIエラーが厳格にコン

トロールされている反面，タイプ II エラーを犯す確率が大きく，検定力が低いという短所がある。

分散分析の結果と多重比較の結果が一致しないことが生じることに注意しなければならない。分散分析で主効果が有意であっても，Tukey の HSD 法などでは，いずれの対比較においても有意差が見られないことがある。これは多重比較の手順に分散分析と同じ手順が含まれていないからである（永田・吉田, 1997）。その点，Scheffé 法は同じ手順を使っているので，分散分析と多重比較法の結果に矛盾は生じない。

4.3.3　計画比較の場合

【事例】

休憩時間の長さと刺激に対する反応時間の関係を検討するために，被験者 24 名を 4 群に分け，「休憩なし」，「5 分休憩」，「10 分休憩」，「30 分休憩」という 4 条件を設定して反応時間を計測した（表 4.6）。「休憩なし」を統制群として，他の 3 群との間で平均値の差を検定する。

表 4.6　4 条件における反応時間（$N=24$；AS タイプ））

条件	統制群 休憩なし	5 分休憩	10 分休憩	30 分休憩
被験者	17	12	8	12
	13	10	5	6
	14	12	11	11
	16	13	12	8
	15	11	12	10
	14	9	9	5

【分析方法】

分散分析およびその後の Dunnett 法による多重比較。

【注意点】

各水準で正規分布が仮定され，分散が等しいこと。

【SPSS の手順】

〈a〉 データエディタを開く

データ作成から分散分析を実行するまでの手順はこれまでと同様である。ただし，他の分散分析と異なり，水準ごとにケースを並べ替え，かつ統制群をケースの始めもしくは終わりに位置させる（図 4.13）。ケースが水準（群）でまとまっていない場合は，分散分析を行う前に**ケースの並べ替え**を行う。

〈b〉 ケースの並べ替え

[データ (D)] → [ケースの並べ替え (O)] →**ケースの並べ替え**ダイアログボックス

〈i〉 **ケースの並べ替え**ダイアログボックスで独立変数を**並べ替え (S)** へ変数として指定する（画面省略）。

〈ii〉 OK ボタンを押し，ケースの並べ替えを実行する。

計画比較.sav [データセット2] - IBM SPSS Statistics

	VAR00001	VAR00002
1	休憩なし	15.00
2	休憩なし	13.00
3	休憩なし	14.00
4	休憩なし	16.00
5	休憩なし	15.00
6	休憩なし	14.00
7	5分休憩	12.00
8	5分休憩	10.00
9	5分休憩	12.00
10	5分休憩	13.00
11	5分休憩	11.00
12	5分休憩	9.00
13	10分休憩	8.00
14	10分休憩	5.00
15	10分休憩	11.00
16	10分休憩	12.00
17	10分休憩	12.00
18	10分休憩	9.00
19	30分休憩	12.00
20	30分休憩	6.00
21	30分休憩	11.00
22	30分休憩	8.00
23	30分休憩	10.00
24	30分休憩	5.00

図 4.13 計画比較を行うデータ（AS タイプ）

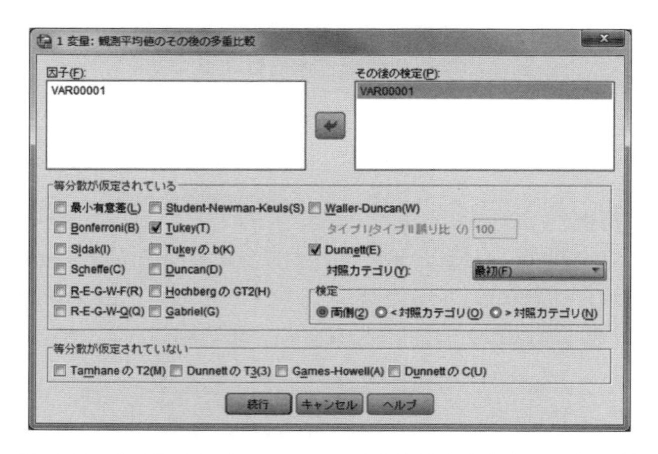

図 4.14 多重比較で Dunnett の検定を指定する（AS タイプ）

〈c〉 分散分析を実行する

前述の手順（61 ページ）に従い，データ作成から分散分析までを実行する。

〈d〉 多重比較のメニューを選ぶ

[分析 (A)] → [一般線型モデル (G)] → [1 変量 (U)] → 1 変量ダイアログボックス→ **その後の検定 (H)**

1 変量ダイアログボックスで独立変数（固定因子）と従属変数をそれぞれ指定した後，**その後の検定 (H)** で**因子 (F)** ボックスから多重比較を行う変数（ここでは VAR00001）を選び，**その後の検定 (P)** ボックスへ入れる（図 4.14）。ここで Dunnett(E) をチェックすると，基準とする水準を最初のグループにするか，最後のグループにするかを**対照カテゴリ (Y)** で選択できるので，ここでは**最初 (F)**（休憩なし）にしておく。この事例では休憩時間によって個体に回復が見られ，反応時間が短くなることが予想されるので，**検定**で片側検定**<対照カテゴリ (O)** にチェックを入れてもよいが，Tukey の HSD 法との違いを説明するので，**両側 (2)** 検定のままにして Tukey(T) もチェックする。すべてを指定したら**続行**ボタンを押し，**1 変量**ダイアログボックスで OK ボタンを押す。

【出力の読み方と解説】

分散分析の結果（ここでは省略）に続き，図 4.15 に示す多重比較の結果が出力される。前半が Tukey の HSD 法の検定結果，後半が Dunnett 法の検定結果である。「休憩なし」を基準（**対照**）としたとき，Dunnett 法では，すべての対比較において有意確率が 5% よりも小さく，休憩時間が長いほど反応時間が短いと言える。ところが，Tukey の HSD 法では「休憩なし」と「5 分休憩」の間に有意差は認められない。このような相違が生じるのは，Dunnett 法は「休憩なし」と他の 3 条件との比較に限定してタイプ I エラーを調整するのに対し，Tukey

の HSD 法はすべての条件を対にしてタイプ I エラーを調整するからである。事例のような，一部の対に限定する計画比較を行う場合，Dunnett 法の方が検定力は高い。

多重比較

従属変数: 反応時間

	(I) 実験条件	(J) 実験条件	平均値の差 (I-J)	標準誤差	有意確率	95 % 信頼区間 下限	95 % 信頼区間 上限
Tukey HSD	休憩なし	5 分休憩	3.3333	1.24611	.064	-.1544	6.8211
		10 分休憩	5.0000*	1.24611	.004	1.5122	8.4878
		30 分休憩	5.8333*	1.24611	.001	2.3456	9.3211
	5 分休憩	休憩なし	-3.3333	1.24611	.064	-6.8211	.1544
		10 分休憩	1.6667	1.24611	.551	-1.8211	5.1544
		30 分休憩	2.5000	1.24611	.219	-.9878	5.9878
	10 分休憩	休憩なし	-5.0000*	1.24611	.004	-8.4878	-1.5122
		5 分休憩	-1.6667	1.24611	.551	-5.1544	1.8211
		30 分休憩	.8333	1.24611	.908	-2.6544	4.3211
	30 分休憩	休憩なし	-5.8333*	1.24611	.001	-9.3211	-2.3456
		5 分休憩	-2.5000	1.24611	.219	-5.9878	.9878
		10 分休憩	-.8333	1.24611	.908	-4.3211	2.6544
Dunnett の t (2 サイドの)[b]	5 分休憩	休憩なし	-3.3333*	1.24611	.038	-6.4989	-.1678
	10 分休憩	休憩なし	-5.0000*	1.24611	.002	-8.1656	-1.8344
	30 分休憩	休憩なし	-5.8333*	1.24611	.000	-8.9989	-2.6678

観測平均値に基づいています。

誤差項は平均平方 (誤差) = 4.658 です。

*. 平均値の差は 0.05 水準で有意です。

b. Dunnett の t-検定は対照として 1 つのグループを扱い、それに対する他のすべてのグループを比較します。

図 4.15 Tukey の HSD 法と Dunnett 法を用いた多重比較の結果（計画比較；AS タイプ）

■計画比較と対比

4 つの水準があり，この事例のように水準 1 と水準 2，水準 1 と水準 3，水準 1 と水準 4 の 3 組で比較することが事前に決まっているとする。これを計画比較（対比）もしくは先験的比較という。こうした計画比較に Tukey の HSD 法や Scheffé 法を用いた場合は検定対象外の対を含めて有意水準を抑えるので，タイプ I エラーを過度にコントロールしてしまい，結果的にタイプ II エラーを適切にコントロールできない。そのため，先の事例では，検定対象の対のみを考慮する Dunnett 法を用いた。

また，次式のような複数の母平均の値（添え字は水準の番号）を組み合わせた 1 次式で帰無仮説を立てることができ，このときの 1 次式を対比（contrast）と呼ぶ。

$$H_0 : \mu_2 - \frac{\mu_1 + \mu_3 + \mu_4}{3} = 0$$
$$H_0 : \frac{\mu_1 + \mu_2}{2} - \frac{\mu_3 + \mu_4}{2} = 0$$
$$\vdots$$

対比はすべて

$$\sum_{j=1}^{\text{水準数}} c_j \mu_j = 0, \qquad \left(\text{ただし，} \sum_{j=1}^{\text{水準数}} c_j = 0\right)$$

と表現される。

対比は研究仮説に基づいて任意に構成することができるが，SPSSでは**偏差**，**単純**，**Helmert**，**差分**，**反復測定**，**多項式**と呼ばれる対比があらかじめ用意されている。水準の数を4とした場合，対比は次の通りである。

- 偏差（**参照カテゴリ**を**最初（R）**とした場合）

  $$\mu_2 - \frac{\mu_1 + \mu_3 + \mu_4}{3}, \quad \mu_3 - \frac{\mu_1 + \mu_2 + \mu_4}{3}, \quad \mu_4 - \frac{\mu_1 + \mu_2 + \mu_3}{3}$$

- 単純（**参照カテゴリ**を**最初（R）**とした場合）

  $\mu_1 - \mu_2, \quad \mu_1 - \mu_3, \quad \mu_1 - \mu_4$
  （非直交対比なので，検定結果はDunnett法とは一致しない。）

- 差分（逆Helmert対比とも呼ばれる。）

  $$\mu_2 - \mu_1, \quad \mu_3 - \frac{\mu_1 + \mu_2}{2}, \quad \mu_4 - \frac{\mu_1 + \mu_2 + \mu_3}{3}$$

- Helmert

  $$\mu_1 - \frac{\mu_2 + \mu_3 + \mu_4}{3}, \quad \mu_2 - \frac{\mu_3 + \mu_4}{2}, \quad \mu_3 - \mu_4$$

- 反復測定

  $\mu_1 - \mu_2, \quad \mu_2 - \mu_3, \quad \mu_3 - \mu_4$

- 多項式

  平均値の増加・減少が直線的な増減か，2次関数的な増減か，3次関数的な増減かを検定する。

上記の対比をSPSSで利用する場合，**1変量**ダイアログボックスの**対比（N）**を選んで**1変量：対比**ダイアログボックス（図4.16）を開き，**対比の変更**の**対比（N）**ボックスから使用する対比を選ぶ。ただし，Dunnett法（71ページ）で説明したように，その際にはケースの並べ替えが行われていなければならない。

一般的に計画比較の有意水準は調整されないことが多く（南風原, 2014），SPSSの出力でも，それに倣っている（たとえば，図4.28）。

4.4 論文の記載例 — ASタイプ

被験者18名を無作為に3群に分け，3種の学習方法（グループ学習，講義学習，個別学習）で課題を課し，学習効果の差を検討した。3群の事後テストの平均と標準偏差を表4.7に示す。分散分析の結果，学習方法の主効果が見られたので（$F(2,15) = 3.753$，$p < .05$，$\eta_p^2 = .334$），TukeyのHSD法による多重比較を行ったところ，表4.8に示す通り，個別学習がグループ学習よりも有意に平均点が高かった（MS_e=4.011，5% 水準）。

論文に記載する事項は以下の通りである。

図 4.16 対比を指定する画面（AS タイプ）

表 4.7 事後テストの平均と標準偏差

	個別学習	グループ学習	講義学習
$\bar{X}$	18.0	14.8	16.3
SD	1.8	2.8	1.0
N	6	6	6

Note. 事後テストは 20 点満点である。

表 4.8 3 条件の多重比較の結果

	個別学習	グループ学習
個別学習		
グループ学習	$<$	
講義学習	*n.s.*	*n.s.*

〈a〉単純集計の結果

データ数，平均値，標準偏差などを表 4.7 のようにまとめる。

〈b〉分散分析の結果

記載例にある「$F(2,15) = 3.753$，$p < .05$」は「F(分子の自由度, 分母の自由度)=F 値，有意確率」であり，分散分析の有意性検定に関わる記述である。分散分析の結果は分散分析表として示してもよく，その場合は必要な箇所を表 4.9 のようにまとめる。変動因は従属変数の分散を決める原因のことで，SA タイプの分散分析では学習条件（実験条件）と誤差（実験誤差）である。誤差は学習条件では説明できない測定値のばらつきである。有意確率の値（p 値）は表中にアスタリスク（表 3.4）で表示し，その意味を表の注に記す。表中の略号は SS（sum of squares）が平方和，df（degree of freedom）が自由度，MS（mean square）が平均平方，F が F 値を表す。このような略号の代わりに日本語を入れてもよい。

表 4.9 要因の効果に関する分散分析の結果

変動因	SS	df	MS	F	η_p^2
学習条件	30.111	2	15.056	3.753*	.334
誤差	60.167	15	4.011		
全体	90.278	17			

$^*p < .05$

〈c〉効果量

記載例にある $\eta_p^2 = .334$ は効果量を表す偏イータ 2 乗である。効果量として偏イータ 2 乗とイータ 2 乗が知られているが，AS タイプの分散分析では，この 2 つは同値である。分散分析表を作成した場合は，表 4.9 のように記載する。

〈d〉信頼区間

各水準の平均値の信頼区間は，**1 変量：オプション**ダイアログボックスで**平均値の表示(M)**に変数を入れることによって，**推定周辺平均**（estimated marginal means）として図 4.17 のように出力される。なお，平均値の差の信頼区間を報告する際には，**多重比較**の出力（図 4.11）を利用する。

学習条件

従属変数：テスト得点

学習条件	平均	標準誤差	95% 信頼区間	
			下限	上限
個別学習	18.000	.818	16.257	19.743
グループ学習	14.833	.818	13.091	16.576
講義学習	16.333	.818	14.591	18.076

図 4.17 学習条件ごとの平均値と信頼区間

〈e〉検定力

検定力は**1 変量：オプション**ダイアログボックスで**観測検定力(B)**を選択することによって，タイプ II エラーの検討に使用する観測検定力（$1-\beta$）が出力される。この事例の観測検定力は .594 であるが，前述の通り，観測検定力に特段の意味はないので，検定力を分散分析表に記載しなくてもよい。

〈f〉多重比較

主効果が有意となった場合は多重比較を行う。その結果を論文に記載する方法は定まっていないが，使用した多重比較の名称と Tukey の HSD 法や Bonferroni 法などを利用した際には誤差の平均平方（MS_e）を記載する。また，この事例は 3 条件の比較なのでそれほど複雑ではなく，結果を本文へ記載してもよいが，比較する条件が多い場合は表 4.8 のような表を加えてわかりやすく表示するとよい。

4.5 被験者内実験計画 — 対応がある平均値の場合（SA タイプ）

実験者が操作する変数以外で従属変数に影響を与える変数を剰余変数という。実験計画を立てる際には，可能な限り剰余変数が分析結果に影響しないように注意する。先の事例は学習効果を比較検討したが，認知能力や既有知識などが剰余変数になると考えられるので，その影響を統制するために 18 名の被験者を無作為に 3 群へ分け，学習方法の効果を検討していた。

一方，剰余変数を積極的に利用して，その影響を統制することがある。具体的には，剰余変数の値の等しい被験者を 1 つのブロック（塊）へまとめ，ブロック内で被験者を無作為に各実験条件へ割り当てる実験計画である。これを乱塊法と呼ぶ。乱塊法は 1 つのブロックを 1 人の被験者とみなして実験効果を検討することができるので，分散分析では実験要因が被験者内要因として処理される。ここでは，そうした乱塊法にも適用できる被験者内要因に基づく分散分析について説明する。

【事例】

認知能力と既有知識が等しい 3 名で 1 つのブロックを作り，各ブロックの 3 名を無作為に 3 つの学習条件（個別学習，グループ学習，講義学習）へ割り当てた。表 4.10 に示す事後テストの得点を用いて 3 条件の学習効果を比較する。

表 4.10　乱塊法に基づくテスト得点（SA タイプ）

ブロック（S）	学習条件（A）		
	個別学習	グループ学習	講義学習
1	15	11	15
2	17	12	16
3	18	15	16
4	19	16	16
5	19	17	17
6	20	18	18

Note. 得点は 0〜20 点である。

【分析方法】
分散分析。

【要件】
間隔・比率尺度データであり，各水準（3 つの条件）は被験者内要因であること。

【注意点】
各水準で正規分布が仮定され，分散が等しいこと。基本的に球面性の仮定が保証されていること。

【SPSS の手順】

〈a〉 データエディタを開く
SPSS では一人の被験者のデータを 1 行で入力するので，乱塊法や被験者内要因で得たデータはデータビューを用いて図 4.18 のように作成する。ブロックの番号は分析には使用しないので，入れても入れなくてもよい。

〈b〉 メニューを選ぶ
［分析（A）］→［一般線型モデル（G）］→［反復測定（R）］→**反復測定の因子の定義**ダイアログボックス

〈i〉 被験者内要因（独立変数）定義
反復測定の因子の定義ダイアログボックス（図 4.19）の**被験者内因子名（W）**ボックスへ被験者内要因名として**学習条件**，**水準数（L）**ボックスへ 3 と入れ，**追加（A）**ボタンを押す。すると，2 段目のボックスに要因名と水準数が表示されるので，**定義（F）**ボタンを押す。

〈ii〉 被験者内要因（独立変数）の指定
反復測定の因子の定義ダイアログボックスで指定した水準数に応じて，**被験者内変数（W）**ボックスに_?_(1)，_?_(2)，_?_(3) と表示される。この括弧内の数値は水準の番号を表すので，_?_(1) には第 1 水準の変数である VAR00001 をドラッグする（図 4.20）。同様に_?_(2)，_?_(3) にも変数名をドラッグする。

〈iii〉 記述統計，効果量，観測検定力の出力指定
反復測定ダイアログボックスの**オプション（O）**を押して**反復測定：オプション**ダイアログボックスを開き，**記述統計（D）**，**効果サイズの推定値（E）**をチェックす

S Aタイプ.sav [データセット4] - IBM SPSS Statistics

ファイル(F) 編集(E) 表示(V) データ(D) 変換(T)

	VAR00001	VAR00002	VAR00003
1	15.00	11.00	15.00
2	17.00	12.00	16.00
3	18.00	15.00	16.00
4	19.00	16.00	16.00
5	19.00	17.00	17.00
6	20.00	18.00	18.00

図 4.18 乱塊法に基づくデータをデータビューで作成した画面（SA タイプ）

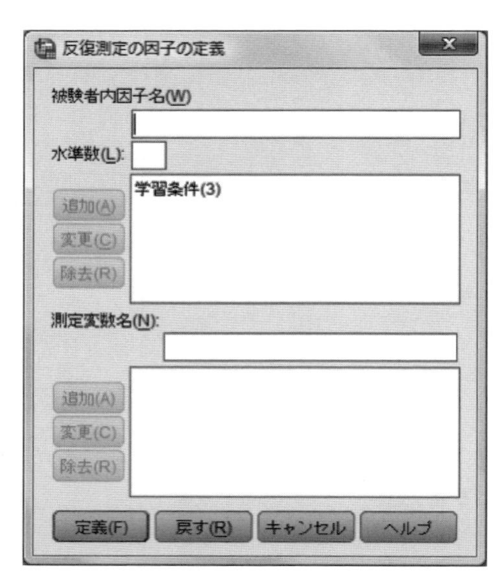

図 4.19 反復測定の因子を定義する画面（SA タイプ）

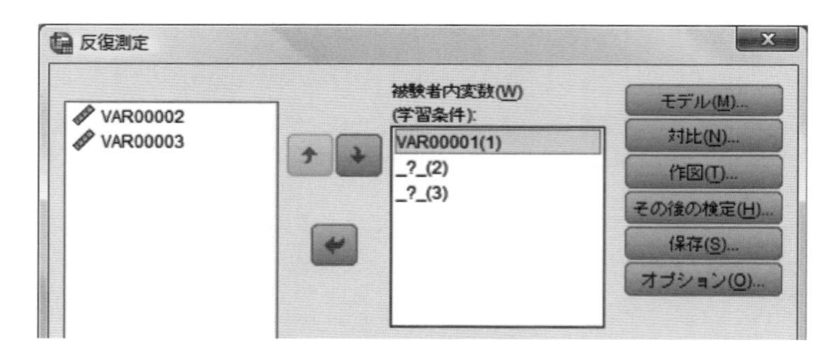

図 4.20 被験者内変数に変数名をドラッグする（SA タイプ）

る（図 4.21）。検定力の出力が必要なときは，**観測検定力 (B)** をチェックする。そして，**続行**ボタンを押して**反復測定**ダイアログボックスへ戻り，OK ボタンを押す。

【出力の読み方と解説】

被験者内要因を含む分散分析を行った場合，多数の統計量や検定結果が標準設定（デフォルト）で出力されるので，まず，次の出力を読み取る。

〈a〉 記述統計を読む

先の AS タイプの事例と同じテスト得点を用いたので，平均値や標準偏差などの単純集計の結果は表 4.17 と同一である。

〈b〉 前提条件のチェック

Mauchly の球面性検定（図 4.22）で検定統計量を F 分布に適用できるかどうかを確認する。球面性検定が有意でなければ F 分布へそのまま適用する。この事例では $p = .076$

であるから 5% 水準で有意ではないので，通常の分散分析の結果を適用できる。Mauchly の球面性検定が有意な場合，後述の方法を用いて F 値の自由度を調整して p 値を求める。

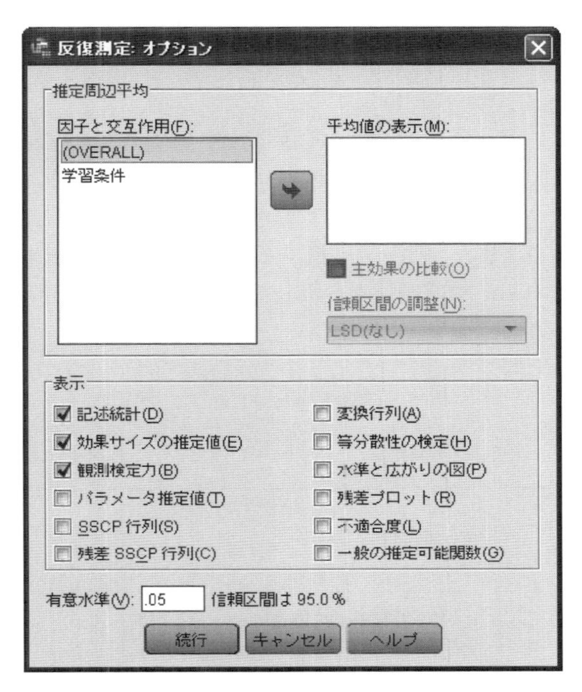

図 4.21 反復測定オプションで記述統計等をチェックする（SA タイプ）

Mauchly の球面性検定 [a]

測定変数名: MEASURE_1

被験者内効果	Mauchly の W	近似カイ 2 乗	自由度	有意確率	イプシロン [b] Greenhouse-Geisser	Huynh-Feldt	下限
学習条件	.275	5.161	2	.076	.580	.645	.500

正規直交した変換従属変数の誤差共分散行列が単位行列に比例するという帰無仮説を検定します。

a. 計画: 切片
　被験者計画内: 学習条件

b. 有意性の平均検定の自由度調整に使用できる可能性があります。修正した検定は、被験者内効果の検定テーブルに表示されます。

図 4.22 Mauchly の球面性検定の結果（SA タイプ）

〈c〉 要因の効果：被験者内効果の検定と被験者間効果の検定

分析の主目的である平均値差に関する出力は図 4.23 に示す**被験者内効果の検定**である。図 4.22 に示す球面性検定で有意でないときは，学習条件と誤差（学習条件）のそれぞれ**球面性の仮定**の行を読む。学習条件の行は要因の効果を表し，誤差（学習条件）の行が残差を表す。学習条件の F 値は誤差の平均平方（1.056）に対する要因の平均平方（15.056）

として，つまり，

$$F = \frac{\text{学習条件の平均平方（}MS_A\text{）}}{\text{誤差（学習条件）の平均平方（}MS_e\text{）}} \tag{4.6}$$
$$= \frac{15.056}{1.056} = 14.263$$

として定義される。F 値の有意確率が .05（5%）以下であれば統計的に有意な平均値差があると判断するが，この事例では .001（0.1%）で有意であることが読み取れる。この F 値を定義する分母の誤差（学習条件）の平均平方（MS_e）は多重比較でも利用される重要な統計量である。また，個人差に関する情報は図 4.24 に示す**被験者間効果の検定**の誤差の行に表示される。検定結果を分散分析表としてまとめる場合は，その**平方和**，**自由度**，**平均平方**が必要になる。

被験者内効果の検定

測定変数名: MEASURE_1

ソース		タイプ III 平方和	自由度	平均平方	F 値	有意確率	偏イータ 2 乗	非心度パラメータ	観測検定力 a
学習条件	球面性の仮定	30.111	2	15.056	14.263	.001	.740	28.526	.987
	Greenhouse-Geisser	30.111	1.160	25.967	14.263	.009	.740	16.539	.896
	Huynh-Feldt	30.111	1.291	23.326	14.263	.006	.740	18.412	.924
	下限	30.111	1.000	30.111	14.263	.013	.740	14.263	.851
誤差（学習条件）	球面性の仮定	10.556	10	1.056					
	Greenhouse-Geisser	10.556	5.798	1.821					
	Huynh-Feldt	10.556	6.454	1.635					
	下限	10.556	5.000	2.111					

a. アルファ ＝ .05 を使用して計算された

図 4.23 被験者内効果の検定の結果（SA タイプ）

被験者間効果の検定

測定変数名: MEASURE_1

変換変数: 平均

ソース	タイプ III 平方和	自由度	平均平方	F 値	有意確率	偏イータ 2 乗	非心度パラメータ	観測検定力 a
切片	4834.722	1	4834.722	487.262	.000	.990	487.262	1.000
誤差	49.611	5	9.922					

a. アルファ ＝ .05 を使用して計算された

図 4.24 被験者間効果の検定の結果（SA タイプ）

■球面性の仮定（sphericity assumption）

水準間の差得点の分散が等質であるとする仮定を球面性の仮定（あるいは球状性の仮定）という。先の事例ではグループ学習，個別学習，講義学習という 3 水準があったので，「グループ学習 − 個別学習」，「グループ学習 − 講義学習」，「個別学習 − 講義学習」という差得点の分散を等値とする仮定となる。被験者内実験計画もしくは乱塊法を用いた場合，この仮定は分散分析を適切に行うための必要十分条件である。そのため，この事例ではMauchlyの検定を用いて球面性の仮定を確認した（図4.22）。その結果，球面性の仮定を棄却する必要がなく，通常の分散分析を使用できた。

一方，Mauchlyの球面性検定が有意となり，球面性の仮定が保証されないときはMauchlyの球面性検定（図4.22）に出力される3種のイプシロン（Greenhouse-Geisser, Huynh-Feldt, 推定値の下限の ε（イプシロン））を F 値の自由度に掛けて F 分布への適合性を高める。イプシロンの選択では意見が分かれるが，Greenhouse-Geisserのイプシロンが0.75以上のときはそれを使い，0.75未満のときはHuynh-Feldtのイプシロンを使うとよいとされる（Huynh & Feldt, 1976）。また，2つのイプシロンの平均を利用することもできるが（Stevens, 1992），その場合には F 値と有意確率をユーザ自身が計算することになる。SPSSでは被験者内効果の検定（図4.23）にイプシロンを乗じて調整された自由度と有意確率が出力されるので，使用したイプシロンに合わせた自由度と有意確率を読み取り，有意性を判断する。ただし，このようなイプシロンを調整する検定は通常の分散分析（球面性の仮定の行に出力される）よりも検定力がやや落ちる。

SPSSは球面性の仮定が保証されないときの選択肢の1つとして，多変量分散分析を多変量検定として出力するので，Greenhouse-Geisserのイプシロンが小さく（たとえば，.70未満），被験者数が「水準数 +10」よりも大きいときは多変量分散分析を利用するのもよい（Stevens, 1992）。ただし，検定力は測定値の相関関係の強さに依存するので，常に多変量分散分析が最適とは言い切れないことに留意しておくべきである。

■被験者内要因の効果量

偏イータ2乗（η_p^2）は被験者内要因の効果量を過大評価するので，一般化イータ2乗（η_G^2）を推奨する意見がある（Olejnik & Algina, 2003）。SPSSは一般化イータ2乗を出力しないので，式(4.7)を用いて計算する。

$$\eta_G^2 = \frac{\text{要因の効果の平方和}}{\text{要因の効果の平方和} + \text{個人の平方和} + \text{残差の平方和}} \tag{4.7}$$

この事例の一般化イータ2乗と偏イータ2乗（式(4.2)）は，

$$\eta_G^2 = \frac{30.111}{30.111 + 49.611 + 10.556} = 0.334$$
$$\eta_p^2 = \frac{30.111}{30.111 + 10.556} = 0.740$$

であり，2つの相違は大きい。本書ではSPSSが出力する偏イータ2乗を用いた記載例を示すが，効果量の選択には議論があることに注意しておきたい。

4.6 被験者内要因の多重比較

主効果が有意であれば多重比較を行う。被験者内要因でも事後比較と計画比較であるかどうか，また，データの状態に応じて手法が決まるが，SPSSには被験者内要因で使用できない手法がある。ここでは，事後比較としてBonferroni法とTukeyのHSD法，計画比較として単純対比法を説明する。

4.6.1 事後比較の場合

【事例】

3つの学習法の効果を比較する（前掲のSAタイプと同一のデータ）。

【分析方法】

Bonferroni法とTukeyのHSD法による多重比較。

【注意点】

各水準で正規分布が仮定され，分散が等しいこと。

【解説】

SPSSでは被験者内要因についての多重比較は**その後の検定 (H)** をクリックして行うことができないので，以下の手順のいずれかを用いる。

- **オプション (O)** のメニューを利用する。ただし，選択できるのは危険率を調整するLSD法，Bonferroni法，Sidak法のみである。
- ユーザ自身が統計量を計算してTukeyのHSD法や他の方法を利用する。ここではTukeyのHSD法を利用する。

【SPSSの手順 — メニューから多重比較を選ぶ】

〈a〉SAタイプのデータを用いる（図4.18）

〈b〉メニューを選ぶ

［分析 (A)］→［一般線型モデル (G)］→［反復測定 (R)］→［オプション (O)］→反復測定：オプションダイアログボックス

因子と交互作用 (F) ボックスの被験者内要因（ここでは学習条件）を**平均値の表示 (M)** ボックスへ入れ，**主効果の比較 (O)** にチェックを入れる。続いて**信頼区間の調整 (N)** の中から **Bonferroni** を指定する（図4.25）。必要な**表示**にチェックを入れてから**続行**を押して**反復測定**ダイアログボックスへ戻り，**OK** ボタンを押して実行する。

【出力の読み方と解説】

ペアごとの比較（図4.26）として多重比較の結果が出力される。出力の読み方はASタイプと同じであり，有意確率が.05より小さければ有意な平均値差があると判断する。この事例はASタイプと同じ値のデータを用いているので水準間の平均値差は等しいが，検定に使用する誤差の平均平方（MS_e）が2つのタイプは異なるので，有意確率も異なる。被験者間実験計画より被験者内実験計画の方が検定力が高くなるのと同様に，多重比較においても被験者内実験計画の方が検出力は高い。

【TukeyのHSD法 — ユーザ自身が計算を行う】

TukeyのHSD法は水準間の平均値差が式(4.5)で定義されるHSDよりも大きいとき，水準間に有意差があると判断する。この事例では誤差の自由度が10，水準数が3であるからスチューデント化された範囲q（付表A.9；$\alpha = .05$）が3.88，MS_e（誤差の平均平方）は図4.23

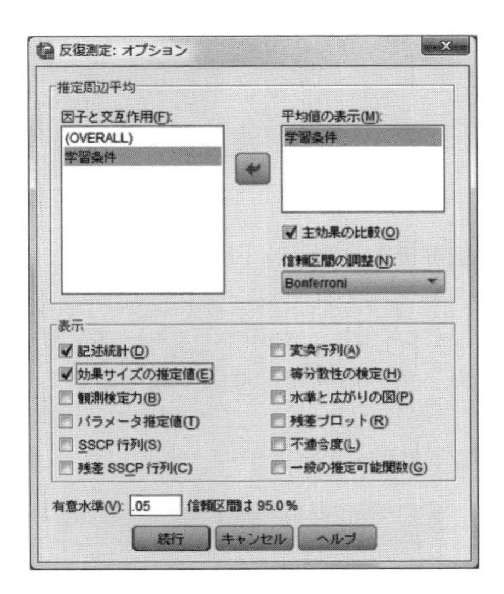

図 4.25 被験者内要因で Bonferroni 法を選択する画面（SA タイプ）

ペアごとの比較

測定変数名: MEASURE_1

(I) 学習条件	(J) 学習条件	平均値の差 (I-J)	標準誤差	有意確率 b	95% 平均値差信頼区間 b 下限	上限
1	2	3.167*	.477	.004	1.480	4.853
	3	1.667*	.422	.032	.177	3.157
2	1	-3.167*	.477	.004	-4.853	-1.480
	3	-1.500	.806	.366	-4.349	1.349
3	1	-1.667*	.422	.032	-3.157	-.177
	2	1.500	.806	.366	-1.349	4.349

推定周辺平均に基づいた

*. 平均の差は .05 水準で有意です。

b. 多重比較の調整: Bonferroni。

図 4.26 Bonferroni 法による多重比較の結果（SA タイプ）

から 1.056，データ数の N（被験者数）が 6 である。したがって，

$$HSD = q_{\alpha,m,df}\sqrt{\frac{MS_e}{N}} = 3.88\sqrt{\frac{1.056}{6}} = 1.628$$

となり，グループ学習の平均は個別学習および講義学習の平均よりも大きいと判断できる。

4.6.2 計画比較の場合

SA タイプの分散分析では対比のメニューを利用して多重比較を行う。

【事例】

3 つの学習法の効果を比較する（前掲の SA タイプと同一のデータ）。

【分析方法】

計画比較による多重比較を行う。メニューからマウス操作で Helmert 対比，多項対比などを

選択できる。

【SPSS の手順】

〈a〉SA タイプのデータを用いる（図 4.18）

〈b〉メニューを選ぶ

[分析 (A)] → [一般線型モデル (G)] → [反復測定 (R)] → [対比 (N)] →反復測定：対比ダイアログボックス

この事例では，水準 1（個別学習）と水準 2（グループ学習），水準 2（個別学習）と水準 3（講義学習学習）を比較してみるので，**対比の変更**ボックスの**対比 (N)** として**単純**を選んで**参照カテゴリ**の**最初 (R)** をチェックし，**変更 (C)** ボタンを押す（図 4.27）。そして，**続行**ボタンを押して**反復測定**ダイアログボックスへ戻り，**OK** ボタンを押す。

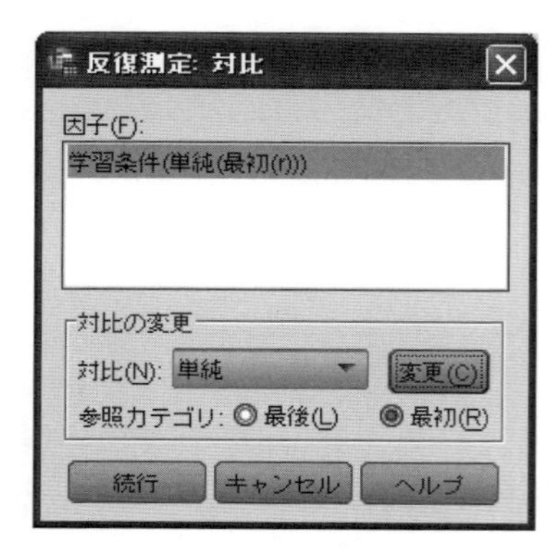

図 4.27　対比単純を指定する画面（SA タイプ）

【出力の読み方と解説】

図 4.28 へ単純対比を利用した被験者内対比の検定結果を示す。有意確率がいずれも 5% より小さく，水準 1（個別学習）と水準 2（グループ学習）および水準 3（講義学習）との間に有意な平均値差がある。

被験者内対比の検定

測定変数名: MEASURE_1

ソース		タイプ III 平方和	df	平均平方	F	有意確率
学習条件	水準 2 対 水準 1	60.167	1	60.167	44.024	.001
	水準 3 対 水準 1	16.667	1	16.667	15.625	.011
誤差 (学習条件)	水準 2 対 水準 1	6.833	5	1.367		
	水準 3 対 水準 1	5.333	5	1.067		

図 4.28　単純対比を利用した被験者内対比の検定結果（SA タイプ）

■被験者間要因と被験者内要因

本書では被験者間実験計画と被験者内実験計画（乱塊法）の事例は同じ数値を用いている。下の AS タイプ（表 4.11）と SA タイプ（表 4.12）の分散分析表を比べるとわかるように，要因の平方和は 2 つの分散分析表で同一である。しかし，被験者内要因（SA タイプ）では，被験者間要因（AS タイプ）の**誤差**が**個人差**と**残差**（エラー）に分解されている。F 値は誤差の平均平方に対する要因の平均平方として定義されるので，一般に被験者を上手に配置できれば，被験者内実験計画の方が検定力は高く，有意になりやすい。

表 4.11 被験者間要因としての分散分析表（AS タイプ）

変動因	SS	df	MS	F
要因	30.111	2	15.056	3.753*
誤差	60.167	15	4.011	
全体	90.278	17		

$^{*}p < .05$

表 4.12 被験者内要因としての分散分析表（SA タイプ）

変動因	SS	df	MS	F
要因	30.111	2	15.056	14.263***
個人差	49.611	5	9.922	
残差	10.556	10	1.056	
全体	90.278	17		

$^{***}p < .001$

4.7 論文の記載例 — SA タイプ

18 名の協力を得て，認知能力と既有知識が等しい 3 名で 1 つのブロックを作り，各ブロックの 3 名を無作為に 3 種の学習条件（個別学習，グループ学習，講義学習）へ配当し，ある学習課題について，乱塊法に基づいて学習方法の効果に差があるかを検討した。学習後に行ったテスト得点の平均と標準偏差を表 4.13 に示す。Mauchly の球面性検定によって球面性の仮定が棄却されなかったので（Mauchly の $W = .275$，近似 $\chi^2 = 5.161$，$df = 2$，$p > .05$），自由度を調整せずに分散分析を行った。その結果，学習方法において有意な差が見られ（$F(2,10)$=14.263，$p < .001$，η_p^2=.740），Tukey の HSD 法による多重比較によれば，個別学習がグループ学習および講義学習よりも有意に平均得点が高かった（MS_e=1.056，5% 水準）。

表 4.13 事後テストの平均と標準偏差（$N = 18$；乱塊法）

	学習方法		
	個別学習	グループ学習	講義学習
$\bar{X}$	18.0	14.8	16.3
SD	1.8	2.8	1.0

Note. 事後テストは 20 点満点である。

論文に記載する事項は以下の通りである。

〈a〉単純集計の結果

〈b〉分散分析の結果

記載例にある「$F(2,10)$=14.263，$p < .001$」は，「F(分子の自由度 , 分母の自由度)=F 値，有意確率」という並びである。分散分析の結果を表にまとめる場合は，SPSS の出力から必要な箇所を抜き出し，表 4.14 のようにまとめる。被験者内実験計画の場合は作表に必要な統計量が 2 カ所に出力されるので，被験者内要因の効果の出力（図 4.23）から要因の効果と残差を読み取り，被験者間効果の出力（図 4.24）から個人差を読み取る。通常の分散分析表では，表 4.14 のように要因の効果，個人差，残差の順に記載する。

〈c〉効果量，検定力

効果量の偏イータ2乗（η_p^2）と観測検定力（$1-\beta$）が出力されるが，記載例では本文中に効果量のみを記し，分散分析表（表4.14）では F 値の後ろへ入れた。

表4.14 要因の効果についての分散分析の結果（SAタイプ）

変動因	SS	df	MS	F	η_p^2
要因	30.111	2	15.056	14.263***	.740
個人差	49.611	5	9.922		
残差	10.556	10	1.056		
全体	90.278	17			

$^{***}p<.001$

第 5 章

2 要因の分散分析 — 対応がない平均値の場合（ABS タイプ）

従属変数に影響を与える 2 つ以上の独立変数（要因）が想定される場合，独立変数ごとに 1 要因の実験計画を繰り返すのではなく，複数の要因を組み合わせる多要因の実験計画を行う。2 要因の場合は，それぞれの要因が被験者間要因か被験者内要因かによって以下の 3 タイプ（ABS，SAB，ASB）となる。ここでは要因 A を 2 水準（A1 と A2），要因 B を 3 水準（B1 と B2 と B3）としたが，これを 2×3 の実験計画という。第 7 章まで 2 要因の分散分析を学ぶ。

5.1　2 要因実験計画のタイプ

(1) 2 要因被験者間実験計画（ABS タイプ）

2 要因ともに被験者間要因である。各要因の各水準に別々の被験者（S1 から S18）が割り当てられる。各水準に 3 人ずつ割り当てたとすると，総被験者数は $2 \times 3 \times 3 = 18$（人）となる。

表 5.1　2 要因被験者間実験計画（ABS タイプ）の被験者配置

要因 A	A1			A2		
要因 B	B1	B2	B3	B1	B2	B3
被験者 S	S1	S4	S7	S10	S13	S16
	S2	S5	S8	S11	S14	S17
	S3	S6	S9	S12	S15	S18

(2) 2 要因被験者内実験計画（SAB タイプ）

2 要因ともに被験者内要因である。各要因のすべての水準に同じ被験者（S1 から S3）が割り当てられる。各水準に 3 人ずつ割り当てたとすると，総被験者数は 3（人）となる。

表 5.2　2 要因被験者内実験計画（SAB タイプ）の被験者配置

要因 A	A1			A2		
要因 B	B1	B2	B3	B1	B2	B3
被験者 S	S1	S1	S1	S1	S1	S1
	S2	S2	S2	S2	S2	S2
	S3	S3	S3	S3	S3	S3

(3) 2 要因混合計画（ASB タイプ）

被験者間要因と被験者内要因が混在する実験計画である。要因 A を被験者間要因，要因 B を被験者内要因とし，各水準に 3 人ずつ割り当てたとすると（S1 から S6），総被験者数は $2 \times 3 = 6$（人）となる。

表 5.3 2 要因混合計画（ASB タイプ）の被験者配置

要因 A	A1			A2		
要因 B	B1	B2	B3	B1	B2	B3
被験者 S	S1 S2 S3	S1 S2 S3	S1 S2 S3	S4 S5 S6	S4 S5 S6	S4 S5 S6

5.1.1 交互作用の有無と分散分析の事後分析

一般的に多要因の実験計画では各要因ごとの主効果に加え，交互作用効果（interaction effect）の検討が必要となる。交互作用とは，複数の要因の水準を組み合わせたとき，水準の効果を単純に加算しただけでは説明できない効果が現れることである。その交互作用を含む分散分析の解釈において，重要な点が 2 つある。

(1) 交互作用が有意なときは主効果を解釈しない

交互作用が有意なとき，仮に主効果が有意でも，主効果を解釈しない。たとえば，小学生と中学生が 1 週間に母親と会話をする平均回数が図 5.1 のようであったとする。平均値差の検定には発達（小学，中学）と性別（男，女）の 2×2 の 2 要因被験者間実験計画（ABS タイプ）を利用する。

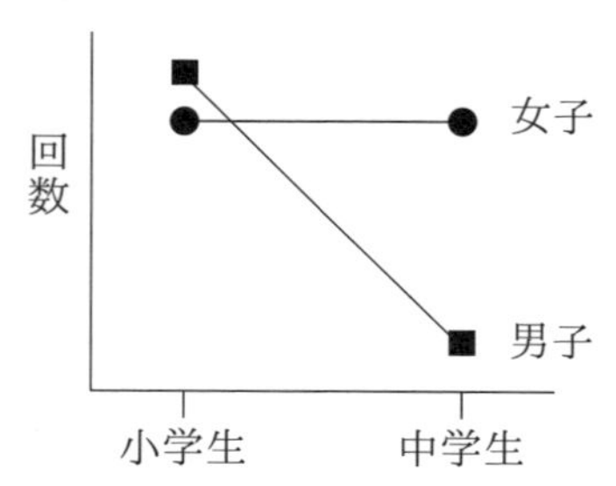

図 5.1 1 週間に母親と会話をする回数

発達段階別に平均値差を比べると，小学生では男子が女子よりもやや大きいが，中学生では女子が男子よりも大きい。また，女子では小学生と中学生の平均値差はないが，男子では中学生の方が平均は小さい。つまり，発達と性別の交互作用が認められる。このようなとき，発達段階の違いを無視して女子が男子よりも会話の回数が多い（性別の主効果），あるいは性差を無視して小学生は中学生よりも会話の回数が多い（発達の主効果）と単純に考察することは望ましくない。交互作用が有意な場合，主効果を単独で解釈してしまうと考察を誤る。

(2) 交互作用が有意なときは単純主効果を検定する

交互作用が有意なときは，他の要因の水準別に主効果を検定する。これを単純主効果（simple main effect）の検定という。図 5.1 では発達段階別の性差の検定（性別の単純主効果）と男女別の発達差の検定（発達の単純主効果）が単純主効果の検定となる。

ところで，図 5.2 に発達を 3 水準とした平均値を示す。

(a)［あり］ と **(b)［あり］** では発達と性別の交互作用があり，発達が 3 水準なので，発達の単純主効果が有意であれば，男女別に小学生と中学生と高校生の間で多重比較が必要となる（60 ページ参照）。

(c)［なし］ では一貫して女子の平均が男子よりも大きいので，発達と性別の交互作用はない。もし発達の主効果が認められたときは，小学生と中学生と高校生の間で多重比較を行う。一方，性別は水準が 2 つなので，性別の主効果が有意となったときは多重比較は必要なく，男女差があると言える。

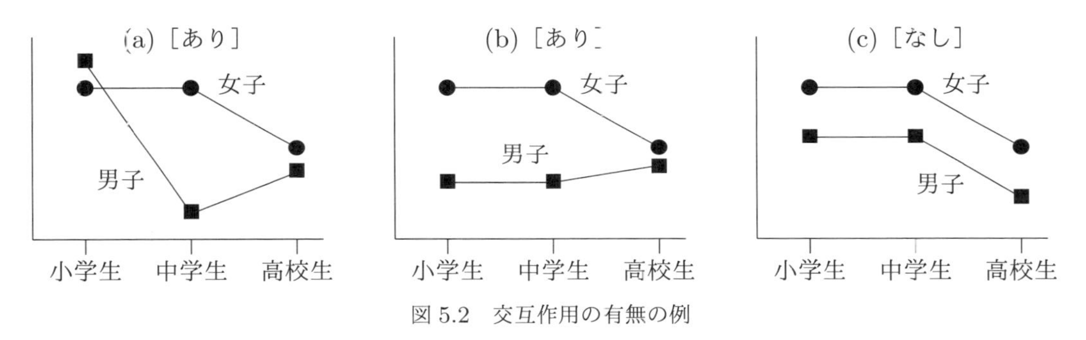

図 5.2　交互作用の有無の例

2 要因の分散分析とその事後分析の関係を図 5.3 へまとめた。

2 要因の分散分析では，最初に交互作用の有無を確認する。そして，交互作用があるときは要因ごとに単純主効果の検定を行い，それが有意であり，かつ，水準数が 3 以上（図では 水準数 ≥ 3 と表記した）のときは多重比較を行う。ただし，本書では SPSS の操作手順を説明するために，水準数が 2 の要因を用いて多重比較の方法を例示することがある。

一方，交互作用が有意でなく，主効果が有意なときは多重比較を行い，事後分析を終了する。

交互作用と主効果が有意でないときは事後分析の必要はない。

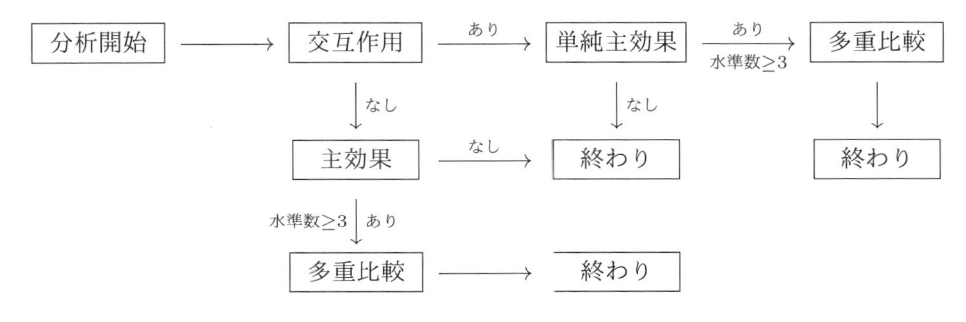

図 5.3　2 要因分散分析とその事後分析との関係

5.2 被験者間実験計画（ABS タイプ）の主効果と交互作用の検定

【事例】

小学生，中学生，高校生のそれぞれ男女5名に対し，異性への関心度を尋ねた。得点は0 ～ 10点で，得点が大きいほど関心度は強い。表5.4に示す30名の評定値を用い，3 × 2の被験者間実験計画に基づいて，関心度の発達差と性差および2つの要因の交互作用を検討する。

表5.4　異性に対する関心度の評定値（$N = 30$；ABS タイプ）

発達（A）	小学生（A1）		中学生（A2）		高校生（A3）	
性別（B）	男（B1）	女（B2）	男（B1）	女（B2）	男（B1）	女（B2）
被験者（S）	2	2	3	7	7	8
S1～S30	4	3	4	7	8	8
	4	4	5	7	9	9
	5	4	5	8	9	9
	5	5	7	9	9	10

Note. 得点は0 ～ 10点である。

【分析方法】

分散分析。

【要件】

間隔・比率尺度データであり，各要因は被験者間要因となっていること。

【注意点】

各水準で正規分布が仮定され，分散が等しいこと。

【SPSS の手順】

〈a〉データエディタを開く

2つの要因（発達と性別）とも被験者間要因であるから，被験者ごとに3列を必要とする。図5.4（一部を示す）では第1列と第2列にそれぞれ要因A（発達）と要因B（性別）の水準を入れ，第3列に従属変数とする**異性への関心度**を入れた。ここでは，要因名をラベル（**変数ビュー（V）→ラベル**）で指定したので，外面に表示される変数名はSPSSが自動的に作成したVAR00001，VAR00002となっている。また，水準は

- 要因A（発達）：1 = 小学生，2 = 中学生，3 = 高校生
- 要因B（性別）：1 = 男，2 = 女

として数値で入力し，**値ラベル**で水準に名前（ラベル）をつけている。図5.4では，**値ラベル**を表示する設定（**データエディタ→［表示（V）］→値ラベル（V）**にチェックを入れる）となっているので，データエディタにラベルが表示されている。

〈b〉メニューを選ぶ

［分析（A）］→［一般線型モデル（G）］→［1変量（U）］→ **1変量**ダイアログボックス

〈i〉従属変数と独立変数の指定

従属変数の**異性に対する関心度**［VAR00003］を**従属変数（D）**のボックスへ入れ，独立変数の**発達**［VAR00001］と**性別**［VAR00002］を**固定因子（F）**のボックスへ

入れる。

〈ii〉 記述統計，誤差分散の等質性の確認，効果量，観測検定力の出力の指定

オプション（O）を選んで**1 変量：オプション**ダイアログボックスを開き（図 5.5），**記述統計（D）**，**等分散性の検定（H）**，**効果サイズの推定値（E）**，**観測検定力（B）**をチェックして，**続行**ボタンを押す。

*ABS.sav [データセット1] - IBM SPSS Statistics データ エディタ

ファイル(F) 編集(E) 表示(V) データ(D) 変換(T) 分析(A) グラフ(G)

27 :

	VAR00001	VAR00002	VAR00003
1	小学生	男	2.00
2	小学生	男	4.00
3	小学生	男	4.00
4	小学生	男	5.00
5	小学生	男	5.00
6	小学生	女	2.00
7	小学生	女	3.00
8	小学生	女	4.00
9	小学生	女	4.00
10	小学生	女	5.00
11	中学生	男	3.00
12	中学生	男	4.00
13	中学生	男	5.00
14	中学生	男	5.00
15	中学生	男	7.00

図 5.4　ABS タイプのデータ（データエディタ）

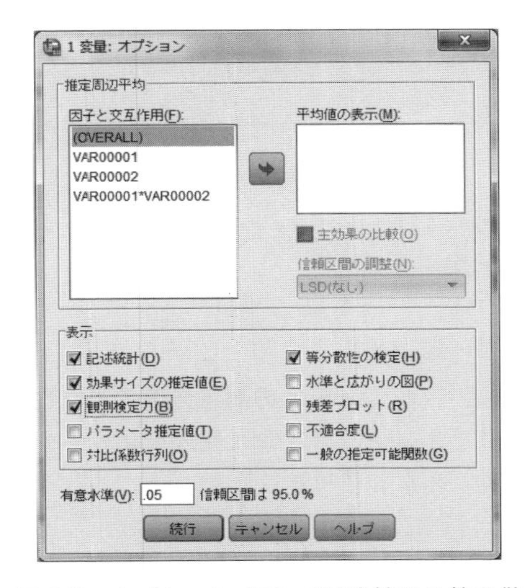

図 5.5　オプション (O) で記述統計や等分散性の検定などを指定する（ABS タイプ）

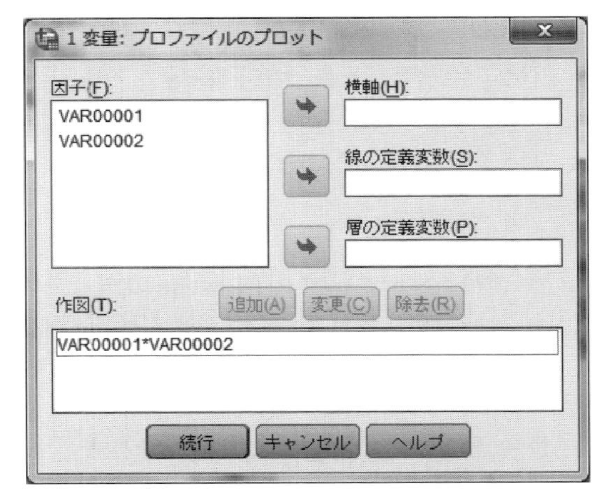

図 5.6　プロファイルのプロットで横軸と線の定義変数を指定する画面（ABS タイプ）

〈iii〉 平均値の図示の指定

1 変量ダイアログボックスで**作図（T）**ボタンをクリックすると**1 変量：プロファ**

イルのプロットダイアログボックスが表示される。ここで，**横軸（H）**に VAR00001 を入れ，**線の定義変数（S）**に VAR00002 を入れて**追加（A）**ボタンを押すと，**作図（T）**のボックスに VAR00001*VAR00002 と表示される（図 5.6）。さらに**続行**ボタンを押して **1 変量**ダイアログボックスへ戻り，OK ボタンを押す。

【出力の読み方と解説】

以下について読み取る。

〈a〉 単純集計の結果の出力

記述統計量として平均値，標準偏差，度数（データ数）が出力される（図 5.7）。

〈b〉 平均値のプロットによる概観

推定周辺平均が図 5.8 のように出力される（この図では**図形エディタ**を用いてフォントサイズを変更した）。2 つの要因の水準の組み合わせ（セルという）でデータ数が不揃いの場合，推定周辺平均と記述統計量の平均値が一致しないので（65 ページ），単純集計の報告には記述統計量を用いる。

記述統計

従属変数: 異性に対する関心度

発達		平均	標準偏差	度数
小学生	男	4.0000	1.22474	5
	女	3.6000	1.14018	5
	合計	3.8000	1.13529	10
中学生	男	4.8000	1.48324	5
	女	7.6000	.89443	5
	合計	6.2000	1.87380	10
高校生	男	8.4000	.89443	5
	女	8.8000	.83666	5
	合計	8.6000	.84327	10
合計	男	5.7333	2.28244	15
	女	6.6667	2.46885	15
	合計	6.2000	2.38385	30

図 5.7 異性に対する関心度の記述統計（ABS タイプ）

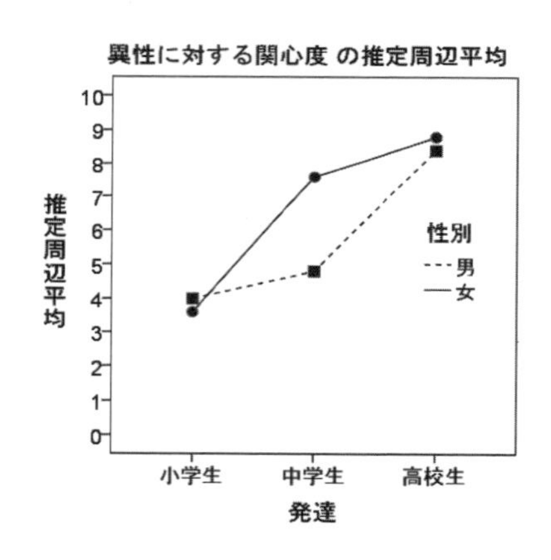

図 5.8 異性に対する関心度の推定周辺平均（ABS タイプ）

〈c〉 前提条件のチェック：Levene の誤差分散の等質性検定

分散分析は各セルの誤差分散が等質であると仮定する。**Levene の誤差分散の等質性検定**（図 5.9）が有意なときは通常の分散分析を適用できないので，変数変換を試みるのもよい。この事例は $p = .931$ で有意ではなく，等質であると判断される。

〈d〉 効果の判定：主効果と交互作用効果

主効果と交互作用効果の有意性検定の結果は**被験者間効果の検定**として出力される（図 5.10）。発達と性別の主効果の検定結果はそれぞれ変数名の行に出力され，発達と性別の交互作用効果の検定結果はアスタリスク（*）を変数名が挟む行に出力される。この事例では，発達（VAR00001）の主効果が $F(2, 24) = 47.342$（$p < .001$），性別（VAR00002）の主効果が $F(1, 24) = 5.370$（$p < .05$），性別と発達（VAR00001*VAR00002）の交互作用効果が $F(2, 24)= 5.699$（$p < .01$）となり，すべて有意である。特に発達要因の効果量

Levene の誤差分散の等質性検定 [a]

従属変数: 異性に対する関心度

F	df1	df2	有意確率
.259	5	24	.931

従属変数の誤差分散がグループ間で
等しいという帰無仮説を検定します。

a. 計画: 切片 + VAR00001 + VAR00002
+ VAR00001 * VAR00002

図 5.9 Levene の誤差分散の等質性検定の結果（ABS タイプ）

（偏イータ 2 乗）が大きい。また，発達の主効果と交互作用効果の観測検定力が大きい。

被験者間効果の検定

従属変数: 異性に対する関心度

ソース	タイプ III 平方和	df	平均平方	F	有意確率	偏イータ 2 乗	非心度パラメータ	観測検定力 [b]
修正モデル	135.600 [a]	5	27.120	22.290	.000	.823	111.452	1.000
切片	1153.200	1	1153.200	947.836	.000	.975	947.836	1.000
VAR00001	115.200	2	57.600	47.342	.000	.798	94.685	1.000
VAR00002	6.533	1	6.533	5.370	.029	.183	5.370	.604
VAR00001 * VAR00002	13.867	2	6.933	5.699	.009	.322	11.397	.817
エラー	29.200	24	1.217					
合計	1318.000	30						
修正総和	164.800	29						

a. R2 乗 = .823 (調整済み R2 乗 = .786)

b. アルファ = .05 を使用して計算された

図 5.10 被験者間効果の検定結果（ABS タイプ）

〈e〉単純主効果検定などの事後分析

この事例は交互作用効果が有意になったので，事項で説明する単純主効果の検定を行う。一方，交互作用が有意にならず，主効果のみが有意となった場合は要因ごとに多重比較を行う（図 5.3）。

5.3 単純主効果検定とその後の多重比較

5.3.1 単純主効果検定

交互作用効果が有意な場合，片方の要因の水準ごとに他方の要因の主効果を調べる。これを単純主効果の検定といい，この事例の場合は小学生，中学生，高校生ごとに性差が見られるか，さらに，男女別に発達差が見られるかの検定である。

【コマンド・シンタックス】

SPSS で単純主効果検定を行う手順は実験計画によって異なるが，被験者間計画においてはコマンド・シンタックスを書き換えて行う。コマンド・シンタックス（以下シンタックス）とは，一連の計算手続きを記述した命令文のことであり，SPSS にはその命令文を記述するためのシンタックスエディタが用意されている。シンタックスエディタは，従属変数と独立変数（固定因子）を指定する 1 変量ダイアログボックス（図 4.3，62 ページ参照）の**貼り付け (P)** ボタンを押して開くことができる。

図5.11 事後分析を指定するシンタックス（ABSタイプ）

図5.11は，この事例の2要因被験者間計画の分散分析を行うためのシンタックスである。**貼り付け (P)** ボタンを押した場合，分散分析を行うシンタックスは自動的に挿入されるので，ここでは単純主効果検定を行う次の2行を書き加えた。

```
/emmeans=tables(VAR00001*VAR00002) compare(VAR00001) adj(bonferroni)
/emmeans=tables(VAR00001*VAR00002) compare(VAR00002)
```

この命令文は次の書式に従い，作成できたらシンタックスエディタのメニューから **[実行]** → **[すべて]** を選びシンタックスを実行する。

- /INTERCEPT=INCLUDE サブコマンドの後に挿入する。
- シンタックスに大文字と小文字の区別はない（混在していてもよい）。図5.11では，自動的に挿入される命令文（大文字）と区別するために小文字を用いた。
- スラッシュ（/）から始め，/EMMEANS=サブコマンドを記入する。
- 等号（=）の後ろにTABLES() キーワードを記入し，括弧内に *（アスタリスク）を挟んで2つの独立変数名（固定因子の名前）を入れる。
- COMPARE() キーワードの括弧内へ単純主効果検定を行う独立変数名を入れる。この事例の1行目の compare(VAR00001) は男女別に行う発達（VAR00001）の単純主効果検定の命令文，2行目の compare(VAR00002) は発達別に行う性別（VAR00002）の単純主効果検定の命令文である。
- ADJ() キーワードで多重比較の方法を指定する。ここでは adj(bonferroni) としてBonferroni法を指定している。ADJ() キーワードを記入しない場合，標準設定（デフォルト）の方法としてLSD法による多重比較が実行される。本来，多重比較は単純主効果が有意であることを確認してから行うので，この段階で指定してなくてもよい。
- コマンドやブランクは半角とする。全角文字の変数名は全角とする。

【出力の読み方と解説】

〈a〉男女における発達の単純主効果検定（発達 at 男，発達 at 女）
男子の発達差と女子の発達差が **1 変量検定**として出力されるので（図 5.12），一般的な分散分析と同様に解釈する。この事例では，男女ともに発達の単純主効果が有意である。**有意確率**がいずれも .000 と表示されているが，数字をダブルクリックすると正確な値が画面に表示される。

=1 変量検定

従属変数: 異性に対する関心度

性別		平方和	df	平均平方	F	有意確率	偏イータ 2 乗	非心度パラメータ	観測検定力 a
男	対比	54.933	2	27.467	22.575	.000	.653	45.151	1.000
	エラー	29.200	24	1.217					
女	対比	74.133	2	37.067	30.466	.000	.717	60.932	1.000
	エラー	29.200	24	1.217					

F 値は 発達 の多変量効果を検定します。このような検定は推定周辺平均間で線型に独立したペアごとの比較に基づいています。
a. アルファ = .05 を使用して計算された

図 5.12　男女における発達の単純主効果検定（ABS タイプ）

〈b〉発達における性別の単純主効果検定（性別 at 小学生，性別 at 中学生，性別 at 高校生）
各発達時点における性別の単純主効果検定も **1 変量検定**として出力される。中学生においてのみ性別の単純主効果が有意である。

=1 変量検定

従属変数: 異性に対する関心度

発達		平方和	df	平均平方	F	有意確率	偏イータ 2 乗	非心度パラメータ	観測検定力 a
小学生	対比	.400	1	.400	.329	.572	.014	.329	.085
	エラー	29.200	24	1.217					
中学生	対比	19.600	1	19.600	16.110	.001	.402	16.110	.971
	エラー	29.200	24	1.217					
高校生	対比	.400	1	.400	.329	.572	.014	.329	.085
	エラー	29.200	24	1.217					

F 値は 性別 の多変量効果を検定します。このような検定は推定周辺平均間で線型に独立したペアごとの比較に基づいています。
a. アルファ = .05 を使用して計算された

図 5.13　発達における性別の単純主効果検定（ABS タイプ）

5.3.2　多重比較

単純主効果が有意となり，水準数が 3 つ以上のときは多重比較を行う。この事例では，男女ともに発達の単純主効果が有意となり（図 5.12），発達には 3 つの水準があるので男女別に多重比較を行う。一方，中学生で性別の単純主効果が有意であるが（図 5.13），性別の水準は男女の 2 つしかないので多重比較を行う必要はなく，男女間の平均値を比較して考察する。

単純主効果検定に続く多重比較の手順は被験者間計画，被験者内計画，混合計画で異なる。ここでは被験者間計画に基づき，(1) シンタックスを使う方法と (2) 出力を用いてユーザ自身が計算する Tukey の HSD 法を説明する。

(1) シンタックスを使う方法

【SPSS の手順】

シンタックスを利用して多重比較を行う場合，単純主効果検定と同時に実行できる。指定できる多重比較法は，有意確率を調整する LSD 法（LSD），Bonferroni 法（BONFERRONI），Sidak 法（SIDAK）である。シンタックスでは/EMMEANS=サブコマンドの ADJ() キーワードを用い，利用する方法を 1 つ選んで括弧内へ指定する。ADJ() キーワードを記入しない場合は LSD 法による多重比較が実行される。この事例では，

```
/emmeans=tables(VAR00001*VAR00002) compare(VAR00001) adj(bonferroni)
```

として Bonferroni 法を指定した。多重比較の結果は**ペアごとの比較**として出力される（図 5.14）。有意確率から 3 水準の平均は，

- 男の場合　高校生 > 中学生 = 小学生
- 女の場合　高校生 = 中学生 > 小学生

という関係になっていることが読み取れる。

性別は 2 水準なので，発達ごとに性別の多重比較を行う必要はないが，標準設定（デフォルト）で LSD 法を用いた多重比較が**ペアごとの比較**として出力され（省略），中学生において男女差があり，女子の平均が男子よりも大きいことがわかる。

ペアごとの比較

従属変数: 異性に対する関心度

性別	(I) 発達	(J) 発達	平均値の差 (I-J)	標準誤差	有意確率 b	95% 平均値差信頼区間 b	
						下限	上限
男	小学生	中学生	-.800	.698	.788	-2.595	.995
		高校生	-4.400*	.698	.000	-6.195	-2.605
	中学生	小学生	.800	.698	.788	-.995	2.595
		高校生	-3.600*	.698	.000	-5.395	-1.805
	高校生	小学生	4.400*	.698	.000	2.605	6.195
		中学生	3.600*	.698	.000	1.805	5.395
女	小学生	中学生	-4.000*	.698	.000	-5.795	-2.205
		高校生	-5.200*	.698	.000	-6.995	-3.405
	中学生	小学生	4.000*	.698	.000	2.205	5.795
		高校生	-1.200	.698	.295	-2.995	.595
	高校生	小学生	5.200*	.698	.000	3.405	6.995
		中学生	1.200	.698	.295	-.595	2.995

推定周辺平均に基づいた
*. 平均値の差は 0.05 水準で有意です。
b. 多重比較の調整: Bonferroni。

図 5.14　男女別に行った発達の多重比較（Bonferroni 法）（ABS タイプ）

(2) Tukey の HSD 法 — ユーザ自身が計算を行う

Tukey の HSD 法（69 ページ）を用い，男女別に発達の多重比較を行う。検定に必要な式 (4.5) の HSD は，$\alpha = .05$，$m = 3$，$df = 24$ であるから，スチューデント化された範囲（付

表 A.9）$q_{.05,3,24}$ が 3.53，図 5.10 から MS_e（エラー（誤差）の平均平方）が 1.217，データ数の N が 5，したがって，

$$HSD = q_{\alpha,m,df}\sqrt{\frac{MS_e}{N}} = 3.53\sqrt{\frac{1.217}{5}} = 1.742$$

である。この 1.742 よりも水準間の平均値差が大きければ有意差があると判断する。この事例では以下の通りである。

- 男（性別の水準 1）の異性への関心度
  - ・$|$ 小学生 $-$ 中学生 $| = |4.00 - 4.80| = 0.80 < HSD(1.742) \cdots$ 有意でない
  - ・$|$ 小学生 $-$ 高校生 $| = |4.00 - 8.40| = 4.40 > HSD(1.742) \cdots$ 有意
  - ・$|$ 中学生 $-$ 高校生 $| = |4.80 - 8.40| = 3.60 > HSD(1.742) \cdots$ 有意

  したがって，水準の平均は 小学生 $=$ 中学生 $<$ 高校生 という関係にあると言える。
- 女（性別の水準 1）の異性への関心度
  - ・$|$ 小学生 $-$ 中学生 $| = |3.60 - 7.60| = 4.00 > HSD(1.742) \cdots$ 有意
  - ・$|$ 小学生 $-$ 高校生 $| = |3.60 - 8.80| = 5.20 > HSD(1.742) \cdots$ 有意
  - ・$|$ 中学生 $-$ 高校生 $| = |7.60 - 8.80| = 1.20 < HSD(1.742) \cdots$ 有意でない

  したがって，水準の平均は 小学生 $<$ 中学生 $=$ 高校生 という関係にあると言える。

5.4　主効果検定後の多重比較

この事例は交互作用が有意なので，主効果が有意でも主効果検定後の多重比較は必要ないが，SPSS の実行手順を説明するために，この事例を利用する。

【SPSS の手順】

分散分析を実行するまでの手順は先の通りである（90 ページ参照）。

〈a〉データエディタを開く

分析するデータを開く。

〈b〉メニューを選ぶ

[分析（A）] → [一般線型モデル（G）] → [１変量（U）] → １変量ダイアログボックス

〈i〉従属変数と独立変数の指定

異性に対する関心度 [VAR00003] を従属変数（D）として，また，発達 [VAR00001] と性別 [VAR00002] を固定因子（F）（独立変数）として指定する。

〈ii〉記述統計，誤差分散の等質性の確認，効果量，観測検定力の出力の指定

オプション（O）をクリックして１変量：オプションダイアログボックスを開き，出力させる統計量にチェック入れ，続行ボタンを押す。

〈iii〉平均値の図示の指定

作図（T）をクリックし，１変量：プロファイルのプロットダイアログボックスを開き，横軸（H）に VAR00001 を入れ，線の定義変数（S）に VAR00002 を入れて追加ボタン（A）を押すと，作図（T）のボックスに VAR00001*VAR00002 と表示される（図 5.6）。さらに続行ボタンを押して１変量ダイアログボックスへ戻り，OK ボタンを押す。

〈iv〉多重比較を行う要因と方法の指定

その後の検定（H）を押して**1変量：観測平均値のその後の多重比較**ダイアログボックスを開く（図5.15）。**因子（F）**から被験者間要因のVAR00001とVAR00002を選び，**その後の検定（P）**へドラッグする。そして，**等分散が仮定されている**の枠内で多重比較に用いる方法をチェックする。ここでは，Bonferroni(B)とTukey(T)をチェックした。そして，**続行**ボタンを押して**1変量**ダイアログボックスへ戻り，OKボタンを押す。

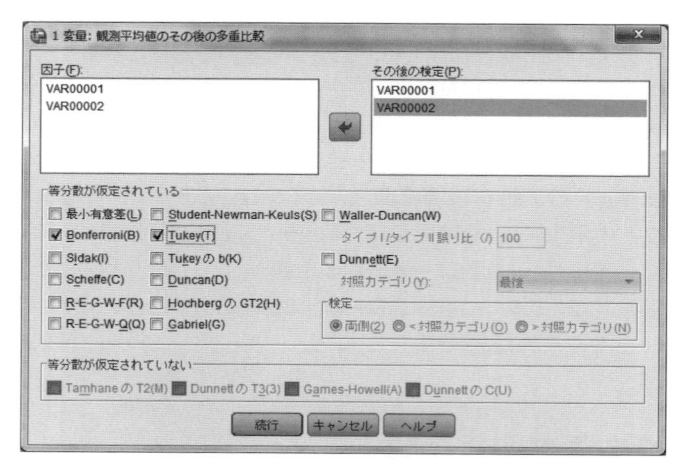

図5.15　ABSタイプで主効果検定後の多重比較の方法を指定する画面

【出力の読み方と解説】

性別（VAR00002）は水準が男女の2つなので，主効果が有意なときは平均を参照すればよい。そのため，図5.16のように「**グループが 3 つ未満しかないため、性別 に対してはその後の検定は実行されません。**」と**警告**が出力される。

警告

グループが 3 つ未満しかないため、性別 に対してはその後の検定は実行されません。

図5.16　性別の多重比較に対する警告

一方，**発達**（VAR00001）に対する多重比較は**多重比較**として図5.17のように出力される。**有意確率**から水準間の有意差を判断する。この事例では，TukeyのHSD法とBonferroni法ともに小学生，中学生，高校生の平均に有意差があり，3水準の平均に 小学生 < 中学生 < 高校生 という関係がある。

■推定周辺平均と信頼区間の表示

各要因の水準ごとの平均とその信頼区間，また，セルの平均とその信頼区間が**推定周辺平均**として出力される。このとき，平均は推定周辺平均に基づいて推定されるので，各セルのデータ数がアンバランスの場合は，推定周辺平均であることを論文へ明記する方がよい。ただし，単純集計結果の記載には推定周辺平均ではなく，観測平均を用いる。

多重比較

従属変数: 異性に対する関心度

	(I) 発達	(J) 発達	平均値の差 (I-J)	標準誤差	有意確率	95 % 信頼区間 下限	上限
Tukey HSD	小学生	中学生	-2.4000*	.49329	.000	-3.6319	-1.1681
		高校生	-4.8000*	.49329	.000	-6.0319	-3.5681
	中学生	小学生	2.4000*	.49329	.000	1.1681	3.6319
		高校生	-2.4000*	.49329	.000	-3.6319	-1.1681
	高校生	小学生	4.8000*	.49329	.000	3.5681	6.0319
		中学生	2.4000*	.49329	.000	1.1681	3.6319
Bonferroni	小学生	中学生	-2.4000*	.49329	.000	-3.6695	-1.1305
		高校生	-4.8000*	.49329	.000	-6.0695	-3.5305
	中学生	小学生	2.4000*	.49329	.000	1.1305	3.6695
		高校生	-2.4000*	.49329	.000	-3.6695	-1.1305
	高校生	小学生	4.8000*	.49329	.000	3.5305	6.0695
		中学生	2.4000*	.49329	.000	1.1305	3.6695

観測平均値に基づいています。

誤差項は平均平方 (誤差) = 1.217 です。

*. 平均値の差は 0.05 水準で有意です。

図 5.17　発達に対する Tukey の HSD 法と Bonferroni 法を用いた多重比較の結果（ABS タイプ）

事例では SPSS を用いて観測検定力を求めたが，観測検定力を記載する必要は特にないので，次の論文の記載例に観測検定力は示さない。

5.5 論文の記載例

小学生，中学生，高校生それぞれ男女 5 人ずつを被験者として，異性に対する関心の程度が発達と性別によって異なるかを検討した。被験者には得点が高いほど異性を気にする程度が強いものとし，0〜10 点の 11 段階で回答を求めた。回答の平均値と標準偏差を表 5.5 に示す。

表 5.5　異性に対する関心度の平均と標準偏差

発達	小学生		中学生		高校生	
性別	男	女	男	女	男	女
平均	4.00	3.60	4.80	7.60	8.40	8.88
標準偏差	1.22	1.14	1.48	0.89	0.89	0.84

発達と性別を要因とする分散分析を行ったところ，発達の主効果（$F(2,24)$=47.342，$p<.001$，η_p^2=.798），性別の主効果（$F(1,24)$=5.370，$p<.05$，η_p^2=.183），発達と性別の交互作用効果（$F(2,24)$=5.699，$p<.01$，η_p^2=.322）が有意であった。

発達と性別の交互作用効果が有意となったので，単純主効果検定を行ったところ，男女ともに発達差が見られた（$F(2,24)$=22.575，$p<.001$，η_p^2=.653；$F(2,24)$=30.466，$p<.001$，η_p^2=.717）。そこで，男女別に発達の主効果について，Tukey の HSD 法による多重比較を行ったところ，男は高校生が小学生と中学生よりも異性に対する関心度が高く，女は中学生と高校生が小学生よりも異性に対する関心度が高かった（いずれも MS_e=1.217，5% 水準）。

論文に記載する事項は以下の通りである。

〈a〉 単純集計の結果

表 5.5 のようにまとめる。

〈b〉 分散分析の結果

水準数が多い場合は分散分析の結果を文章にすると煩雑になるので，分散分析表の方が結果を伝えやすい。分散分析表では出力から必要な箇所を読み取り，表 5.6 のようにまとめる。変動因の「発達 × 性別」は発達と性別の交互作用を指す。

表 5.6 要因の効果に関する分散分析表（ABS タイプ）

変動因	SS	df	MS	F	η_p^2
発達	115.200	2	57.600	47.342***	.798
性別	6.533	1	6.533	5.370*	.183
発達 × 性別	13.867	2	6.933	5.699**	.322
誤差	29.200	24	1.217		
全体	164.800	29			

$^*p < .05$，$^{**}p < .01$，$^{***}p < .001$

〈c〉 単純主効果検定結果

水準数が多い場合，単純主効果検定の結果は表 5.7 のように作表してもよい。表中の変動因の「性別 at 小学生」は小学生における性別の単純主効果，「発達 at 男」は男における発達の単純主効果を指す。

表 5.7 発達と性別の交互作用効果に関する単純主効果検定（ABS タイプ）

変動因	SS	df	MS	F	η_p^2
性別 at 小学生	.400	1	.400	0.329	.014
性別 at 中学生	19.600	1	19.600	16.110***	.402
性別 at 高校生	.400	1	.400	0.329	.014
発達 at 男	54.933	2	27.467	22.575***	.653
発達 at 女	74.133	2	37.067	30.466***	.717
誤差	29.200	24	1.217		

$^{***}p < .001$

〈d〉 多重比較の結果

主効果もしくは単純主効果が有意な場合，3 水準以上の要因については多重比較が必要となる。多重比較のまとめ方に決まった書式はないが，以下のようにまとめてもよい。Tukey の HSD 法の結果には MS_e と有意水準を添える。

- 男の場合　小学生 = 中学生 < 高校生 ($MS_e = 1.217$，5% 水準)
- 女の場合　小学生 < 中学生 = 高校生 ($MS_e = 1.217$，5% 水準)

また，表 5.8 のような対戦表形式でまとめることもある。たとえば，男（上段）では中学生の平均は高校生よりも有意に小さく（<），女（下段）では高校生と中学生の平均に有意差があるとは言えない（=）と読み取る。

表 5.8　男女別の発達の多重比較（Bonferroni 法）

	小学生	中学生	高校生
小学生	.	=	<
中学生	>	.	<
高校生	>	=	.

上段：男, 下段：女（$MS_e = 1.217$）

第 6 章

被験者内実験計画 — 対応がある平均値の場合（SAB タイプ）

本章では，2 要因とも被験者内要因の分散分析について学ぶ。

6.1 主効果と交互作用の検定

【事例】

メッセージの緊急性とメッセージ文の色が記憶に及ぼす影響を検討するために，緊急性を「緊急性なし，緊急性小，緊急性大」の 3 段階，メッセージ文の色を「赤，黒」の 2 種類とし，被験者内計画に基づいて記憶量を調べた。表 6.1 に示すメッセージの再生量（$N = 5$）を用い，緊急性と色の主効果および交互作用効果を調べる。

表 6.1 メッセージの再生量（$N = 5$；SAB タイプ）

緊急性（A）	なし（A1）		小（A2）		大（A3）	
色（B）	赤（B1）	黒（B2）	赤（B1）	黒（B2）	赤（B1）	黒（B2）
被験者（S）	2	2	3	7	7	8
S1 ～ S5	4	3	4	7	8	8
	4	4	5	7	9	9
	5	4	5	8	9	9
	5	5	7	9	9	10

Note. 再生量は 0 ～ 10 点である。

【分析方法】

分散分析。

【要件】

間隔・比率尺度データであり，2 要因とも被験者内要因となっていること。

【注意点】

各水準で正規分布が仮定され，変数間の分散・共分散が一定であること。

【SPSS の手順】

〈a〉 データエディタを開く

被験者内計画のデータは図 6.1 のようにデータビューに作成する。1 行を 1 ケースとして，1 列目に被験者番号，2 列目から 7 列目に，そのまま表 6.1 のデータを入力する。変数名はラベルで各水準の内容を表すように入力した（図 6.2）。

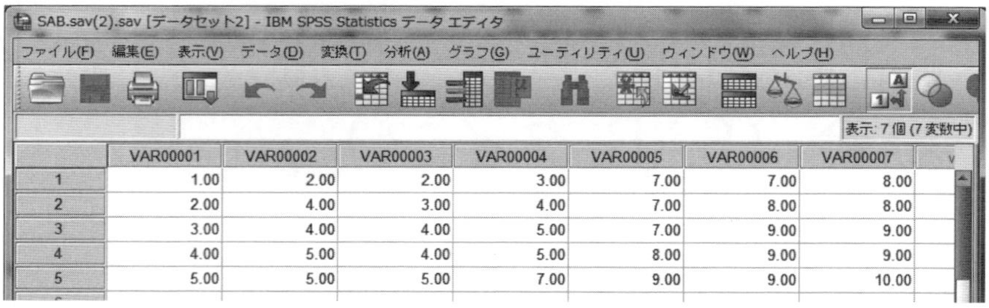

	VAR00001	VAR00002	VAR00003	VAR00004	VAR00005	VAR00006	VAR00007
1	1.00	2.00	2.00	3.00	7.00	7.00	8.00
2	2.00	4.00	3.00	4.00	7.00	8.00	8.00
3	3.00	4.00	4.00	5.00	7.00	9.00	9.00
4	4.00	5.00	4.00	5.00	8.00	9.00	9.00
5	5.00	5.00	5.00	7.00	9.00	9.00	10.00

図 6.1 SAB タイプのデータ入力画面（データビュー）

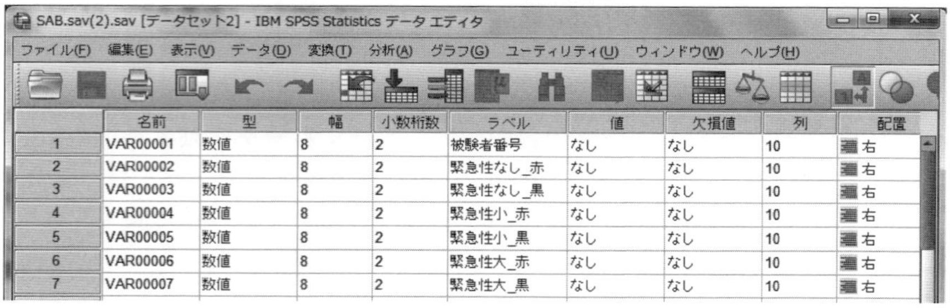

	名前	型	幅	小数桁数	ラベル	値	欠損値	列	配置
1	VAR00001	数値	8	2	被験者番号	なし	なし	10	右
2	VAR00002	数値	8	2	緊急性なし_赤	なし	なし	10	右
3	VAR00003	数値	8	2	緊急性なし_黒	なし	なし	10	右
4	VAR00004	数値	8	2	緊急性小_赤	なし	なし	10	右
5	VAR00005	数値	8	2	緊急性小_黒	なし	なし	10	右
6	VAR00006	数値	8	2	緊急性大_赤	なし	なし	10	右
7	VAR00007	数値	8	2	緊急性大_黒	なし	なし	10	右

図 6.2 SAB タイプのデータ入力画面（変数ビュー）

〈b〉 メニューを選ぶ

[分析 (A)] → **[一般線型モデル (G)]** → **[反復測定 (R)]** →**反復測定の因子の定義**ダイアログボックス

〈i〉 被験者内要因（独立変数）の定義

反復測定の因子の定義ダイアログボックス（図 6.3）で被験者内要因の名前と水準数を指定する。最初に**被験者内因子名 (W)** へ**緊急性**，**水準数 (L)** へ 3 と入力し，**追加 (A)** ボタンを押す。次に**被験者内因子名 (W)** へ**色**，**水準数 (L)** へ 2 と入力し，**追加 (A)** ボタンを押す。それができたら**定義 (F)** ボタンを押し，**反復測定**ダイアログボックス（図 6.4）を開く。

〈ii〉 被験者内変数の指定など

反復測定ダイアログボックスの**被験者内変数 (W)** の下へ **(緊急性, 色):** として**反復測定の因子の定義**ダイアログボックスで定義した被験者内因子が表示される。ボックス内には_?_(1,1)，_?_(1,2)，···，_?_(3,2) のようにカンマ（,）を挟んで数値が 2 個ずつ並んでいる。左の数値が第 1 要因とした緊急性の水準番号，右の数値が第 2 要因とした色の水準番号である。そのため，左には 1 から 3，右には 1 と 2 がある。_?_(1,1) は緊急性の水準 1（緊急性なし）と色の水準 1（赤）で

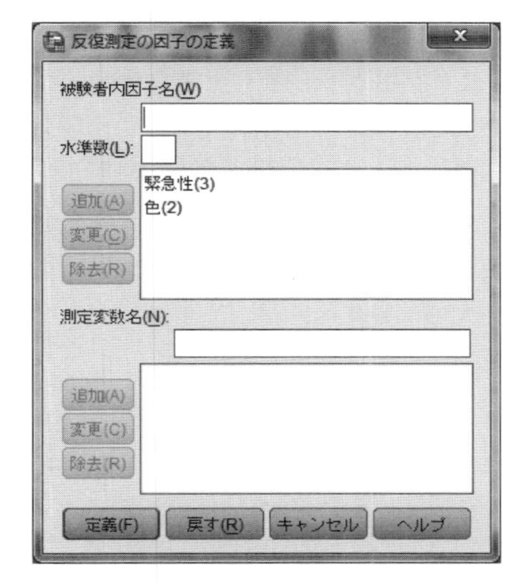

図 6.3　反復測定の因子の定義（SAB タイプ）

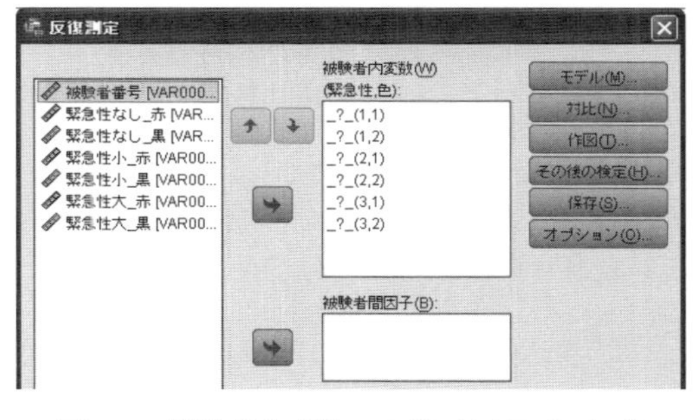

図 6.4　被験者内変数の定義（SAB タイプ）

あるから，変数の**緊急性なし_赤** [VAR0002] をその上へドラッグする。以下，同様に**緊急性大_黒** [VAR0007] までを指定の箇所へドラッグし，OK ボタンを押す。

〈iii〉 記述統計，効果量，観測検定力の出力の指定

反復測定ダイアログボックスの**オプション**（O）ボタンを押して**反復測定：オプション**ダイアログボックスを開く（図 6.5）。ここで，**記述統計**（D），**効果サイズの推定値**（E），**観測検定力**（B）をチェックする。この**反復測定：オプション**の**記述統計**（D）はセルごとの記述統計を出力するので，主効果の平均を知りたい場合は**平均値の表示**（M）に**主効果**を指定しておく。**主効果の比較**（O）を利用して主効果の多重比較を行うことができ，その分析手順と操作方法は 1 要因被験者内計画（SA タイプ）と同様である（82 ページおよび 117 ページ参照）。

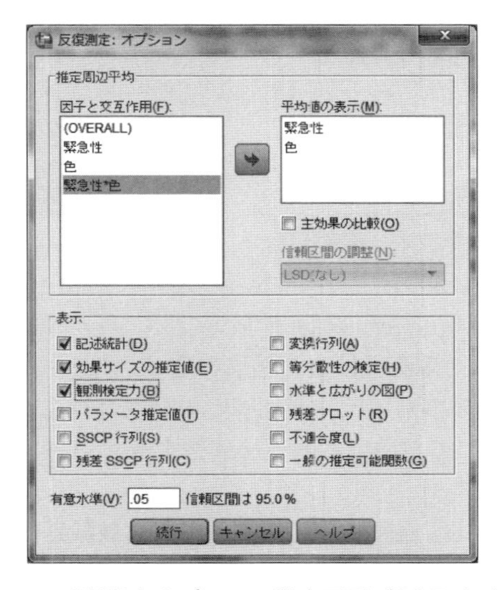

図 6.5　反復測定オプション指定画面（SAB タイプ）

〈iv〉平均値の図示の指定

反復測定ダイアログボックスで**作図（T）**ボタンをクリックして**反復測定：プロファイルのプロット**ダイアログボックスを開き，緊急性を**横軸（H）**，色を**線の定義変数（S）**へ入力し，**追加（A）**ボタンを押す。さらに，**続行**ボタンを押して**反復測定**ダイアログボックスへ戻り，**OK**ボタンを押す。

以上で主効果と交互作用を検定する分散分析の指定は終了する。事後分析として行う単純主効果検定およびその後の多重比較の方法については後述する（109ページ）。

【出力の読み方と解説】

被験者内要因を含む分散分析では標準設定（デフォルト）でも出力は多いが，以下を読み進める。統計量の解釈の仕方はSAタイプと同様である。

〈a〉記述統計を読む

2つの要因の水準を組み合わたときの平均（図6.6）が出力される。また，**反復測定：オプション**ダイアログボックスで**記述統計（D）**をチェックしたので，2つの要因の水準別平均が出力されるが（図6.7，図6.8），標準偏差は出力されない。

記述統計量

	平均値	標準偏差	N
緊急性なし_赤	4.0000	1.22474	5
緊急性なし_黒	3.6000	1.14018	5
緊急性小_赤	4.8000	1.48324	5
緊急性小_黒	7.6000	.89443	5
緊急性大_赤	8.4000	.89443	5
緊急性大_黒	8.8000	.83666	5

図6.6 2つの要因の水準を組み合わたときの平均値と標準偏差（SABタイプ）

1. 緊急性

測定変数名: MEASURE_1

緊急性	平均値	標準誤差	95% 信頼区間 下限	95% 信頼区間 上限
1	3.800	.515	2.371	5.229
2	6.200	.515	4.771	7.629
3	8.600	.367	7.580	9.620

図6.7 緊急性別の平均値，標準誤差，信頼区間

2. 色

測定変数名: MEASURE_1

色	平均値	標準誤差	95% 信頼区間 下限	95% 信頼区間 上限
1	5.733	.510	4.318	7.149
2	6.667	.408	5.533	7.800

図6.8 色別の平均値，標準誤差，信頼区間

〈b〉前提条件のチェック：Mauchlyの球面性検定

図6.9により**Mauchlyの球面性検定**の結果を見て，有意でなければ球面性の仮定が保証されたと判断する。この事例では球面性検定の結果は有意ではないが，有意なときは**イプシロン**の大きさに応じて自由度とp値を調整する（80ページ参照）。

〈c〉被験者内効果の判定

分析の主目的である平均値差の検定に関する出力は**被験者内効果の検定**（図6.10）である。Mauchlyの球面性検定で有意でなければ**球面性の仮定**の行を読み，有意な場合は自由度を調整する方法に応じて**Greenhouse-Geisser**もしくは**Huynh-Feldt**の行を読む（80ページ参照）。この事例は球面性検定が有意でないので球面性の仮定の行を読む。2

Mauchly の球面性検定 [a]

測定変数名: MEASURE_1

					イプシロン [b]		
被験者内効果	Mauchly の W	近似カイ 2 乗	自由度	有意確率	Greenhouse-Geisser	Huynh-Feldt	下限
緊急性	.938	.194	2	.908	.941	1.000	.500
色	1.000	0.000	0	.	1.000	1.000	1.000
緊急性 × 色	.372	2.967	2	.227	.614	.747	.500

正規直交した変換従属変数の誤差共分散行列が単位行列に比例するという帰無仮説を検定します。

a. 計画: 切片
被験者計画内: 緊急性 + 色 + 緊急性 * 色

b. 有意性の平均検定の自由度調整に使用できる可能性があります。修正した検定は、被験者内効果の検定テーブルに表示されます。

図 6.9 Mauchly の球面性検定（SAB タイプ）

要因被験者内計画の場合，個人差を 2 つの主効果と交互作用効果それぞれについて計算できるので，それを調整した**誤差（エラー）**がすべての効果に対して算出される。したがって，2 つの要因の主効果とその交互作用効果の検定には，それぞれで異なる誤差（エラー）を用いて F 値を算出する。たとえば，球面性の仮定が有意でない場合，緊急性の主効果（**緊急性**）と緊急性と色の交互作用効果（**緊急性 × 色**）の F 値は，それぞれ

$$F = \frac{\text{緊急性の平均平方}（MS_A）}{\text{誤差（緊急性）の平均平方}（MS_{S\times A}）} = \frac{57.600}{.267} = 216.000$$

$$F = \frac{\text{緊急性と色の交互作用の平均平方}（MS_{A\times B}）}{\text{誤差（緊急性}\times\text{色）の平均平方}（MS_{S\times A\times B}）} = \frac{6.933}{.183} = 37.818$$

である。

〈d〉 被験者間効果の判定

分散分析表に記載する個人差の検定結果は**被験者間効果の検定**（図 6.11）へ出力される。

〈e〉 分散分析表への集約

以上の結果をまとめた分散分析表を表 6.2 に示す。全体の平方和と自由度は記載しなくてもよいが，記載する場合は SPSS が全体の平方和と自由度を出力しないので，変動因の平方和（SS）と自由度（df）を合計して欄外へ入れる。この事例は 164.800 と 29 である。

〈f〉 単純主効果の検定

この事例では交互作用が有意になったので単純主効果の検定を行う（109 ページ）。すなわち緊急性の水準別に赤と黒で再生量が異なるかを検定し，色の水準別に緊急性の 3 段階に平均値差があるかを検定する。

〈g〉 主効果についての多重比較

この事例は交互作用が有意なので，主効果についての多重比較を行わなくてよいが，交互作用が有意でなく，主効果のみが有意であった場合の事後処理は SA タイプと同様の手順（81 ページ）を踏む。

〈h〉 作図による平均値の変化の概観

再生量の推定周辺平均を図 6.12（フォントのサイズを変更した）に示す。有意となった交互作用の様子を見ると，緊急性の水準 2（緊急性小）で赤（水準 1）と黒（水準 2）の間に大きな差がある。

被験者内効果の検定

測定変数名: MEASURE_1

ソース		タイプ III 平方和	自由度	平均平方	F 値	有意確率	偏イータ 2 乗	非心度パラメータ	観測検定力 [a]
緊急性	球面性の仮定	115.200	2	57.600	216.000	.000	.982	432.000	1.000
	Greenhouse-Geisser	115.200	1.882	61.200	216.000	.000	.982	406.588	1.000
	Huynh-Feldt	115.200	2.000	57.600	216.000	.000	.982	432.000	1.000
	下限	115.200	1.000	115.200	216.000	.000	.982	216.000	1.000
誤差 (緊急性)	球面性の仮定	2.133	8	.267					
	Greenhouse-Geisser	2.133	7.529	.283					
	Huynh-Feldt	2.133	8.000	.267					
	下限	2.133	4.000	.533					
色	球面性の仮定	6.533	1	6.533	23.059	.009	.852	23.059	.941
	Greenhouse-Geisser	6.533	1.000	6.533	23.059	.009	.852	23.059	.941
	Huynh-Feldt	6.533	1.000	6.533	23.059	.009	.852	23.059	.941
	下限	6.533	1.000	6.533	23.059	.009	.852	23.059	.941
誤差 (色)	球面性の仮定	1.133	4	.283					
	Greenhouse-Geisser	1.133	4.000	.283					
	Huynh-Feldt	1.133	4.000	.283					
	下限	1.133	4.000	.283					
緊急性 × 色	球面性の仮定	13.867	2	6.933	37.818	.000	.904	75.636	1.000
	Greenhouse-Geisser	13.867	1.228	11.288	37.818	.001	.904	46.457	.999
	Huynh-Feldt	13.867	1.495	9.278	37.818	.001	.904	56.519	1.000
	下限	13.867	1.000	13.867	37.818	.004	.904	37.818	.993
誤差 (緊急性 × 色)	球面性の仮定	1.467	8	.183					
	Greenhouse-Geisser	1.467	4.914	.298					
	Huynh-Feldt	1.467	5.978	.245					
	下限	1.467	4.000	.367					

a. アルファ = .05 を使用して計算された

図 6.10 被験者内効果の検定（SAB タイプ）

被験者間効果の検定

測定変数名: MEASURE_1
変換変数: 平均

ソース	タイプ III 平方和	自由度	平均平方	F 値	有意確率	偏イータ 2 乗	非心度パラメータ	観測検定力 [a]
切片	1153.200	1	1153.200	188.534	.000	.979	188.534	1.000
誤差	24.467	4	6.117					

a. アルファ = .05 を使用して計算された

図 6.11 被験者間効果の検定結果（SAB タイプ）

表 6.2 緊急性と色の効果に関する分散分析表（SAB タイプ）

変動因	SS	df	MS	F	η_p^2
個人（S）	24.467	4	6.117		
緊急性（A）	115.200	2	57.600	216.000***	.982
誤差（S×A）	2.133	8	.267		
色（B）	6.533	1	6.533	23.059**	.852
誤差（S×B）	1.133	4	.283		
交互作用（A×B）	13.867	2	6.933	37.818***	.904
誤差（S×A×B）	1.467	8	.183		

**$p < .01$, ***$p < .001$

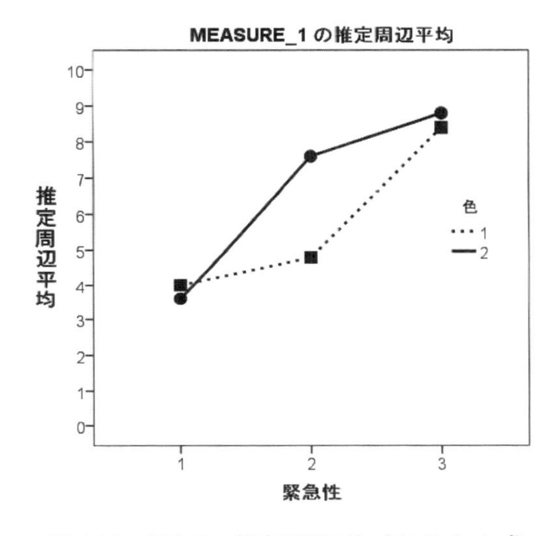

図 6.12 再生量の推定周辺平均（SAB タイプ）

6.2 単純主効果検定とその後の多重比較

6.2.1 単純主効果検定

交互作用効果が有意な場合，交互作用効果の事後分析として単純主効果検定を行う。2 要因被験者内実験計画（SAB タイプ）の単純主効果検定は，片方の要因の各水準で 1 要因被験者内実験計画の分散分析（SA タイプ）を行うことで対応できる。この事例は要因 A（緊急性 3 水準）× 要因 B（色 2 水準）であるから，要因 A（緊急性）の 3 水準（なし，小，大）別に色の効果に平均値差が見られるか，要因 B（色）の 2 水準（赤・黒）別に緊急性の効果に平均値差が見られるかを検定する。

(1) 要因 A における要因 B の単純主効果検定

以下の手順で，要因 A の水準ごとに要因 B の分散分析（SA タイプ）を行う。

【SPSS の手順】

〈a〉 データエディタを開く

SPSS のデータセットは全体の分析に用いたものをそのまま使用する。変数の並びは SAB タイプのパターンであり，図 6.13 のように第 1 列に被験者番号，第 2 列に要因 A の第 1 水準かつ要因 B の第 1 水準（A1・B1），第 3 列に要因 A の第 1 水準かつ要因 B の第 2 水準（A1・B2），…，そして第 7 列に要因 A の第 3 水準かつ要因 B の第 2 水準（A3・B2）の再生量が入力されている（図 6.1 参照）。要因 A には水準が 3 つあるので，水準 A1 における要因 B（B at A1）の単純主効果検定として，第 2 列の A1・B1（VAR00002）と第 3 列の A1・B2（VAR00003）の平均値差を 1 要因被験者内実験計画（SA タイプ）によって検定する。以下，同様に水準 A2 における要因 B（B at A2）の単純主効果と，水準 A3 における要因 B（B at A3）の単純主効果を検定する。

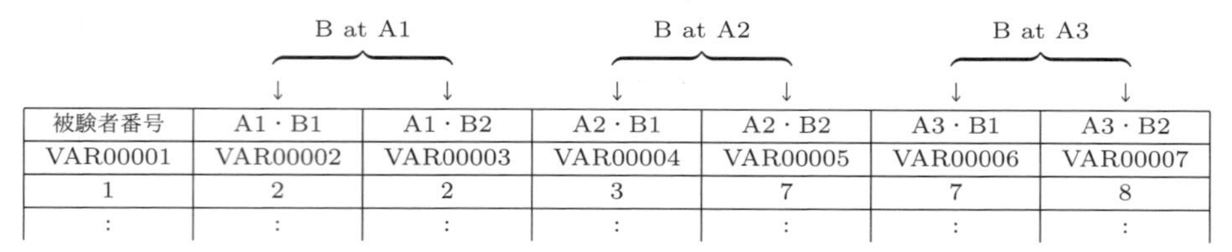

被験者番号	A1・B1	A1・B2	A2・B1	A2・B2	A3・B1	A3・B2
	B at A1		B at A2		B at A3	
VAR00001	VAR00002	VAR00003	VAR00004	VAR00005	VAR00006	VAR00007
1	2	2	3	7	7	8
:	:	:	:	:	:	:

図 6.13 要因 B の単純主効果検定に用いる変数（SAB タイプ）

〈b〉 メニューを選ぶ

［分析（A）］→［一般線型モデル（G）］→［反復測定（R）］→反復測定の因子の定義ダイアログボックス

ここでは水準 A1 における要因 B（B at A1）の単純主効果検定，つまり，VAR00002 と VAR00003 の平均値差を検定する手順を説明するが，他の単純主効果検定も以下と同様の手順を踏む。

〈i〉 被験者内要因（独立変数）の定義

反復測定の因子の定義ダイアログボックス（図 6.3 参照）で被験者内要因の名前と水準数を指定する。要因 A（**緊急性**）の水準 A1（**緊急性なし**）における要因 B（**色**）の単純主効果検定なので，**被験者内因子名（W）**を B@A1 とし（SPSS の仕様により，B at A1 とはできないので，B@A1 とした），**水準数（L）**を 2 とする。

〈ii〉 被験者内変数の指定など

反復測定ダイアログボックスの**被験者内変数（W）**の下へ（B@A1）:と表示されるので，ボックス内の_?_(1) へ VAR00002 をドラッグし，_?_(2) へ VAR00003 をドラッグする（図 6.5 参照）。

〈iii〉 記述統計，効果量，観測検定力の出力の指定

反復測定ダイアログボックスの**オプション（O）**ボタンを押して**反復測定：オプション**ダイアログボックスを開き，**記述統計（D）**，**効果サイズの推定値（E）**，**観測検定力（B）**をチェックしておく（図 6.5 参照）。

【出力の読み方と解説】

単純主効果検定の結果は**被験者内効果の検定**（図 6.14）として出力される。緊急性なし条件における色（B at A1；図 6.14 では B@A1）の単純主効果は有意ではない（$F(1,4) = 2.667$,

$p = .178$)。もし有意であったときには，要因 B は 2 水準なので多重比較の必要なく，平均値の大きさから大小を判断する。

被験者内効果の検定

測定変数名: MEASURE_1

ソース		タイプ III 平方和	自由度	平均平方	F 値	有意確率	偏イータ 2 乗	非心度パラメータ	観測検定力 a
B@A1	球面性の仮定	.400	1	.400	2.667	.178	.400	2.667	.243
	Greenhouse-Geisser	.400	1.000	.400	2.667	.178	.400	2.667	.243
	Huynh--Feldt	.400	1.000	.400	2.667	.178	.400	2.667	.243
	下限	.400	1.000	.400	2.667	.178	.400	2.667	.243
誤差 (B@A1)	球面性の仮定	.600	4	.150					
	Greenhouse--Geisser	.600	4.000	.150					
	Huynh-Feldt	.600	4.000	.150					
	下限	.600	4.000	.150					

a. アルファ = .05 を使用して計算された

図 6.14 水準 A1 における要因 B の単純主効果検定の結果（SAB タイプ）

さらに，同様の手順で水準 A2 と水準 A3 についても要因 B の単純主効果検定を行う。ここでは出力を省略するが，水準 A2（緊急性小）における色（B at A2）の単純主効果が有意であった（$F(1,4) = 56.000$，$p = .002$)。したがって，図 6.6 もしくは図 6.12 からわかるように，水準 A2（緊急性小）では赤よりも黒の方が再生量は多いと言える。また，水準 A3（緊急性大）における色（B at A3）の単純主効果は有意ではなかった（$F(1,4) = 2.667$，$p = .178$)。

(2) 要因 B における要因 A の単純主効果検定

次に，以下の手順で，要因 B の水準ごとに要因 A の分散分析（SA タイプ）を行う。

【SPSS の手順】

〈a〉 データエディタを開く

要因 B の各水準における要因 A の単純主効果検定を行う。変数の並びは図 6.15 の通りであるから，水準 B1 における要因 A (A at B1) の単純主効果検定は A1・B1 (`VAR00002`)，A2・B1（`VAR00004`)，A3・B1（`VAR00006`）の 3 列を用い，水準 B2 における要因 A (A at B2）の単純主効果検定は A1・B2（`VAR00003`)，A2・B2（`VAR00005`)，A3・B2（`VAR00007`）の 3 列を用いて 1 要因被験者内実験計画（SA タイプ）の分散分析を行う。

A at B1（A1・B1，A2・B1，A3・B1 の列）

A at B2（A1・B2，A2・B2，A3・B2 の列）

被験者番号	A1・B1	A1・B2	A2・B1	A2・B2	A3・B1	A3・B2
VAR00001	VAR00002	VAR00003	VAR00004	VAR00005	VAR00006	VAR00007
1	2	2	3	7	7	8
:	:	:	:	:	:	:

図 6.15 要因 A の単純主効果検定に用いる変数（SAB タイプ）

〈b〉メニューを選ぶ

[分析 (A)] → **[一般線型モデル (G)]** → **[反復測定 (R)]** →**反復測定の因子の定義**ダイアログボックス

SPSS の操作手順は先の要因 A における要因 B の単純主効果検定（109 ページ）と同様である。おおよその手順は以下の通りである。

〈i〉被験者内要因（独立変数）の定義

反復測定の因子の定義ダイアログボックス（図 6.3 参照）で**被験者内因子名 (W)** と**水準数 (L)** を定義する。この事例では，**被験者内因子名 (W)** を A@B1 と A@B2 とし，**水準数 (L)** をいずれも 3 とする。

〈ii〉被験者内変数の指定など

反復測定ダイアログボックスで平均を比較する変数名を指定する。

〈iii〉記述統計，効果量，観測検定力の出力の指定

反復測定：オプションダイアログボックスで必要な項目にチェックを入れる。

〈iv〉多重比較

要因 A には水準が 3 つあるので，単純主効果検定が有意となった場合は多重比較を行う。多重比較の手順は 1 要因被験者内分散分析（SA タイプ）と同様であり，出力の読み方を説明した後，説明する（113 ページ）。

【出力の読み方と解説】

要因 A は 3 水準あるので，最初に **Mauchly の球面性検定**（ここでは出力を省略）の結果を確認する。いずれの単純主効果検定でも有意ではないので，図 6.16 と図 6.17 に示す**被験者内効果の検定**では，**球面性の仮定**の行を読む。

B1 水準（赤）における要因 A（緊急性）の単純主効果検定（A at B1；図 6.16 では A@B1）は $F(2,8) = 91.556$，$p < .001$ となり有意であり，同様に B2 水準（黒）における要因 A（緊急性）の単純主効果検定（A at B2；図 6.17 では A@B2）も $F(2,8) = 247.111$，$p < .001$ となり有意である。したがって，B1 水準（赤）および B2 水準（黒）における要因 A（緊急性）の多重比較が必要となる。

被験者内効果の検定

測定変数名: MEASURE_1

ソース		タイプ III 平方和	自由度	平均平方	F 値	有意確率	偏イータ 2 乗	非心度パラメータ	観測検定力 a
A@B1	球面性の仮定	54.933	2	27.467	91.556	.000	.958	183.111	1.000
	Greenhouse-Geisser	54.933	1.588	34.588	91.556	.000	.958	145.412	1.000
	Huynh-Feldt	54.933	2.000	27.467	91.556	.000	.958	183.111	1.000
	下限	54.933	1.000	54.933	91.556	.001	.958	91.556	1.000
誤差 (A@B1)	球面性の仮定	2.400	8	.300					
	Greenhouse-Geisser	2.400	6.353	.378					
	Huynh-Feldt	2.400	8.000	.300					
	下限	2.400	4.000	.600					

a. アルファ = .05 を使用して計算された

図 6.16 B1 水準（赤）における要因 A（緊急性）の単純主効果検定（SAB タイプ）

以上，2 要因被験者内計画（SAB タイプ）の単純主効果検定では，各要因の水準別に 1 要因被験者内計画の分散分析（SA タイプ）を繰り返すことによって対応した。結果をまとめて表 6.3 に示す。単純主効果検定の F 値は各水準の誤差の平均平方（MS_e）を用いて算出されているが，誤差の平均平方は Tukey の HSD 法による多重比較でも利用される。

被験者内効果の検定

測定変数名: MEASURE_1

ソース		タイプ III 平方和	自由度	平均平方	F 値	有意確率	偏イータ 2 乗	非心度パラメータ	観測検定力 [a]
A@B2	球面性の仮定	74.133	2	37.067	247.111	.000	.984	494.222	1.000
	Greenhouse-Geisser	74.133	1.385	53.541	247.111	.000	.984	342.154	1.000
	Huynh-Feldt	74.133	1.882	39.383	247.111	.000	.984	465.150	1.000
	下限	74.133	1.000	74.133	247.111	.000	.984	247.111	1.000
誤差 (A@B2)	球面性の仮定	1.200	8	.150					
	Greenhouse-Geisser	1.200	5.538	.217					
	Huynh-Feldt	1.200	7.529	.159					
	下限	1.200	4.000	.300					

a. アルファ ＝ .05 を使用して計算された

図 6.17　B2 水準（黒）における要因 A（緊急性）の単純主効果検定（SAB タイプ）

表 6.3　緊急性と色の単純主効果検定の結果（SAB タイプ）

単純主効果と誤差	SS	df	MS	F	η_p^2
A at B1	54.933	2	27.467	91.556***	.958
誤差 (A at B1)	2.400	8	.300		
A at B2	74.133	2	37.067	247.111***	.984
誤差 (A at B2)	1.200	8	.150		
B at A1	.400	1	.400	2.667	.400
誤差 (B at A1)	.600	4	.150		
B at A2	19.600	1	19.600	56.000**	.933
誤差 (B at A2)	1.400	4	.350		
B at A3	.400	1	.400	2.667	.400
誤差 (B at A3)	.600	4	.150		

$^{**}p < .01$，$^{***}p < .001$

6.2.2　多重比較

水準が 3 つ以上あるとき，単純主効果検定が有意になれば多重比較を行う。SPSS では被験者内要因についての多重比較は**その後の検定 (H)** をクリックして行うことができないので，以下で説明する手順のいずれかを用いる。

- **オプション (O)** のメニューを利用する。ただし，選択できるのは Bonferroni 法のように危険率を調整する方法のみである。
- ユーザ自身が統計量を計算して Tukey の HSD 法や他の方法を利用する。ここでは Tukey の HSD 法を利用する。

（1）オプションのメニューの利用

【事例】

前掲のSABタイプのデータを用いて緊急性（要因A）の多重比較を行う。

【分析方法】

Bonferroni法による多重比較。

【SPSSの手順】

〈a〉データビューを開く

SABタイプのデータ全体を使い，先の単純主効果検定と同様に変数を指定して1要因被験者内計画（SAタイプ）の分散分析を行う（76ページ）。おおよその手順は以下の通りである。

〈b〉メニューを選ぶ

［分析（A）］→［一般線型モデル（G）］→［反復測定（R）］→**反復測定の因子の定義**ダイアログボックス

〈i〉被験者内要因（独立変数）の定義

反復測定の因子の定義ダイアログボックス（図6.3参照）で**被験者内因子名（W）**と**水準数（L）**を定義する。この事例では，赤（B1）における緊急性（A）の多重比較を行う**被験者内因子名（W）**を A@B1 とし，**水準数（L）**を3とする。同時に2つの多重比較を指定できないので，この検定がすべて終了してから，黒（B2）における緊急性（A）の多重比較を行う**被験者内因子名（W）**を A@B2（**水準数（L）**を3）として検定を行う。

〈ii〉被験者内変数の指定など

反復測定ダイアログボックスで平均を比較する変数名を指定する。

〈iii〉多重比較

反復測定ダイアログボックスの**オプション（O）**を選び，**反復測定：オプション**ダイアログボックスを開く。**因子と交互作用（F）**から A@B1 を選び，**平均値の表示（M）**へドラッグする。そして，**主効果の比較（O）**へチェックを入れ，LSD(なし)（LSD法），Bonferroni（Bonferroni法），Sidak（Sidak法）から1つを選ぶ。ここでは，Bonferroni を選択する。

〈iv〉記述統計，効果量，観測検定力の出力の指定

反復測定：オプションダイアログボックスで必要な項目にチェックを入れてから，**続行**ボタンを押して**反復測定**ダイアログボックスへ戻り，OK ボタンを押す。

【出力の読み方と解説】

ペアごとの比較として，単純主効果検定の誤差の平均平方（MS_e）を用いた多重比較の結果が図6.19のように出力される。有意確率は調整されているので，B1水準（赤）ではA1（緊急性なし）とA3（緊急性大）の平均値差，およびA2（緊急性小）とA3（緊急性大）の平均値差が有意である。すなわち，色が赤の場合には再生量の平均に 緊急性なし = 緊急性小 < 緊急性大 という関係がある。

被験者内因子名（W）を A@B2 として，水準B2（黒）における要因A（緊急性）の多重比較

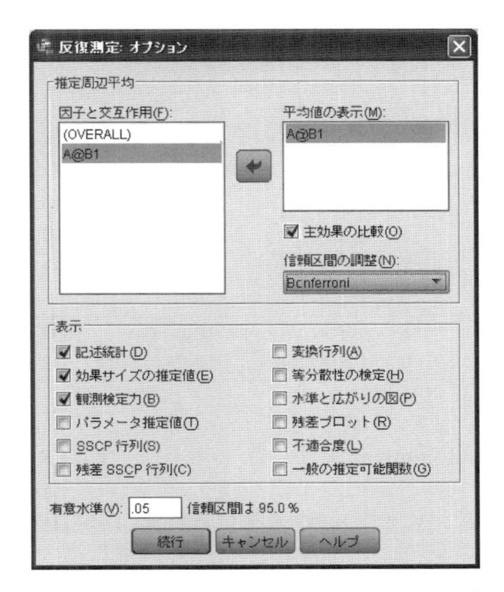

図 6.18　単純主効果検定後に多重比較を指定する画面（SAB タイプ）

ペアごとの比較

測定変数名: MEASURE_1

(I) A@B1	(J) A@B1	平均値の差 (I-J)	標準誤差	有意確率 b	95% 平均値差信頼区間 b 下限	95% 平均値差信頼区間 b 上限
1	2	-.800	.374	.298	-2.282	.682
	3	-4.400*	.245	.000	-5.370	-3.430
2	1	.800	.374	.298	-.682	2.282
	3	-3.600*	.400	.003	-5.184	-2.016
3	1	4.400*	.245	.000	3.430	5.370
	2	3.600*	.400	.003	2.016	5.184

推定周辺平均に基づいた

*. 平均値の差は .05 水準で有意です。

b. 多重比較の調整: Bonferroni。

図 6.19　Bonferroni 法を用いた B1 水準（赤）における要因 A（緊急性）の多重比較（SAB タイプ）

を行った結果を図 6.20 に示す。すべてのペアで有意差があり，色が黒の場合には再生量の平均に 緊急性なし < 緊急性小 < 緊急性大 という関係がある。

(2) Tukey の HSD 法 — ユーザ自身が計算を行う

Tukey の HSD 法（69 ページ）を用い，色別（B1 と B2）に要因 A（緊急性）の多重比較を行う。

2 要因被験者内計画（SAB タイプ）では，2 つの主効果と交互作用効果の検定に用いる F 値を定義する誤差の平均平方（MS_e）がすべて異なるので，単純主効果検定とその後の多重比較においても誤差の平均平方の値が異なる。このため，式 (4.5) に基づいて HSD を求める際，SPSS の出力から正確に誤差の平均平方を読み取る必要がある。ここでは，2 要因被験者内実験計画（SAB タイプ）のデータに対して 1 要因被験者内実験計画（SA タイプ）の分散分析を

ペアごとの比較

測定変数名: MEASURE_1

(I) A@B2	(J) A@B2	平均値の差 (I-J)	標準誤差	有意確率 b	95% 平均値差信頼区間 b 下限	上限
1	2	-4.000*	.316	.001	-5.253	-2.747
	3	-5.200*	.200	.000	-5.992	-4.408
2	1	4.000*	.316	.001	2.747	5.253
	3	-1.200*	.200	.012	-1.992	-.408
3	1	5.200*	.200	.000	4.408	5.992
	2	1.200*	.200	.012	.408	1.992

推定周辺平均に基づいた

*. 平均値の差は .05 水準で有意です。

b. 多重比較の調整: Bonferroni。

図 6.20 Bonferroni 法を用いた B2 水準（黒）における要因 A（緊急性）の多重比較（SAB タイプ）

行い，**被験者内効果の検定**として出力された誤差の平均平方（図 6.16 の**誤差（A@B1)**）を用いる。球面性の仮定が成り立つと言えたので，誤差の平均平方（MS_{AatB1}）として 0.300 を用いる。

有意水準が $\alpha = .05$，比較する平均の数が $m = 3$，誤差の自由度が $df = 8$ であるから，スチューデント化された範囲（付表 A.9）は $q_{.05,3,8} = 4.04$ である。また，データ数が $N = 5$ であるから，HSD は

$$HSD = q_{\alpha,m,df}\sqrt{\frac{MS_{AatB1}}{N}} = 4.04\sqrt{\frac{0.300}{5}} = 0.990$$

となる。この 0.990 よりも水準間の平均値差が大きければ有意差があると判断する。各水準の平均は**周辺推定平均**と**記述統計**で出力されるので，以下の結果を得る。

- B1 水準（赤）の場合
  - ・| 緊急性なし − 緊急性小 | = $|4.00 - 4.80| = 0.80 < HSD(0.990) \cdots$ 有意でない
  - ・| 緊急性なし − 緊急性大 | = $|4.00 - 8.40| = 4.40 > HSD(0.990) \cdots$ 有意
  - ・| 緊急性小 − 緊急性大 | = $|4.80 - 8.40| = 3.60 > HSD(0.990) \cdots$ 有意

  したがって，3 水準の平均には，緊急性なし = 緊急性小 < 緊急性大 という関係がある。

次に B2 水準（黒）における要因 A（緊急性）の多重比較を行う。誤差の平均平方（MS_{AatB2}）として，**被験者内効果の検定**として出力された誤差の平均平方（図 6.17）を用いる。球面性の仮定が成り立つと言えたので，誤差の平均平方（MS_{AatB2}）として 0.150 を用いる。

スチューデント化された範囲（付表 A.9）は $q_{.05,3,8} = 4.04$，また，データ数が $N = 5$ であるから，HSD は次式の通りである。

$$HSD = q_{\alpha,m,df}\sqrt{\frac{MS_{AatB1}}{N}} = 4.04\sqrt{\frac{0.150}{5}} = 0.700$$

この 0.700 よりも水準間の平均値差が大きければ有意差があると判断する。各水準の平均は**周辺推定平均**と**記述統計**で出力されるので，以下の結果を得る。

- B2 水準（黒）の場合

・｜緊急性なし − 緊急性小｜$= |3.60 - 7.60| = 4.00 > HSD(0.700) \cdots$ 有意
・｜緊急性なし − 緊急性大｜$= |3.60 - 8.80| = 5.20 > HSD(0.700) \cdots$ 有意
・｜緊急性小 − 緊急性大｜ $= |7.60 - 8.80| = 1.20 > HSD(0.700) \cdots$ 有意
したがって，3 水準の平均には，緊急性なし < 緊急性小 < 緊急性大 という関係がある。

6.3 主効果検定後の多重比較

この事例は交互作用が有意であるから，主効果検定後の多重比較を行う必要はないが，SPSS の手順を説明するために，この事例を利用する。

(1) オプションのメニューの利用

【SPSS の手順】
分散分析までの手順は，先に説明した通りである（104 ページ参照）。

〈a〉データエディタを開く
分析するデータファイルを開く。
〈b〉メニューを選ぶ
[分析 (A)] → **[一般線型モデル (G)]** → **[反復測定 (R)]** → **反復測定の因子の定義**ダイアログボックス
〈i〉被験者内要因（独立変数）定義
反復測定の因子の定義ダイアログボックス（図 6.3）で**被験者内因子名 (W)** を**緊急性**，**水準数 (L)** を 3 として**追加 (A)** ボタンを押す。さらに，**被験者内因子名 (W)** を**色**，**水準数 (L)** を 2 として**追加 (A)** ボタンを押す。そして，**定義 (F)** ボタンを押して**反復測定**ダイアログボックス（図 6.4）を開く。
〈ii〉被験者内変数の指定など
反復測定ダイアログボックスの**被験者内変数 (W)** の下へ **(緊急性，色):** として**反復測定の因子の定義**ダイアログボックスで定義した被験者内因子が表示される。ボックス内の`_?_(1,1)`，`_?_(1,2)`，⋯，`_?_(3,2)` へ**緊急性なし_赤** `[VAR00002]` から**緊急性大_黒** `[VAR00007]` までをドラッグし，`OK` ボタンを押す。
〈iii〉多重比較を行う要因と方法の指定
反復測定ダイアログボックスの**オプション (O)** ボタンを押して**反復測定：オプション**ダイアログボックスを開き（図 6.21），**因子と交互作用 (F)** に表示される**緊急性**と**色**を**平均値の表示 (M)** へドラッグする。そして，**主効果の比較 (O)** にチェックを入れ，**信頼区間の調整 (N)** で多重比較の方法を指定する。ここでは，`Bonferroni` を指定した。
〈iv〉記述統計，効果量，観測検定力の出力の指定
反復測定：オプションダイアログボックスの**表示**枠で**記述統計 (D)**，**効果サイズの推定値 (E)**，**観測検定力 (B)** をチェックする。**続行**ボタンを押して**反復測定**ダイアログボックスへ戻り，`OK` ボタンを押す。

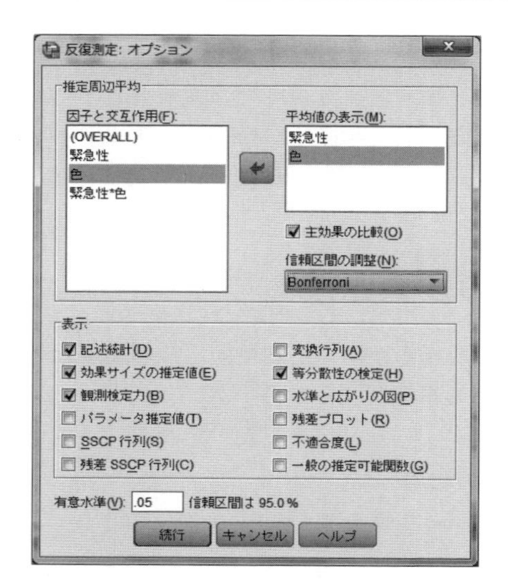

図 6.21 主効果検定後の多重比較の指定（SAB タイプ）

【出力の読み方と解説】

主効果の比較 (O) を利用して被験者内要因の多重比較を行った結果は，**ペアごとの比較**として出力される。緊急性の多重比較の結果は図 6.22 の通りであり，**有意確率**はすべて.05 よりも小さく，3 水準の平均再生量には，緊急性なし < 緊急性小 < 緊急性大 という関係がある。

ペアごとの比較

測定変数名: MEASURE_1

(I) 緊急性	(J) 緊急性	平均値の差 (I-J)	標準誤差	有意確率 b	95% 平均値差信頼区間 b 下限	上限
1	2	-2.400*	.245	.002	-3.370	-1.430
	3	-4.900*	.187	.000	-5.641	-4.159
2	1	2.400*	.245	.002	1.430	3.370
	3	-2.500*	.158	.000	-3.126	-1.874
3	1	4.900*	.187	.000	4.159	5.641
	2	2.500*	.158	.000	1.874	3.126

推定周辺平均に基づいた

*. 平均値の差は .05 水準で有意です。

b. 多重比較の調整: Bonferroni。

図 6.22 ペアごとの比較として出力された緊急性の多重比較（SAB タイプ）

また，色の多重比較の結果は図 6.23 の通りであり，黒（水準 2）は赤（水準 1）よりも平均再生量が有意に大きい。手順を示すために色の多重比較を行ったが，色は 2 水準であるから主効果検定だけでよく，多重比較の必要がなかったことに注意したい（図 5.3 参照）。この点は次の Tukey の HSD 法の例示についても同様である。

(2) Tukey の HSD 法 — ユーザ自身が計算を行う

Tukey の HSD 法は水準間の平均値差が式 (4.5) で定義される HSD よりも大きいとき，水準間に有意差があると判断する。有意水準 α を .05 とした場合，HSD の値は以下の通りであ

ペアごとの比較

測定変数名: MEASURE_1

(I) 色	(J) 色	平均値の差 (I-J)	標準誤差	有意確率 b	95% 平均値差信頼区間 b 下限	95% 平均値差信頼区間 b 上限
1	2	-.867*	.200	.012	-1.422	-.311
2	1	.867*	.200	.012	.311	1.422

推定周辺平均に基づいた

*. 平均値の差は .05 水準で有意です。

b. 多重比較の調整: Bonferroni。

図 6.23 ペアごとの比較として出力された色の多重比較（SAB タイプ）

る。誤差の自由度と平均平方は**被験者内効果の検定**（図 6.10 参照）へ出力された値を使う。

- 緊急性

  水準数 m が 3 で誤差の自由度 df が 8 であるから $q_{.05,3,8} = 4.04$（付表 A.9 参照），また，誤差の平均平方は 0.267，データ数 N は被験者数が 5 で色の水準数が 2 であるから，被験者数 $\times 2 = 10$，したがって，

$$HSD = q_{\alpha,m,df}\sqrt{\frac{MS_e}{N}} = 4.04\sqrt{\frac{0.267}{10}} = 0.660$$

  である。3 水準の平均値差はすべて HSD よりも大きく，平均再生量には，緊急性なし $<$ 緊急性小 $<$ 緊急性大 という関係があると言える。

- 色

  水準数 m が 2 で誤差の自由度 df が 4 であるから $q_{.05,2,4} = 3.93$（付表 A.9 参照），また，誤差の平均平方は 0.283，データ数 N は被験者数が 5 で緊急性の水準数が 3 であるから，被験者数 $\times 3 = 15$ ，したがって，

$$HSD = q_{\alpha,m,df}\sqrt{\frac{MS_e}{N}} = 3.93\sqrt{\frac{0.283}{15}} = 0.540$$

  である。2 水準の平均値差は 0.933 であるから HSD よりも大きく，黒の平均再生量が赤よりも大きいと言える。

6.4 論文の記載例

メッセージ内容の緊急性と色がメッセージの記憶に与える影響について，2 要因被験者内実験計画に基づいて検討した。実験では緊急性の水準として，緊急性なし，緊急性小，緊急性大の 3 水準を設定し，色の水準として赤と黒の 2 水準を設定した。被験者は 5 名であった。メッセージの再生量の平均と標準偏差を表 6.4 に示す。

メッセージの再生量を従属変数とし，緊急性と色を独立変数とする 2 要因被験者内計画の分散分析を行ったところ，緊急性の主効果（$F(2,8)$ =216.000，$p < .001$，η_p^2=.982)，色の主効果（$F(1,4)$=23.059，$p < .01$，η_p^2=.852)，緊急性と色の交互作用効果（$F(2,8)$=37.818，$p < .001$，η_p^2= .904）が有意であった。

表 6.4 メッセージの再生量の平均と標準偏差（$N = 5$）

緊急性	なし		小		大	
色	赤	黒	赤	黒	赤	黒
平均	4.00	3.60	4.80	7.60	8.40	8.80
標準偏差	1.22	1.14	1.48	0.89	0.89	0.84

Note. 再生量は 0〜10 点，数値が大きいほど再生量は多い。

交互作用効果が有意であったので単純主効果検定を行ったところ，色の 2 水準において緊急性の単純主効果が有意であった（赤：$F(2,8)$=91.556, $p < .001$, η_p^2= .958；黒：$F(2,8)$=247.111, $p < .001$，η_p^2 =.984）。そのため，メッセージの色別に Tukey の HSD 法を用いて緊急性の多重比較を行ったところ，赤では緊急性なしと緊急性大，緊急性小と緊急性大の間に有意差があり（いずれも MS_e =0.300，5% 水準），緊急性大は緊急性なしと緊急性小よりも再生量が多かった。また，黒ではすべての水準間に有意差が見られ（いずれも MS_e =0.150，5% 水準），緊急性が高いほど再生量の多いことが確認できた。色の単純主効果は緊急性小において有意であり（$F(1,4)$=56.000，$p < .01$，η_p^2=.933），黒は赤よりも再生量が多かった。

論文に記載するときに必要な事項は以下の 4 点である。

〈a〉 単純集計の結果
条件別に平均や標準偏差を報告する。

〈b〉 分散分析の結果
分散分析の結果は文章にしても表にしてもよいが（表 6.2 参照），SPSS では結果が 2 カ所に分かれて出力されるので，必要な部分を抜き出してまとめる。

〈c〉 単純主効果検定結果
単純主効果検定についても水準数が多くなると文章では煩雑なので作表する方が見やすい（表 6.3 参照）。

〈d〉 多重比較の結果
主効果が有意になった場合でも，単純主効果が有意になった場合でも要因の水準数が 3 以上の場合は多重比較が必要となるが，水準数が多くなると多重比較のまとめ方が難しい。記載についての決められた書式はないので，3 水準以上の場合は文章に代わる工夫が必要であろう（たとえば，表 5.8 参照）。

第 7 章

混合計画 — 対応がある平均値とない平均値の場合（ASB タイプ）

本章では，一方が被験者間要因，他方が被験者内要因である 2 要因の分散分析について学ぶ。

7.1 主効果と交互作用の検定

【事例】

学習意欲の強さと教科に対する好みが学習成績へ与える影響を調べるために，15 名の被験者を学習意欲の強さに応じて高群，中群，低群の 3 群に分け（各群 5 名），各被験者に嫌いな教科と好きな教科を 1 教科ずつ挙げてもらった。表 7.1 に示す学習成績を用い，学習意欲の強さおよび教科に対する好みと学習成績との関係を調べる。

表 7.1 学習成績（$N = 15$；ASB タイプ）

学習意欲（A）	低群（A1; $N_1 = 5$）		中群（A2; $N_2 = 5$）		高群（A3; $N_3 = 5$）	
教科の好み（B）	嫌い（B1）	好き（B2）	嫌い（B1）	好き（B2）	嫌い（B1）	好き（B2）
被験者（S）	2	2	3	7	7	8
$S1 \sim S15$	4	3	4	7	8	8
	4	4	5	7	9	9
	5	4	5	8	9	9
	5	5	7	9	9	10

Note. 成績は 1 ～ 10 の 10 段階相対評定である。

【分析方法】

分散分析。

【要件】

間隔・比率尺度データであり，2 要因のうち 1 つの要因が被験者間要因で，他方が被験者内要因となっていること。

【注意点】

各水準で正規分布が仮定され，変数間の分散・共分散が一定であること。

【SPSS の手順】

〈a〉データエディタを開く

混合計画のデータは図 7.1 のようにデータビューに作成する。1 列目は被験者間要因として配置された水準名（低群，中群，高群），2 列目は被験者内要因の第 1 水準のデータ（嫌いな教科の学習成績），3 列目は被験者内要因の第 2 水準のデータ（好きな教科の学習成績）が入力されている。1 行を 1 ケースとするので，このように被験者内要因の各水準のデータを同一行に入力する。被験者間要因については，変数（VAR00001）の**ラベル**を**学習意欲**とし，各水準を数値で入力してから**値ラベル**を低群，中群，高群と定義した。また，VAR00002 の**ラベル**を**嫌いな教科**，VAR00003 の**ラベル**を**好きな教科**とした（図 7.2）。

*ASB.sav [データセット1] - IBM SPSS Statistics データ エディタ

ファイル(F) 編集(E) 表示(V) データ(D) 変換(T) 分析(A)

	VAR00001	VAR00002	VAR00003
1	低群	2.00	2.00
2	低群	4.00	3.00
3	低群	4.00	4.00
4	低群	5.00	4.00
5	低群	5.00	5.00
6	中群	3.00	7.00
7	中群	4.00	7.00
8	中群	5.00	7.00
9	中群	5.00	8.00
10	中群	7.00	9.00
11	高群	7.00	8.00
12	高群	8.00	8.00
13	高群	9.00	9.00
14	高群	9.00	9.00
15	高群	9.00	10.00

図 7.1 混合計画のデータ入力画面（ASB タイプ）

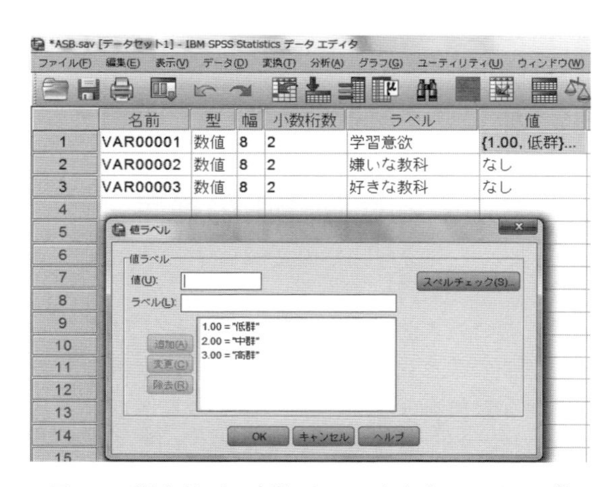

図 7.2 混合計画の変数ビュー画面（ASB タイプ）

〈b〉メニューを選ぶ

[分析（A）] → [一般線型モデル（G）] → [反復測定（R）] →**反復測定の因子の定義**ダイアログボックス

〈i〉被験者内要因（独立変数）の定義

反復測定の因子の定義ダイアログボックス（図 7.3）で**被験者内因子名（W）**を標準設定（デフォルト）の factor1 から**教科**へ変更してから**水準数（L）**へ 2 を入れ，**追加（A）**ボタンを押す。そして，**定義（F）**ボタンを押して**反復測定**ダイアログボックスを開く。

〈ii〉被験者内変数と被験者間因子の定義

反復測定ダイアログボックス（図 7.4）に**被験者内変数（W）**として（教科):と表示されるので，ボックス内の_?_(1) へ第 1 水準とする**嫌いな教科**の学習成績 VAR00002 をドラッグし，_?_(2) へ第 2 水準とする**好きな教科**の学習成績 VAR00003 をドラッグする。そして，被験者間要因の**学習意欲** [VAR00001] を**被験者間因子（B）**のボックスへ指定する。

〈iii〉記述統計，効果サイズの推定値，観測検定力，等分散性の検定の指定

反復測定ダイアログボックスの**オプション（O）**をクリックして**反復測定：オプション**ダイアログボックス（図 7.5）を開き，**記述統計（D）**，**効果サイズの推定値**

(E)，**観測検定力**（B)，**等分散性の検定**（H) をチェックしておく。**記述統計**（D) をチェックすれば，被験者内要因および 2 つの要因を組み合わせた条件の平均値と標準偏差が出力される。また，**平均値の表示**（M) に VAR00001 を指定すると被験者間要因（学習意欲）の水準別単純集計，**教科**を指定すると教科別の単純集計，さらに，VAR00001***教科**を指定すると被験者間要因（学習意欲）と被験者内要因（教科）を組み合わせた条件の単純集計が出力される。ただし，周辺推定平均と標準誤差は出力されるが，標準偏差は出力されない。単純主効果検定およびその後の多重比較の方法については後述する（127 ページ，129 ページ）。

図 7.3 反復測定の因子の定義画面（ASB タイプ）

図 7.4 被験者内変数と被験者間因子の定義画面（ASB タイプ）

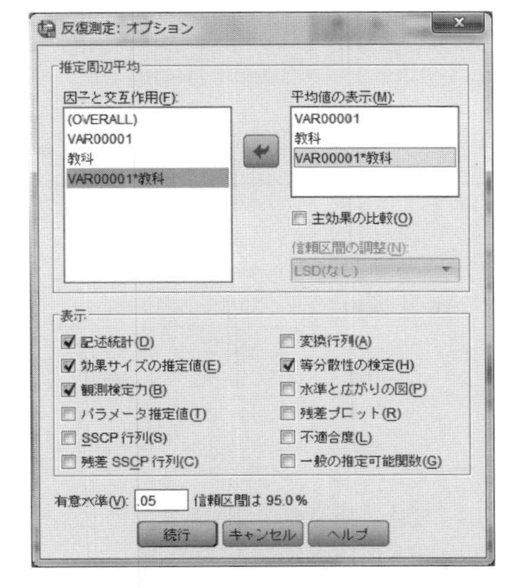

図 7.5 反復測定オプションの定義画面（ASB タイプ）

図 7.6 反復測定プロファイルのプロットの定義画面（ASB タイプ）

〈iv〉 平均値の図示の指定

反復測定ダイアログボックスの**作図**（T) ボタンを押して**反復測定：プロファイルのプロット**ダイアログボックスを開き（図 7.6)，VAR00001（学習意欲）を**横軸**

(H) に入れ，教科を線の定義変数 (S) に入れて追加 (A) ボタンを押す。すると，作図 (T) ボックスに VAR00001*教科と入るので，続行ボタンを押して反復測定ダイアログボックスへ戻り，OK ボタンを押す。

【出力の読み方と解説】

混合計画は被験者間要因と被験者内要因を組み合わせているので，要因ごとに結果が出力される。主に以下の結果を読み，検定結果に応じて事後分析へ進む。

〈a〉記述統計

平均値の表示 (M) に VAR00001，教科，VAR00001*教科を指定したので（図 7.5），被験者間要因（学習意欲）と被験者内要因（教科）の水準別単純集計，さらに，被験者間要因（学習意欲）と被験者内要因（教科）を組み合わせた条件の単純集計が出力される（図 7.7 から図 7.9）。また，反復測定：オプションダイアログボックスで記述統計 (D) をチェックしたので 2 つの要因を組み合わせた記述統計が出力される（図 7.10）。

1. 学習意欲

測定変数名: MEASURE_1

学習意欲	平均値	標準誤差	95% 信頼区間	
			下限	上限
低群	3.800	.471	2.774	4.826
中群	6.200	.471	5.174	7.226
高群	8.600	.471	7.574	9.626

図 7.7 被験者間要因（学習意欲）の水準別単純集計（ASB タイプ）

2. 教科

測定変数名: MEASURE_1

教科	平均値	標準誤差	95% 信頼区間	
			下限	上限
1	5.733	.316	5.044	6.422
2	6.667	.249	6.123	7.210

図 7.8 被験者内要因（教科）の水準別単純集計（ASB タイプ）

3. 学習意欲 * 教科

測定変数名: MEASURE_1

学習意欲	教科	平均値	標準誤差	95% 信頼区間	
				下限	上限
低群	1	4.000	.548	2.807	5.193
	2	3.600	.432	2.659	4.541
中群	1	4.800	.548	3.607	5.993
	2	7.600	.432	6.659	8.541
高群	1	8.400	.548	7.207	9.593
	2	8.800	.432	7.859	9.741

図 7.9 被験者間要因（学習意欲）と被験者内要因（教科）を組み合わせた条件の単純集計（ASB タイプ）

記述統計

	学習意欲	平均値	標準偏差	N
嫌いな教科	低群	4.0000	1.22474	5
	中群	4.8000	1.48324	5
	高群	8.4000	.89443	5
	総和	5.7333	2.28244	15
好きな教科	低群	3.6000	1.14018	5
	中群	7.6000	.89443	5
	高群	8.8000	.83666	5
	総和	6.6667	2.46885	15

図 7.10 被験者間要因（学習意欲）の水準別平均値と標準偏差（ASB タイプ）

〈b〉分散分析の前提条件のチェック

混合計画では次の 3 点を確認する。

〈i〉Mauchly の球面性検定

Mauchly の球面性検定の出力（省略）により被験者内要因について球面性の仮説が成立するかを確認する。有意でなければ被験者内効果の検定で球面性の仮定の行（F 値の自由度をそのまま適用する）を読み，有意な場合は選択したイプシロンに応じて F 値の自由度を調整した行を読む。ただし，この事例の被験者内要因は 2 水準なので，必ず球面性の仮定が成立する。

〈ii〉 Levene の誤差分散の等質性検定

Levene の誤差分散の等質性検定の結果を参照して分散の等質性を判断する。混合計画では，被験者内要因の水準ごとに被験者間要因の 3 水準（学習意欲：低・中・高）の等質性を検定する（図 7.11）。この事例では 2 つの水準ともに有意ではないので（嫌いな教科：$F(2, 12) = .245$，$p = .787$；好きな教科：$F(2, 12) = .333$，$p = .723$），等分散が仮定できると判定される。

〈iii〉 Box の共分散行列の等質性の検定

Box の共分散行列の等質性の検定（図 7.12）は，被験者間要因の水準間で従属変数の分散共分散行列の等質性を検定する。Box の検定が有意でなければ等質性が成り立つと判断し，**多変量検定**の結果を利用することもできる。この事例の Box の検定は有意ではない（$F(6, 3588.923) = .321$，$p = .926$）。

Levene の誤差分散の等質性検定 a

	F	df1	df2	有意確率
嫌いな教科	.245	2	12	.787
好きな教科	.333	2	12	.723

従属変数の誤差分散がグループ間で等しいという帰無仮説を検定します。
a. 計画: 切片 + VAR00001
被験者計画内: 教科

図 7.11 Levene の誤差分散の等質性検定（ASB タイプ）

Box の共分散行列の等質性の検定 a

Box の M	2.541
F	.321
df1	6
df2	3588.923
有意確率	.926

従属変数の観測共分散行列がグループ間で等しいという帰無仮説を検定します。
a. 計画: 切片 + VAR00001
被験者計画内: 教科

図 7.12 Box の共分散行列の等質性検定（ASB タイプ）

〈iv〉 被験者内効果と交互作用効果の出力

混合計画の場合，分析の主目的である平均値の差の検定は，**被験者内効果の検定**（図 7.13）として出力される。被験者内要因の効果と交互作用効果の F 値は，それぞれ

$$\text{被験者内要因（教科）}: F = \frac{\text{教科の平均平方（}MS_B\text{）}}{\text{誤差（教科）の平均平方（}MS_{S\times B}\text{）}} = \frac{6.533}{.217} = 30.154$$

$$\text{交互作用（成績} \times \text{教科）}: F = \frac{\text{成績} \times \text{教科の平均平方（}MS_{A\times B}\text{）}}{\text{誤差（教科）の平均平方（}MS_{S\times B}\text{）}} = \frac{6.933}{.217} = 32.000$$

として，同じ誤差の平均平方（MS_e）に対して定義される。この事例では球面性の仮定が成立しているので，2 つの効果とも**球面性の仮定**の行を読む。主効果，交互作用効果ともに有意であり（教科：$F(1, 12) = 30.154$，$p < .001$；交互作用：$F(2, 12) = 32.000$，$p < .001$），効果量は大きい（教科：$\eta_p^2 = .715$；交互作用：

$\eta_p^2 = .842$)。

被験者内効果の検定

測定変数名: MEASURE_1

ソース		タイプ III 平方和	自由度	平均平方	F 値	有意確率	偏イータ 2 乗	非心度パラメータ	観測検定力 a
教科	球面性の仮定	6.533	1	6.533	30.154	.000	.715	30.154	.999
	Greenhouse-Geisser	6.533	1.000	6.533	30.154	.000	.715	30.154	.999
	Huynh-Feldt	6.533	1.000	6.533	30.154	.000	.715	30.154	.999
	下限	6.533	1.000	6.533	30.154	.000	.715	30.154	.999
教科 * VAR00001	球面性の仮定	13.867	2	6.933	32.000	.000	.842	64.000	1.000
	Greenhouse-Geisser	13.867	2.000	6.933	32.000	.000	.842	64.000	1.000
	Huynh-Feldt	13.867	2.000	6.933	32.000	.000	.842	64.000	1.000
	下限	13.867	2.000	6.933	32.000	.000	.842	64.000	1.000
誤差 (教科)	球面性の仮定	2.600	12	.217					
	Greenhouse-Geisser	2.600	12.000	.217					
	Huynh-Feldt	2.600	12.000	.217					
	下限	2.600	12.000	.217					

a. アルファ = .05 を使用して計算された

図 7.13 教科の主効果と学習意欲と教科の交互作用の検定（ASB タイプ）

〈v〉 被験者間効果の検定

被験者間要因の検定は**被験者間効果の検定**として出力され（図 7.14），学習意欲（VAR00001）の主効果は有意であり（$F(2, 12) = 25.985$，$p < .001$），効果量は大きい（$\eta_p^2 = .812$）。

被験者間効果の検定

測定変数名: MEASURE_1

変換変数: 平均

ソース	タイプ III 平方和	df	平均平方	F	有意確率	偏イータ 2 乗	非心度パラメータ	観測検定力 a
切片	1153.200	1	1153.200	520.241	.000	.977	520.241	1.000
VAR00001	115.200	2	57.600	25.985	.000	.812	51.970	1.000
エラー	26.600	12	2.217					

a. アルファ = .05 を使用して計算された

図 7.14 被験者間効果の検定結果（ASB タイプ）

〈vi〉 分散分析表への集約

以上の検定結果をまとめた分散分析表を表 7.2 に示す。交互作用が有意になったので単純主効果の検定として，意欲の程度の水準別に教科の好みで成績が異なるかを検定し，教科の好みの水準別に意欲の程度で成績が異なるかを検定する。混合計画では水準のデータ数が不均一であると平方和の合計が全体の平方和と一致しないので，合計あるいは全体の平方和などは省略してよい。ちなみに SPSS では全体の平方和は出力されない。

〈vii〉 作図による平均値の概観

交互作用の様子は図 7.15 から知ることができる。学習意欲の中群（第 2 水準）では学習成績に平均値差が見られる。もし交互作用が有意でなく，主効果が有意なときは SA タイプの場合と同様の事後分析を行う（図 5.3，81 ページ）。

表 7.2　学習意欲と教科の分散分析表（ASB タイプ）

変動因	SS	df	MS	F	η_p^2
学習意欲	115.200	2	57.600	25.985***	.812
誤差（被験者）	26.600	12	2.217		
教科	6.533	1	6.533	30.154***	.715
学習意欲 × 教科	13.867	2	6.933	32.000***	.842
誤差（被験者 × 学習意欲）	2.600	12	.217		

***$p < .001$

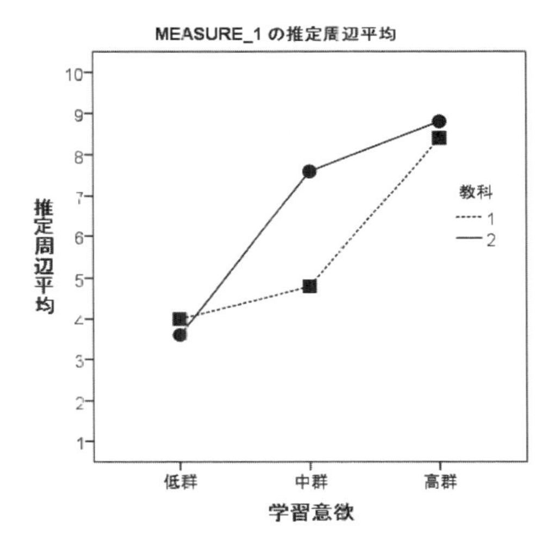

図 7.15　学習成績の推定周辺平均

7.2　被験者間要因の単純主効果とその後の多重比較

7.2.1　単純主効果検定

主効果の有意性にかかわらず，交互作用効果が有意ならば単純主効果検定を行うが（図 5.3），混合計画では被験者間要因と被験者内要因で SPSS の操作手順が異なり，被験者間要因については 2 要因被験者間計画（ABS タイプ）と同様にシンタックスを利用する。具体的には，この事例では被験者内要因（教科）の水準別（嫌いな教科と好きな教科）に被験者間要因（学習意欲）の水準間（低群，中群，高群）で平均値の差を検定する。

混合計画では，被験者間要因の単純主効果検定に用いる誤差の採用に関し，2 つの方法が提案されている。1 つは水準別の誤差（水準別誤差項 : separeted error term あるいは individual error term）を用いる方法，もう 1 つはプールした誤差（プールされた誤差項 : pooled error term）を用いる方法である。本書では前者を利用する方法を説明するが，後者を用いた検定手順については森・吉田（1990）に詳しい。

【SPSS の手順】

〈a〉データエディタを開く
図 7.1 に示した ASB タイプのデータセットをそのまま利用する。1 列目が被験者間要因の水準名（低群，中群，高群），2 列目と 3 列目がそれぞれ被験者内要因の第 1 水準（嫌いな教科）と第 2 水準（好きな教科）の学習成績である。

〈b〉メニューを選ぶ
［分析 (A)］→［一般線型モデル (G)］→［反復測定 (R)］→反復測定の因子の定義ダイアログボックス

〈i〉被験者内要因（独立変数）の定義
反復測定の因子の定義ダイアログボックス（図 7.3）で被験者内因子名 (W) を教科，水準数 (L) を 2 とし，追加 (A) ボタンを押す。そして，定義 (F) ボタンを押して反復測定ダイアログボックスを開く。

〈ii〉被験者内変数と被験者間因子の定義
反復測定ダイアログボックス（図 7.4）へ表示される被験者内変数 (W) ボックスの _?_(1) へ嫌いな教科の学習成績 VAR00002，また，_?_(2) へ好きな教科の学習成績 VAR00003 をドラッグする。続いて，被験者間要因の学習意欲 [VAR00001] を被験者間因子 (B) のボックスへ指定する。

〈iii〉記述統計，効果サイズの推定値，観測検定力，等分散性の検定の指定
反復測定ダイアログボックスのオプション (O)（図 7.5）で記述統計 (D)，効果サイズの推定値 (E)，観測検定力 (B)，等分散性の検定 (H) をチェックする。続行ボタンを押して反復測定ダイアログボックスへ戻る。

〈iv〉単純主効果検定を行うシンタックスの作成（94 ページ参照）
反復測定ダイアログボックスで貼り付け (P) ボタンを押し，シンタックスエディタを開く。そして，/METHOD=SSTYPE(3) の下へ，被験者間要因の単純主効果検定を行う次の 1 行を挿入する。貼り付け (P) ボタンで生成されたシンタックスと区別するために小文字を使用したが，大文字でもよい。

```
/emmeans=tables(VAR00001*教科) compare(VAR00001) adj(bonferroni)
```

この 1 行は/EMMEANS=サブコマンドの TABLES() キーワードで 2 つの要因（VAR00001 と教科）を指定し，COMPARE() キーワードで単純主効果検定を行う要因（VAR00001：学習意欲）を指定する。被験者内要因名の教科は全角文字を使用しているが，キーワードを含め，とじ括弧やブランクはすべて半角とする。さらに，ADJ() キーワードで多重比較を行う方法として Bonferroni 法（BONFERRONI）を指定した。本来，分析手順としては単純主効果が有意であることを確認してから多重比較を行うが，ここでは，解説のために先に書いた。なお，単純主効果検定を行う要因が 2 水準である場合は多重比較の必要はなく，平均値の大きさをそのまま比較する。

【出力の読み方と解説】

被験者内要因（教科）の各水準（嫌いな教科と好きな教科）における学習意欲の単純主効果検定の結果は，1 変量検定（図 7.17）として出力されるので，一般的な分散分析と同じ解釈を

図 7.16　被験者間要因の単純主効果検定を行うシンタックス（ASB タイプ）

行う。したがって，嫌いな教科（教科の水準 1）（$F(2, 12) = 18.311$，$p < .001$）と好きな教科（教科の水準 2）（$F(2, 12) = 39.714$，$p < .001$）ともに学習意欲の単純主効果が有意である。なお，F 値を算出するときの**エラー（誤差）**の値が水準によって異なることに注意されたい（好きな教科は 1.500，嫌いな教科は .933）。

=1 変量検定

測定変数名: MEASURE_1

教科		平方和	df	平均平方	F	有意確率	偏イータ 2 乗	非心度パラメータ	観測検定力 a
1	対比	54.933	2	27.467	18.311	.000	.753	36.622	.998
	エラー	18.000	12	1.500					
2	対比	74.133	2	37.067	39.714	.000	.869	79.429	1.000
	エラー	11.200	12	.933					

F 値は 学習意欲 の多変量効果を検定します。このような検定は推定周辺平均間で線型に独立したペアごとの比較に基づいています。

a. アルファ ＝ .05 を使用して計算された

図 7.17　教科における学習意欲の単純主効果検定（ASB タイプ）

7.2.2　多重比較

教科の 2 つの水準（嫌い，好き）において学習意欲の単純主効果が有意となり，学習意欲の水準数が 3 であるから多重比較を行う。ここでは，コマンド・シンタックスを使う方法と出力を用いた手計算による Tukey の HSD 法を説明する。

(1) コマンド・シンタックスを使う

【SPSS の手順】

〈a〉 データエディタを開く

データセットは全体の分析に用いたものをそのまま使用する（図 7.1 参照）。

〈b〉 メニューを選ぶ

コマンド・シンタックスを作成する手順は，ASB タイプで被験者間要因の単純主効果検定を行う方法と同様である（128 ページ）。多重比較はコマンド・シンタックスへ追加した以下の 1 行（図 7.16 参照）で実行する。ADJ() キーワードで指定できる多重比較法は有意水準を調整する LSD 法（LSD），Bonferroni 法（BONFERRONI），Sidak 法（SIDAK）である。ADJ() キーワードを省略した場合，標準設定（デフォルト）として LSD 法が実行される。

```
/emmeans=tables(VAR00001*教科) compare(VAR00001) adj(bonferroni)
```

【出力の読み方と解説】

多重比較の結果は**ペアごとの比較**として出力される（図 7.18）。水準の平均値の関係は以下の通りである。

- 教科の第 1 水準（嫌いな教科）: 低群 = 中群 < 高群
- 教科の第 2 水準（好きな教科）: 低群 < 中群 = 高群

ペアごとの比較

測定変数名: MEASURE_1

教科	(I) 学習意欲	(J) 学習意欲	平均値の差 (I-J)	標準誤差	有意確率 b	95% 平均値差信頼区間 b 下限	上限
1	低群	中群	-.800	.775	.966	-2.953	1.353
		高群	-4.400*	.775	.000	-6.553	-2.247
	中群	低群	.800	.775	.966	-1.353	2.953
		高群	-3.600*	.775	.002	-5.753	-1.447
	高群	低群	4.400*	.775	.000	2.247	6.553
		中群	3.600*	.775	.002	1.447	5.753
2	低群	中群	-4.000*	.611	.000	-5.698	-2.302
		高群	-5.200*	.611	.000	-6.898	-3.502
	中群	低群	4.000*	.611	.000	2.302	5.698
		高群	-1.200	.611	.219	-2.898	.498
	高群	低群	5.200*	.611	.000	3.502	6.898
		中群	1.200	.611	.219	-.498	2.898

推定周辺平均に基づいた
*. 平均値の差は 0.05 水準で有意です。
b. 多重比較の調整: Bonferroni。

図 7.18 教科別に行った学習意欲の多重比較（Bonferroni 法）（ASB タイプ）

(2) Tukey の HSD 法–ユーザ自身が計算を行う

Tukey の HSD 法（69 ページ）を用い，教科の水準ごとに学習意欲の多重比較を行う。検定に必要な HSD は

$$HSD = q_{\alpha,m,df}\sqrt{\frac{MS_e}{N}}$$

と定義される。ここで，誤差の平均平方（MS_e）には，被験者間要因（学習意欲）の単純主効果検定で F 値を求めるために使用したものを利用する。つまり，嫌いな教科については図 7.17 の**教科 1** へ出力された**誤差の平均平方**（1.500），好きな教科については**教科 2** へ出力された**誤差の平均平方**（.933）を使用する。また，有意水準 α が .05，比較する水準数 m が 3,

誤差の平均平方（MS_e）の自由度 df が 12 であるから，スチューデント化された範囲 $q_{.05,3,12}$ は 3.77 である（付表 A.9 参照）。N は被験者間要因（学習意欲）の各水準のデータ数（いずれも 5）であるから，HSD は

- 嫌いな教科（水準 1）において学習意欲の多重比較に用いる HSD：

$$HSD = 3.77\sqrt{\frac{1.500}{5}} = 2.065$$

- 好きな教科（水準 2）において学習意欲の多重比較に用いる HSD：

$$HSD = 3.77\sqrt{\frac{0.933}{5}} = 1.629$$

である。この HSD よりも水準間の平均値差が大きければ有意差があると判断する。この事例では以下の通りである。

- 嫌いな教科の学習成績（A at B1）
  - ・| 意欲低群 − 意欲中群 | = $|4.00 - 4.80| = 0.80 < HSD(2.065) \cdots$ 有意でない
  - ・| 意欲低群 − 意欲高群 | = $|4.00 - 8.40| = 4.40 > HSD(2.065) \cdots$ 有意
  - ・| 意欲中群 − 意欲高群 | = $|4.80 - 8.40| = 3.60 > HSD(2.065) \cdots$ 有意

  したがって，嫌いな教科においては，意欲低群と意欲高群，意欲中群と意欲高群の間で学習成績に平均値差が見られた。
- 好きな教科の学習成績（A at B2）
  - ・| 意欲低群 − 意欲中群 | = $|3.60 - 7.60| = 4.00 > HSD(1.629) \cdots$ 有意
  - ・| 意欲低群 − 意欲高群 | = $|3.60 - 8.80| = 5.20 > HSD(1.629) \cdots$ 有意
  - ・| 意欲中群 − 意欲高群 | = $|7.60 - 8.80| = 1.20 < HSD(1.629) \cdots$ 有意でない

  したがって，好きな教科においては，意欲低群と意欲中群，意欲低群と意欲高群の間で学習成績に平均値差が見られた。

7.3　被験者内要因の単純主効果検定とその後の多重比較

7.3.1　単純主効果検定

下記のいずれかの手順に従い，被験者間要因の各水準に対して SA タイプの分散分析を実行する。ここでは，操作が容易な前者の方法を利用する。

- ［データ（D）］メニューの**ファイルの分割（F）**を利用して被験者間要因の水準ごとにファイルを分割し（24 ページ参照），一度に SA タイプの分散分析を実行する。
- ［データ（D）］メニューの**ケースの選択（S）**を利用して水準ごとに被験者を選択し（26 ページ参照），SA タイプの分散分析を繰り返す。

【SPSS の手順】

〈a〉データビューを開く
〈b〉ファイルを分割する
　［データ（D）］→［ファイルの分割（F）］→**ファイルの分割**ダイアログボックス

グループごとの分析 (O) にチェックを入れ，**グループ化変数 (G)** に**学習意欲 [VAR00001]** をドラッグする。ケースを並び替えしてないときは**グループ変数によるファイルの並び替え (S)** にもチェックを入れ，OK ボタンをクリックする（図 7.19）。これで，これ以降はグループごとに（学習意欲低，学習意欲中，学習意欲高）同一の分析が実行される。水準ごとに分析を終え，全てのケースを用いた分析へ戻るには，**ファイルの分割**ダイアログボックスを開き，**全てのケースを分析 (A)** にチェックを入れて OK ボタンを押す。

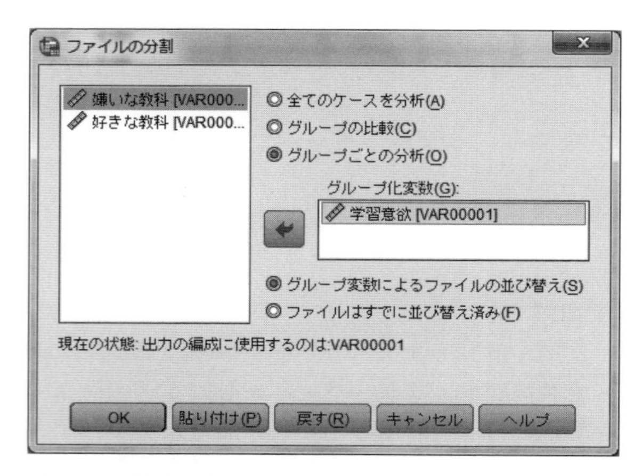

図 7.19 学習意欲によるファイルの分割（ASB タイプ）

〈c〉 分散分析を行う

[分析 (A)] → **[一般線型モデル (G)]** → **[反復測定 (R)]** →**反復測定の因子の定義**ダイアログボックス

〈i〉 被験者内要因（独立変数）の定義

被験者内要因である反復測定の因子を定義する。**反復測定の因子の定義**ダイアログボックス（図 7.20）で**被験者内因子名 (W)** を標準設定（デフォルト）の factor1 から**教科**へ変更してから**水準数 (L)** へ 2 を入れ，**追加 (A)** ボタンを押す。そして，**定義 (F)** ボタンを押して**反復測定**ダイアログボックスを開く。

〈ii〉 被験者内変数の定義

反復測定ダイアログボックス（図 7.21）に**被験者内変数 (W)** として **(教科):** と表示されるので，ボックス内の _?_(1) へ第 1 水準とする嫌いな教科の学習成績 VAR00002 をドラッグし，_?_(2) へ第 2 水準とする好きな教科の学習成績 VAR00003 をドラッグする。

〈iii〉 記述統計，効果サイズの推定値，観測検定力，等分散性の検定の指定

反復測定ダイアログボックスの**オプション (O)** をクリックして**反復測定：オプション**ダイアログボックスを開き，**記述統計 (D)**，**効果サイズの推定値 (E)**，**観測検定力 (B)** をチェックしておく。また，**平均値の表示 (M)** に**教科**を指定する。**続行**ボタンを押して**反復測定**ダイアログボックスへ戻り，OK ボタンを押す。

■**誤差の平均平方に関する 2 つの考え方**

ASB タイプの分散分析で被験者内要因の単純主効果検定を行う場合，F 値の定義について 2 つの考え方がある。1 つは被験者間要因の水準ごとに算出される誤差をプールした平均平方

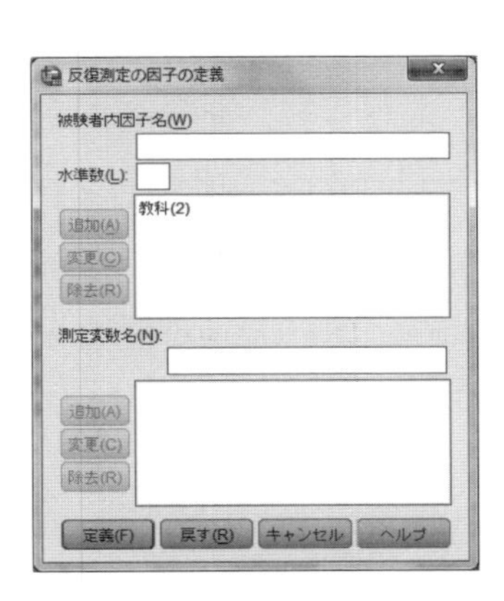

図 7.20 被験者内要因の単純主効果検定における反復測定因子の定義（ASB タイプ）

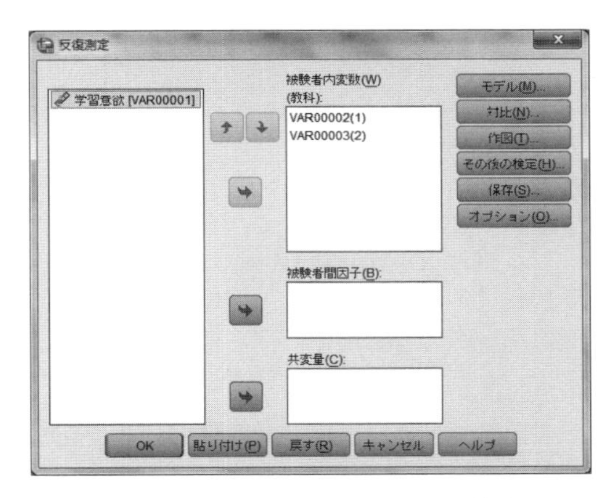

図 7.21 被験者内要因の単純主効果検定における被験者内変数の定義（ASB タイプ）

（プールされた誤差項）を用いて F 値を定義するというもの，もう 1 つは被験者間要因の水準ごとに算出される誤差の平均平方（水準別誤差項）をそのまま用いて F 値を定義するというものである。後者の F 値は SPSS から出力されるが，前者の F 値は出力されないので，前者を用いる場合は SPSS の出力からプールされた誤差項を読み取り，F 値を計算して有意性を判定する。プールされた誤差項を利用する場合，球面性の仮定が成り立たないときは有意確率が過小推定もしくは過大推定されることがある点に留意しておきたい（Howell, 2012）。

【出力の読み方と解説】

■プールされた誤差項を用いた F 値，有意確率，効果量

〈a〉被験者内要因の平均平方と自由度

被験者間要因（学習意欲）の 3 水準（低群，中群，高群）でファイルを分割したので，**被験者内効果の検定**として水準ごとに分散分析の結果が出力される（図 7.22，図 7.23，図 7.24）。この事例は被験者内要因（教科）の水準が 2 つなので球面性の仮定が成り立ち，平方和の自由度を修正する必要はなく，教科の平均平方と自由度は**球面性の仮定**に出力された値の通りである。

- 学習意欲　低群：$MS_{BatA1} = \ \ 0.400$，$df_{BatA1} = 1$
- 学習意欲　中群：$MS_{BatA2} = 19.600$，$df_{BatA2} = 1$
- 学習意欲　高群：$MS_{BatA3} = \ \ 0.400$，$df_{BatA3} = 1$

被験者内要因の水準が 3 つ以上のときは，**球面性の仮定**もしくは使用したイプシロンの値に応じた行から平均平方と自由度を読み取る（80 ページ参照）。

〈b〉被験者内要因の誤差の平均平方と自由度

被験者内要因のプールされた誤差の平均平方とは，図 7.22，図 7.23，図 7.24 に出力された 3 つの誤差項を合わせたもの（平均）で，すでに**被験者内効果の検定**（図 7.13）の誤差の平均平方として出力されている。この事例では下記の通りである。

- プールされた誤差項：$MS_{S \times B} = 0.217$，$df_{S \times B} = 12$

〈c〉F 値と自由度

被験者内要因の単純主効果を検定する F 値は次式によって定義される。このとき，F 値

学習意欲 = 低群

被験者内効果の検定 [a]

測定変数名: MEASURE_1

ソース		タイプ III 平方和	自由度	平均平方	F 値	有意確率	偏イータ 2 乗	非心度パラメータ	観測検定力 [b]
教科	球面性の仮定	.400	1	.400	2.667	.178	.400	2.667	.243
	Greenhouse-Geisser	.400	1.000	.400	2.667	.178	.400	2.667	.243
	Huynh-Feldt	.400	1.000	.400	2.667	.178	.400	2.667	.243
	下限	.400	1.000	.400	2.667	.178	.400	2.667	.243
誤差（教科）	球面性の仮定	.600	4	.150					
	Greenhouse-Geisser	.600	4.000	.150					
	Huynh-Feldt	.600	4.000	.150					
	下限	.600	4.000	.150					

a. 学習意欲 = 低群
b. アルファ = .05 を使用して計算された

図 7.22 学習意欲低群における被験者内効果の検定（ASB タイプ）

学習意欲 = 中群

被験者内効果の検定 [a]

測定変数名: MEASURE_1

ソース		タイプ III 平方和	自由度	平均平方	F 値	有意確率	偏イータ 2 乗	非心度パラメータ	観測検定力 [b]
教科	球面性の仮定	19.600	1	19.600	56.000	.002	.933	56.000	1.000
	Greenhouse-Geisser	19.600	1.000	19.600	56.000	.002	.933	56.000	1.000
	Huynh-Feldt	19.600	1.000	19.600	56.000	.002	.933	56.000	1.000
	下限	19.600	1.000	19.600	56.000	.002	.933	56.000	1.000
誤差（教科）	球面性の仮定	1.400	4	.350					
	Greenhouse-Geisser	1.400	4.000	.350					
	Huynh-Feldt	1.400	4.000	.350					
	下限	1.400	4.000	.350					

a. 学習意欲 = 中群
b. アルファ = .05 を使用して計算された

図 7.23 学習意欲中群における被験者内効果の検定（ASB タイプ）

学習意欲 = 高群

被験者内効果の検定 [a]

測定変数名: MEASURE_1

ソース		タイプ III 平方和	自由度	平均平方	F 値	有意確率	偏イータ 2 乗	非心度パラメータ	観測検定力 [b]
教科	球面性の仮定	.400	1	.400	2.667	.178	.400	2.667	.243
	Greenhouse-Geisser	.400	1.000	.400	2.667	.178	.400	2.667	.243
	Huynh-Feldt	.400	1.000	.400	2.667	.178	.400	2.667	.243
	下限	.400	1.000	.400	2.667	.178	.400	2.667	.243
誤差（教科）	球面性の仮定	.600	4	.150					
	Greenhouse-Geisser	.600	4.000	.150					
	Huynh-Feldt	.600	4.000	.150					
	下限	.600	4.000	.150					

a. 学習意欲 = 高群
b. アルファ = .05 を使用して計算された

図 7.24 学習意欲高群における被験者内効果の検定（ASB タイプ）

の分子の自由度（df_1）は df_{BatA} （この事例では 1），分母の自由度（df_2）は $df_{S \times B}$（この事例では 12）である。

$$F = \frac{\text{被験者内要因の平均平方}（MS_{BatA_i}）}{\text{プールされた誤差の平均平方}（MS_{S \times B}）}$$

各水準の F 値は以下の通りである。

- 学習意欲　低群（B at A1）

$$F = \frac{MS_{BatA1}}{MS_{S \times B}} = \frac{0.400}{0.217} = 1.843$$

- 学習意欲　中群（B at A2）：

$$F = \frac{MS_{BatA2}}{MS_{S \times B}} = \frac{19.600}{0.217} = 90.323$$

- 学習意欲　高群（B at A2）：

$$F = \frac{MS_{BatA1}}{MS_{S \times B}} = \frac{0.400}{0.217} = 1.843$$

〈d〉有意確率（p 値）

F 値の分子の自由度（df_1）が 1，分母の自由度（df_2）が 12 であるから，有意水準（α）を .05 とした場合は棄却値が 4.75（付表 A.6 参照），また，有意水準（α）を .01 とした場合は棄却値が 9.33（付表 A.4 参照）である。したがって，被験者間要因（学習意欲）の各水準における被験者内要因（教科）の単純主効果検定の結果は

- 学習意欲　低群（B at A1）：$F(1,12) = \ \ 1.843$，$p > .05$（有意でない）
- 学習意欲　中群（B at A2）：$F(1,12) = 90.323$，$p < .01$（有意である）
- 学習意欲　高群（B at A3）：$F(1,12) = \ \ 1.843$，$p > .05$（有意でない）

となる（正確な有意確率の求め方は 143 ページ参照）。これより，学習意欲の中群において，嫌いな教科と好きな教科で学習成績に差があると判断される。この事例の被験者内要因は 2 水準であるから多重比較を行う必要がなく，そのまま平均値を比較することができ，好きな教科の方が有意に成績が高いと解釈する。

〈e〉プールした誤差項を用いた効果量（偏イータ 2 乗：η_p^2）

SPSS では被験者内要因の効果量が出力されないので，次式を用いて偏イータ 2 乗（65 ページ）を計算する。

$$\eta_p^2 = \frac{\text{要因の効果の平方和}}{\text{要因の効果の平方和} + \text{誤差の平方和}}$$

ここで，要因の効果の平方和は**被験者内効果の検定**（図 7.22，図 7.23，図 7.24）に出力された教科の平方和（それぞれ 0.400，19.600，0.400），誤差の平方和は**被験者内効果の検定**（図 7.13）の**誤差（教科）**の平方和（2.600）である。したがって，教科の好みの効果量は

- 学習意欲　低群（B at A1）：

$$\eta_p^2 = \frac{0.400}{0.400 + 2.600} = 0.133$$

- 学習意欲　中群（B at A2）:

$$\eta_p^2 = \frac{19.600}{19.600 + 2.600} = 0.883$$

- 学習意欲　高群（B at A3）:

$$\eta_p^2 = \frac{0.400}{0.400 + 2.600} = 0.133$$

となる。

〈f〉観測検定力

SPSS では，被験者内要因の単純主効果検定に伴う観測検定力は出力されない。

■水準別誤差項を用いた F 値，有意確率，効果量

水準別誤差項を用いた被験者内要因の単純主効果検定は**被験者内効果の検定**（図 7.22，図 7.23，図 7.24）に出力されているので，F 値（**F 値**）とその**有意確率**を読み取り，有意性を判断する。この事例は次の通りである。

- 学習意欲　低群（B at A1）: $F(1,4) = \ \ 2.667$，$p > .05$（有意でない）
- 学習意欲　中群（B at A2）: $F(1,4) = 56.000$，$p < .01$（有意である）
- 学習意欲　高群（B at A3）: $F(1,4) = \ \ 2.667$，$p > .05$（有意でない）

同様に，偏イータ 2 乗（η_p^2）の計算には，誤差の平方和として**被験者内効果の検定**（図 7.22，図 7.23，図 7.24）に出力されている**誤差（教科）**の**平方和**を用いるので，以下の通りである。

- 学習意欲　低群（B at A1）:

$$\eta_p^2 = \frac{0.400}{0.400 + 0.600} = 0.400$$

- 学習意欲　中群（B at A2）:

$$\eta_p^2 = \frac{19.600}{19.600 + 1.400} = 0.933$$

- 学習意欲　高群（B at A3）:

$$\eta_p^2 = \frac{0.400}{0.400 + 0.600} = 0.400$$

7.3.2　多重比較

この事例では被験者内要因の水準が 2 つであるから多重比較の必要はないが，3 水準以上の場合は必要となるので，その手順を示す。単純主効果の検定と同じように多重比較でもプールされた誤差の平均平方（$MS_{S\times B}$）を利用する。したがって，SPSS の場合は LSD 法を用いて有意確率を計算して Bonferroni 法によって有意水準を調整するか，Tukey の HSD 法を用いる。ここでは，これまで用いてきた Tukey の HSD 法（69 ページ）の手順を説明する。

Tukey の HSD 法で必要な HSD は

$$HSD = q_{\alpha,m,df}\sqrt{\frac{MS_e}{N}}$$

と定義される。ここで，誤差の平均平方（MS_e）はプールされた誤差の平均平方 $MS_{S \times B}$ の 0.217，有意水準 α は .05，比較する水準数 m は 2，誤差の平均平方（MS_e）の自由度 df は 12 である。したがって，スチューデント化された範囲 $q_{.05,3,12}$ は 3.08 である（付表 A.9 参照）。また，N は被験者内要因（教科）の各水準のデータ数（いずれも 5）であるから，HSD は

$$HSD = 3.08\sqrt{\frac{0.217}{5}} = 0.642$$

となる。この HSD よりも水準間の平均値差が大きければ有意差があると判断する。この事例では，被験者間要因の第 2 水準（A2）における被験者内要因の単純主効果（B at A2）が有意であったので，嫌いな教科（B1）と好きな教科（B2）との間で多重比較を行う。

- 学習意欲　中群の学習成績（B at A2）:
  - ・ | 嫌いな教科 − 好きな教科 | $= |4.80 - 7.60| = 2.80 > HSD(0.642) \cdots$ 有意

したがって，学習意欲の中群では，好きな教科の方が嫌いな教科より学習成績の平均が有意に大きいと判断される。

7.4　被験者間要因の主効果検定後の多重比較

この事例は交互作用が有意となったので，主効果検定後の多重比較は不要であるが（図 5.3），多重比較の手順を説明するために，この事例を利用して多重比較を行う。検定には全てのケースを用いるので，以下の分散分析を行う前に**ファイルの分割**ダイアログボックスを開き，**全てのケースを分析（A）**にチェックを入れて OK ボタンを押しておく（132 ページ）。

【SPSS の手順】

データの読み込みから**被験者内変数（W）**と**被験者間因子（B）**の指定までは前述の分散分析と同じ手順（122 ページ）を踏む。また，**記述統計（D）**，**効果サイズの推定値（E）**，**観測検定力（B）**，**等分散性の検定（H）**の指定も同様である。

〈a〉データエディタを開く
分析するデータを開く。

〈b〉メニューを選ぶ
［分析（A）］ → **［一般線型モデル（G）］** → **［反復測定（R）］** →**反復測定の因子の定義**ダイアログボックス

〈i〉被験者内要因（独立変数）の定義
反復測定の因子の定義ダイアログボックス（図 7.3）で**被験者内因子名（W）**として**教科（水準数（L）は 2）**を定義し，**反復測定**ダイアログボックスを開く。

〈ii〉被験者内変数と被験者間因子の定義
反復測定ダイアログボックス（図 7.4）に**被験者内変数（W）**として**（教科）**:と表示されるので，ボックス内の_?_(1) へ嫌いな教科の学習成績 VAR00002，_?_(2) へ好きな教科の学習成績 VAR00003 をドラッグする。さらに，被験者間要因の**学習意欲［VAR00001］**を**被験者間因子（E）**のボックスへ指定する。

〈iii〉多重比較の指定

- 反復測定の**オプション（O）**を利用する方法
  反復測定ダイアログボックスの**オプション（O）**をクリックし，**反復測定：オ**

プションダイアログボックスを開く（図 7.25）。そして，**平均値の表示（M）**へ VAR00001（学習意欲）をドラッグして**主効果の比較（O）**にチェックを入れ，**信頼区間の調整（N）**の下で多重比較の方法を選択する。ここでは，Bonferroni を選択した。**続行**ボタンを押して**反復測定**ダイアログボックスへ戻り，OK ボタンを押す。この手順で実行した多重比較の結果は**ペアごとの比較**として出力される。

- **反復測定：観測平均値のその後の多重比較**を利用する方法
  反復測定ダイアログボックスで**その後の検定（H）**をクリックして**反復測定：観測平均値のその後の多重比較**ダイアログボックスを開き（図 7.26），**その後の検定（P）**に VAR00001（学習意欲）をドラッグする。そして，**等分散が仮定されている**もしくは**等分散が仮定されていない**の枠内で，使用する多重比較の方法をチェックする。ここでは，Bonferroni(B) と Tukey(T) にチェックを入れた。この手順で実行した多重比較の結果は**多重比較**として出力される。

図 7.25 反復測定オプションで主効果の比較を指定する（ASB タイプ）

〈iv〉記述統計，効果サイズの推定値，観測検定力，等分散性の検定の指定
反復測定：オプションダイアログボックスの**表示**枠内で指定する。

【出力の読み方と解説】

反復測定の**オプション（O）**を利用して行った多重比較の結果は**ペアごとの比較**（図 7.27）として出力される。すべてのペアの**有意確率**が .05 未満であるから，3 水準の平均の間には，低群 < 中群 < 高群 という関係があると言える。

一方，**反復測定：観測平均値のその後の多重比較**を利用して行った多重比較の結果は**多重比較**（図 7.28）として出力される。見方は**ペアごとの比較**と同様であり，全ペアの**有意確率**が .05 未満であるから，3 水準の平均の間には 低群 < 中群 < 高群 という関係があると言える。

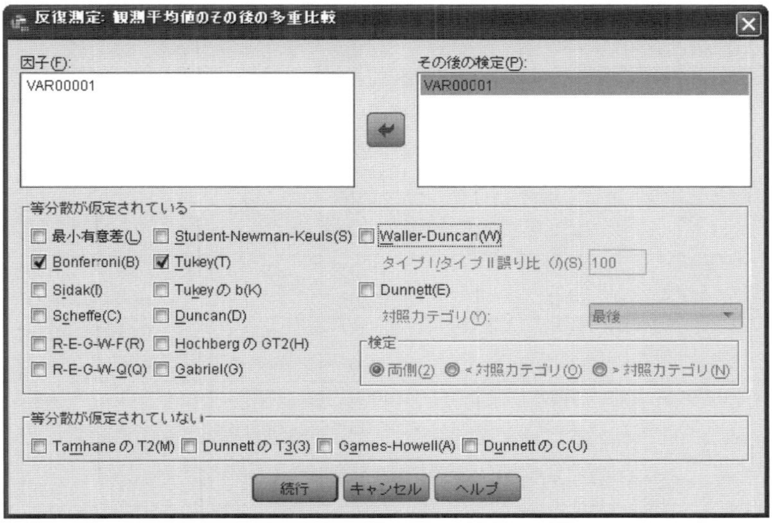

図 7.26　観測平均値でその後の多重比較を指定する（ASB タイプ）

ペアごとの比較

測定変数名: MEASURE_1

(I) 学習意欲	(J) 学習意欲	平均値の差 (I-J)	標準誤差	有意確率 b	95% 平均値差信頼区間 b	
					下限	上限
低群	中群	-2.400*	.666	.011	-4.251	-.549
	高群	-4.800*	.666	.000	-6.651	-2.949
中群	低群	2.400*	.666	.011	.549	4.251
	高群	-2.400*	.666	.011	-4.251	-.549
高群	低群	4.800*	.666	.000	2.949	6.651
	中群	2.400*	.666	.011	.549	4.251

推定周辺平均に基づいた

*. 平均値の差は .05 水準で有意です。

b. 多重比較の調整: Bonferroni。

図 7.27　ペアごとの比較として出力された学習意欲の多重比較（ASB タイプ）

7.5　被験者内要因の主効果検定後の多重比較

教科は 2 水準（嫌いと好き）であるから多重比較は不要であるが，3 水準以上の場合は多重比較が必要となるので，この事例を利用して，**オプション (O)** のメニューを利用する多重比較と Tukey の HSD 法を利用する多重比較を説明する。

この検定も全てのケースを用いるので，分散分析を行う前に**ファイルの分割**ダイアログボックスを開いて**全てのケースを分析 (A)** にチェックを入れ，OK ボタンを押しておく（132 ページ）。

多重比較

測定変数名: MEASURE_1

	(I) 学習意欲	(J) 学習意欲	平均値の差 (I-J)	標準誤差	有意確率	95 % 信頼区間	
						下限	上限
Tukey HSD	低群	中群	-2.4000*	.66583	.009	-4.1764	-.6236
		高群	-4.8000*	.66583	.000	-6.5764	-3.0236
	中群	低群	2.4000*	.66583	.009	.6236	4.1764
		高群	-2.4000*	.66583	.009	-4.1764	-.6236
	高群	低群	4.8000*	.66583	.000	3.0236	6.5764
		中群	2.4000*	.66583	.009	.6236	4.1764
Bonferroni	低群	中群	-2.4000*	.66583	.011	-4.2507	-.5493
		高群	-4.8000*	.66583	.000	-6.6507	-2.9493
	中群	低群	2.4000*	.66583	.011	.5493	4.2507
		高群	-2.4000*	.66583	.011	-4.2507	-.5493
	高群	低群	4.8000*	.66583	.000	2.9493	6.6507
		中群	2.4000*	.66583	.011	.5493	4.2507

観測平均値に基づいています。
誤差項は平均平方 (誤差) = 1.108 です。
*. 平均値の差は .05 水準で有意です。

図 7.28 多重比較として出力された学習意欲の多重比較（ASB タイプ）

(1) SPSS のオプションのメニューを利用する

【SPSS の手順】

〈a〉 データエディタを開く
分析するデータを開く。

〈b〉 メニューを選ぶ
［分析 (A)］→［一般線型モデル (G)］→［反復測定 (R)］→反復測定の因子の定義ダイアログボックス

〈i〉 被験者内要因（独立変数）の定義
反復測定の因子の定義ダイアログボックス（図 7.3）で被験者内因子名 (W) として教科（水準数 (L) は 2）を定義し，反復測定ダイアログボックスを開く。

〈ii〉 被験者内変数と被験者間因子の定義
反復測定ダイアログボックス（図 7.4）に被験者内変数 (W) として (教科):と表示されるので，ボックス内の_?_(1) へ嫌いな教科の学習成績 VAR00002，_?_(2) へ好きな教科の学習成績 VAR00003 をドラッグする。さらに，被験者間要因の学習意欲 [VAR00001] を被験者間因子 (B) のボックスへ指定する。

〈iii〉 多重比較の指定（反復測定ダイアログボックスのオプション (O) を利用する方法）
反復測定ダイアログボックスのオプション (O) をクリックし，反復測定：オプションダイアログボックスを開く（図 7.29）。そして，平均値の表示 (M) へ被験者内要因の教科をドラッグして主効果の比較 (O) にチェックを入れ，信頼区間の調整 (N) の下で多重比較の方法を選択する。ここでは，Bonferroni を選択した。この手順で実行した多重比較の結果はペアごとの比較として出力される。なお，その後の検定（H）では被験者内要因の多重比較を指定できない。

〈iv〉記述統計，効果サイズの推定値，観測検定力，等分散性の検定の指定

反復測定：オプションダイアログボックスの表示枠内で指定する（図 7.29)。

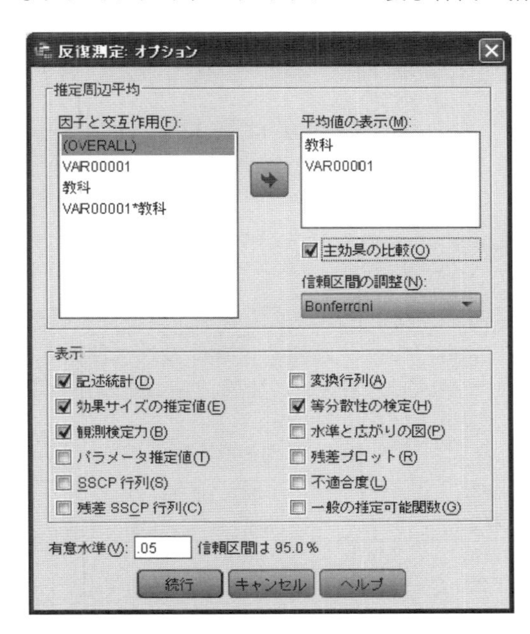

図 7.29　反復測定オプションで主効果の比較と表示などを指定する（ASB タイプ）

【出力の読み方と解説】

多重比較の結果はペアごとの比較として出力される（図 7.30)。この事例では，嫌いな教科（水準 1）と好きな教科（水準 2）の平均値差は有意であると言える。

ペアごとの比較

測定変数名: MEASURE_1

(I) 教科	(J) 教科	平均値の差 (I-J)	標準誤差	有意確率 b	95% 平均値差信頼区間 b 下限	上限
1	2	-.933*	.170	.000	-1.304	-.563
2	1	.933*	.170	.000	.563	1.304

推定周辺平均に基づいた

*. 平均値の差は .05 水準で有意です。

b. 多重比較の調整: Bonferroni。

図 7.30　ペアごとの比較として出力された教科の多重比較（ASB タイプ）

(2) Tukey の HSD 法 — ユーザ自身が計算を行う

Tukey の HSD 法は水準間の平均値差が式 (4.5) で定義される HSD よりも大きいとき，水準間に有意差があると判断する。有意水準 α を .05 とした場合，水準数 m が 2 で誤差の自由度 df が 12 であるからスチューデント化された範囲は $q_{.05,2,12} = 3.08$（付表 A.9 参照）であ

る。誤差の平均平方は**被験者内効果の検定**（図 7.13 参照）へ出力された値の 0.217，データ数 N は学習意欲の 3 水準を合わせた被験者数（= 5 人 × 3 水準）の 15 である。したがって，HSD は

$$HSD = q_{\alpha,m,df}\sqrt{\frac{MS_e}{N}} = 3.08\sqrt{\frac{0.217}{15}} = 0.370$$

となる。嫌いな教科と好きな教科の平均値差は $|5.733 - 6.667| = 0.934$ であるから，この HSD よりも大きく，好きな教科の方が平均成績は大きいと言える。

7.6 論文の記載例

学習意欲の強さと教科に対する好みが学習成績へ与える影響を調べるために，15 名の被験者を学習意欲の強さに応じて高群，中群，低群の 3 群に分け（各群 5 名），各被験者に嫌いな教科と好きな教科を 1 教科ずつ挙げてもらった。学習成績の平均値と標準偏差を表 7.3 に示す。

表 7.3 学習成績の平均と標準偏差（$N = 15$）

学習意欲	低群（$N = 5$）		中群（$N = 5$）		高群（$N = 5$）	
教科の好み	嫌い	好き	嫌い	好き	嫌い	好き
平均	4.00	3.60	4.80	7.60	8.40	8.80
標準偏差	1.22	1.14	1.48	0.89	0.89	0.84

Note. 成績は 1 ～ 10 の 10 段階相対評定である。

学習意欲を被験者間要因（3 水準）とし，教科の好みを被験者内要因（2 水準）とする 2 要因の混合計画による分散分析を行ったところ，2 つの要因の主効果および学習意欲と教科の好みの交互作用が有意であった（学習意欲：$F(2,12)$=25.985，$p < .001$，η_p^2=.812；教科の好み：$F(1,12)$=30.154，$p < .001$，η_p^2=.715；意欲成績と教科の好みの交互作用：$F(2,12)$=32.000，$p < .001$，η_p^2=.842）。

交互作用効果が有意であったので単純主効果検定を行ったところ，嫌いな教科と好きな教科ともに学習意欲の単純主効果が有意であった（嫌いな教科における学習意欲：$F(2,12)$=18.311，$p < .001$, η_p^2=.753；好きな教科における学習意欲：$F(2,12)$=39.714，$p < .001$，η_p^2=.869）。そのため，教科の好みの水準ごとに Tukey の HSD 法を用いて学習意欲の多重比較を行ったところ，嫌いな教科においては，低群と中群よりも高群の平均成績が高く（$MS_e = 1.500$，5% 水準），好きな教科においては，低群よりも中群と高群の平均成績が有意に高く（$MS_e = 0.933$，5% 水準），中群と高群との間に有意差は認められなかった。

一方，学習意欲の水準ごとに教科の好みの単純主効果を検定したところ，中群において単純主効果が有意となり（$F(1,12)$=90.323，$p < .001$，η_p^2=.883），好きな教科の方が嫌いな教科より学習成績が高かった。なお，低群と高群では教科の好みの単純主効果は有意ではなかった（低群：$F(1,12)$=1.843，$p > .05$，η_p^2=.133；高群：$F(1,12)$=1.843，$p > .05$，η_p^2=.133）。

論文に記載する事項は以下の通りである。

〈a〉 単純集計の結果（表 7.3）

〈b〉 分散分析の結果

分散分析の結果は上述のように文章でまとめてもよいが，表 7.2（127 ページ）のような

分散分析表にまとめる方が，結果を読み取りやすいであろう。その際，SPSS では検定結果が 2 カ所に分かれて出力されるので，報告に必要な部分を抜き出してまとめる。水準間で人数が不揃いの場合，平方和と自由度の総計が各変動因の合計と一致しないので，総計を記載しなくてもよい。

〈c〉単純主効果検定の結果

単純主効果検定の結果も記載例のように本文に入れることはできるが，表 7.4 のようにまとめると読み取りやすいであろう。

表 7.4　学習意欲と教科の単純主効果検定（ASB タイプ）

変動因	SS	df	MS	F	η_p^2
学習意欲 at 嫌い	54.933	2	27.467	18.311***	.753
（誤差 at 嫌い	18.000	12	1.500）		
学習意欲 at 好き	74.133	2	37.067	39.714***	.869
（誤差 at 好き	11.200	12	.933）		
教科の好み at 低群	.400	1	.400	1.843	.133
教科の好み at 中群	19.600	1	19.600	90.323***	.883
教科の好み at 高群	.400	1	.400	1.843	.133
（プールされた誤差	2.600	12	.217）		

***$p < .001$

〈d〉任意の F 値に対する p 値の求め方

中群における教科の好みの単純主効果検定（教科の好み at 中群）では，付表 A.4 を参照して $F(1, 12) = 90.323$，$p < .01$ と判断した（135 ページ）が，次の手順に従って有意確率（p 値）を求めることができる。まず，**データエディタ**（図 7.31）へ変数名 F として F 値，変数名 df1 として分子の自由度 df_1，変数名 df2 として分母の自由度 df_2 を入力する。そして，**［変換（T）］→［変数の計算（C）］→変数の計算**ダイアログボックス（図 7.32）と進み，**目的変数（T）**へ p 値，**数式（E）**へ有意確率（p 値）を求める数式として SIG.F(F,df1,df2) と書き，OK ボタンを押す。すると，データエディタへ **p 値**が代入されるので，セルをダブルクリックして有意確率（p 値）を読み取る。この事例では **p 値**が .001 未満であったので，本文の記載例と表 7.4 では，有意確率（p 値）を $p < .001$ と記した。

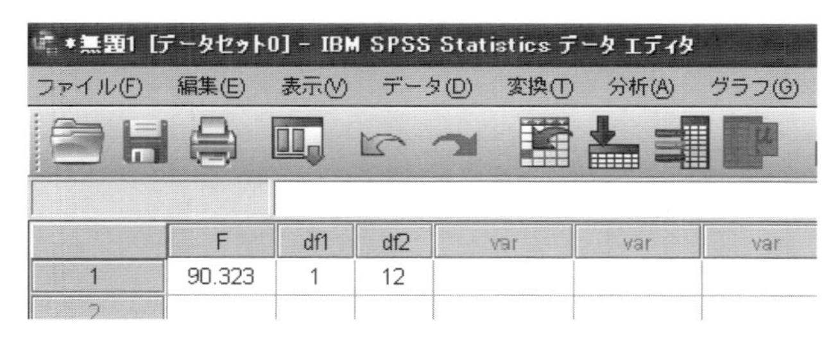

図 7.31　有意確率（p 値）を求めるための F 値と自由度の入力

〈e〉多重比較の結果

決まった書式はないので記載例のように本文に入れることはできるが，水準数が多い場合は表 5.8（101 ページ）のような形で示す方が読み取りやすいであろう。

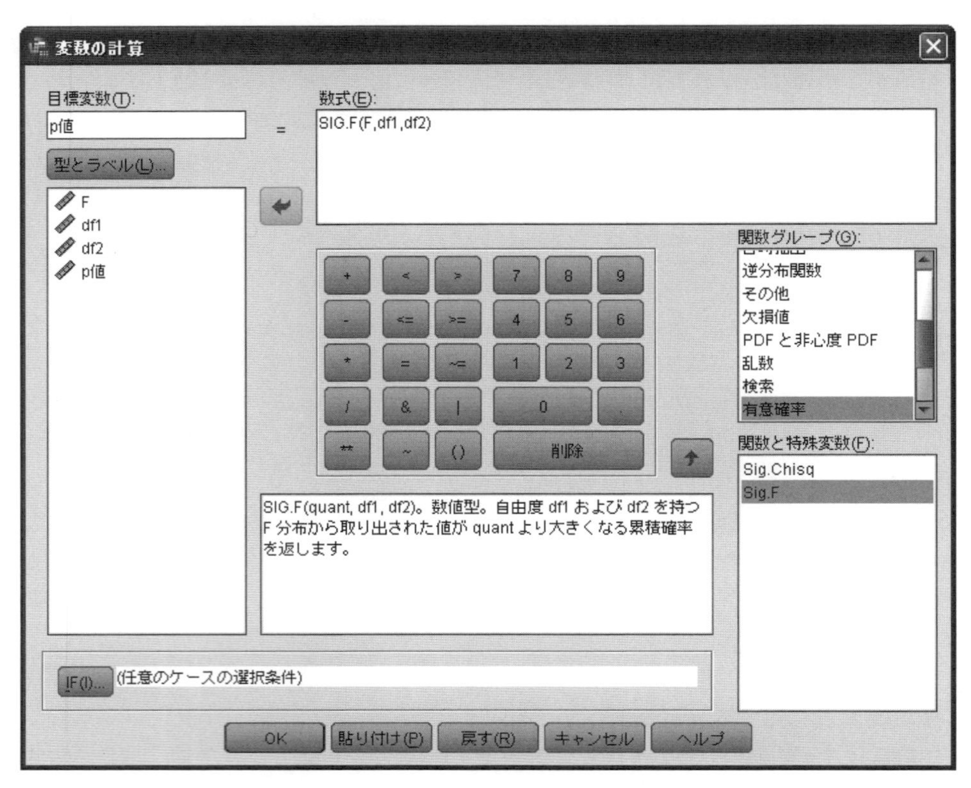

図 7.32　有意確率（p 値）を求めるための数式

第 8 章

相関と連関の分析

気温が上昇すればアイスクリームを食べたくなり，食べ過ぎが続けば体重が増えることは体験的にも納得できる。また，気温の上昇が関係しているのであろうが，アイスクリームの売り上げと海での事故件数とは関係があると言われる。本章では，このような 2 変数の関係の強さを表す記述統計量とその仮説検定について学ぶ。

2 変数の「関係」というが，量的変数（間隔・比率尺度）同士の関係を相関，質的変数（名義・順序尺度）同士の関係を連関と呼び，その強さを表す記述統計量として，それぞれ相関係数と連関係数が利用されている。

8.1　間隔・比率尺度をなす変数の相関

8.1.1　直線的関係と曲線的関係

量的な 2 変数の測定値を座標値として被験者を 2 次元平面上にプロットした図を散布図（scatter diagram，scatter plot）もしくは相関図と呼ぶ。図 8.1 には 4 つの散布図を示すが，それぞれの黒丸の座標値が各被験者の 2 変数の測定値を表す。

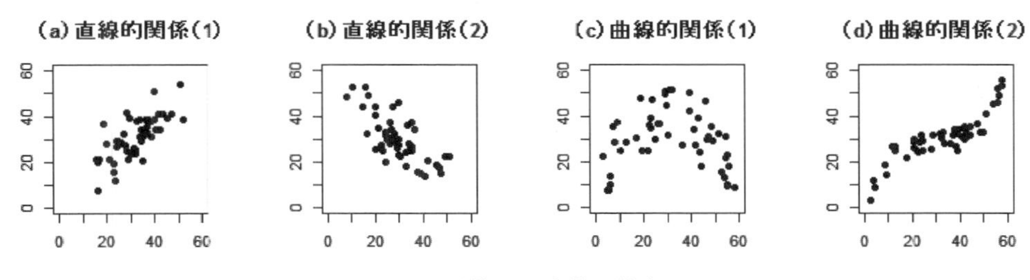

図 8.1　量的な 2 変数の散布図

4 つの散布図の形に着目すると，**(a) 直線的関係 (1)** では 2 変数に直線的な関係があり，散布区全体が右上を向く楕円状を示している。同様に **(b) 直線的関係 (2)** の散布図でも 2 変数に直線的な関係があり，散布図全体が右下を向く楕円状を示している。それに対し，**(c) 曲線的関係 (1)** と **(d) 曲線的関係 (2)** には 2 変数の間に直線的な関係はなく，**(c) 曲線的関係 (1)** では 2 変数の間に逆 U 字型の関係が見られる。また，**(d) 曲線的関係 (2)** では日本列島のように S 字を裏返したような関係が 2 変数の間に見られる。

本章では，この中の **(a) 直線的関係 (1)** と **(b) 直線的関係 (2)** に見られるような直線的な関係の強さを記述する相関係数とその検定を取り上げる。**(c) 曲線的関係 (1)** と **(d) 曲線的関係 (2)** のような曲線的な関係が見られる場合は相関係数を適用することはできないので，一方の変数の値で被験者を群分けし，分散分析を用いて他方の変数の平均値を比較することになろう。

8.1.2 2 変数の散布図

【事例】

表 8.1 に示すデータを用いて学年始めの診断テストと学年末成績の散布図を描き，2 変数の関係を検討する。

表 8.1 診断テストと学年末成績

被験者	診断テスト	学年末成績	被験者	診断テスト	学年末成績
1	56	5	11	59	6
2	82	7	12	51	6
3	65	6	13	44	4
4	49	6	14	91	9
5	55	7	15	77	8
6	84	6	16	72	6
7	42	4	17	82	9
8	60	5	18	67	6
9	78	7	19	53	6
10	62	6	20	40	5

【分析】

散布図。

【SPSS の手順】

〈a〉 データビューを開く

表 8.1 に示すデータをデータエディタへ入力する（図 8.2）。

〈b〉 メニューを選ぶ

グラフ作成のメニューは SPSS のバージョンによって異なり，次の 3 通りのメニューが用意されている。

- [グラフ (G)] → [図表ビルダー (C)]
- [グラフ (G)] → [図表インタラクティブ (A)]
- [グラフ (G)] → [レガシーダイアログボックス (L)]

ここでは，**図表ビルダー**を利用する。

[グラフ (G)] → [図表ビルダー (C)] →**図表ビルダー**ダイアログボックス

〈i〉 グラフの種類の選択

ギャラリのタグをクリックし，**散布図/ドット**を選び，見本の一覧を表示させる（図 8.3）。

〈ii〉 見本の選択

散布図の見本から，作図に使用する図をダブルクリックする，あるいは見本を上方のボックス（**キャンバス**）へドラッグする。

〈iii〉 変数の指定

ボックスに表示された X 軸？と Y 軸？へ，**変数:**の一覧から散布図を描くための変数を選んでドラッグする。すると，**要素プロパティ**が自動でポップアップする。その他にも散布図の体裁を整えるメニューが用意されているが，2 変数の関係を概観するために散布図を作成することが目的なので，特に操作の必要はない。変数を指定できたら OK ボタンを押して作図する。

	被験者番号	診断テスト	学年末成績
1	1	56	5
2	2	82	7
3	3	65	6
4	4	49	6
5	5	55	7
6	6	84	6
7	7	42	4
8	8	60	5
9	9	78	7
10	10	62	6
11	11	59	6

図 8.2 診断テストと学年末成績の入力（一部）

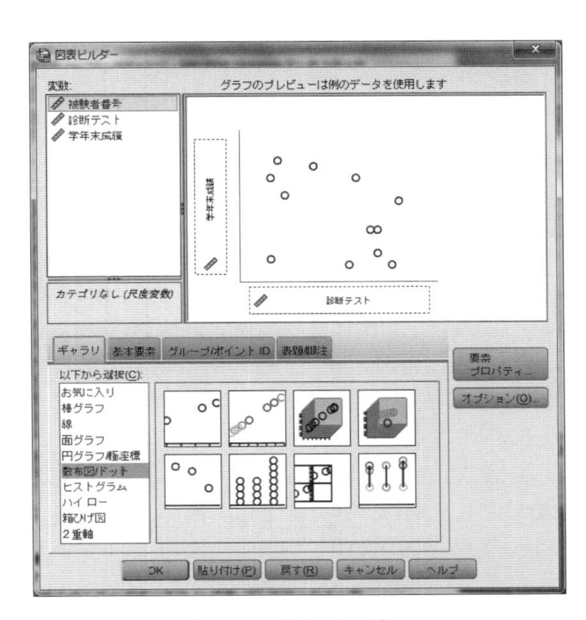

図 8.3 図表ビルダー

【出力の読み方と解説】

散布図を概観し，被験者（点）が右上がりの楕円状，あるいは右下がりの楕円状に散らばっていれば，2 変数の間に相関があると言える。診断テストと学年末成績の散布図は図 8.4 の通りである（**図形エディタ**を用いて一部を変更した）。2 変数はほぼ右上がりの直線的な関係にあるので，診断テストで高い得点を取った被験者は学年末成績が良い傾向にあると判断できる。

SPSS は自動的に各軸の階級幅を調整して作図するが，概観が目的といえども両変数の平均値・分散が異なると誤った解釈をしてしまう可能性がある。そのような場合は両変数を標準化して縦軸・横軸を同一の範囲として描画するのもよい。

標準得点はメニューから，次の手順で算出できる。後者の場合は新しい変数名が元の変数名の先頭に z がついたものとなる。

- **［変換 (T)］** → **［変数の計算 (C)］** →**変数の計算**ダイアログボックス
- **［分析 (A)］** → **［記述統計 (E)］** → **［記述統計 (D)］** →**記述統計量**ダイアログボックス →**標準化された値を変数として保存 (Z)** をチェック

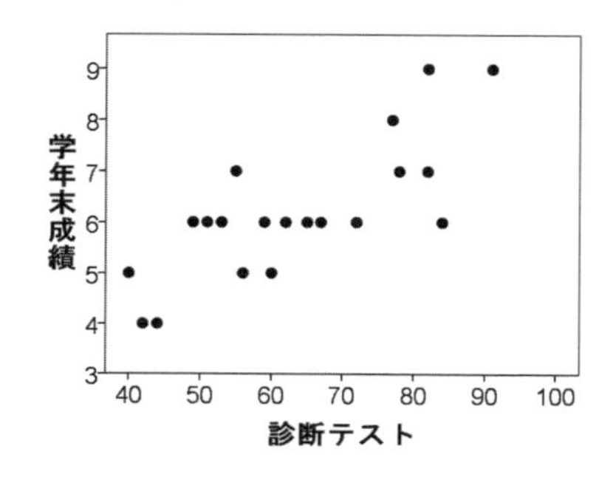

図 8.4 診断テストと学年末成績の散布図

8.1.3 相関係数 — Pearson の積率相関係数

散布図は量的な 2 変数の関係の強さを視覚的に表すのに対し，相関係数は 1 つの数値によって関係の強さを表す。相関係数として Pearson の積率相関係数，Spearman の順位相関係数，Kendall の順位相関係数が提案されている。Pearson の積率相関係数は量的な 2 変数（間隔・比率尺度）に適用され，2 つの順位相関係数は順序尺度をなす 2 変数に適用される。一般に「相関係数」という場合は Pearson の積率相関係数を指し，論文中では r と表記されることが多い。

2 変数 X と Y の相関係数は次式によって定義される。ただし，不偏分散の正の平方根を標準偏差とした場合，共分散として式 (8.2) の不偏共分散を用いる。

$$\text{相関係数}\ (r) = \frac{X\ \text{と}\ Y\ \text{の共分散}}{X\ \text{の標準偏差} \times Y\ \text{の標準偏差}} \tag{8.1}$$

$$X\ \text{と}\ Y\ \text{の共分散} = \frac{1}{N-1}\sum_{i=1}^{N}(X_i - \bar{X})(Y_i - \bar{Y}) \tag{8.2}$$

相関係数は散布図の形に応じて -1 から $+1$ までの値を取り，散布図が右上がりの楕円状を示すときは正の値をとり，右下がりの楕円状のときは負の値をとる。楕円の形が細長くなるほど相関係数の絶対値は 1 に近づき，右上がりの一直線になるときに $+1$（最大値），右下がりの一直線になるときに -1（最小値）となる。相関係数が ± 1 のとき，2 変数に完全な相関があると言う。そして，まったく 2 変数の間に関係がないときは 0 となり，2 変数が無相関であると言う。

相関係数の理解を深めるために，図 8.5 に 2 変数の散布図とその相関係数（散布図上部の r の値）の値を示す。図 8.5 からわかるように，相関係数が $-.2$ 〜 $+.2$ 程度のときは 2 変数の相関はほとんどなく，$-.6$ 以下もしくは $+.6$ 以上になると明瞭な相関が見て取れる。

1 つの目安になるが，相関係数の判定基準は表 8.2 の通りである。表中の $|r|$ は相関係数の絶対値を示す。また，相関係数を効果量として解釈する場合，表 8.3 に示す基準を目安とすることがある。2 つの基準からわかるように，相関係数の大きさを解釈する際，絶対的な基準があるわけではない。

ところで，相関係数の大きさを評価するとき，その大きさだけではなく，変数の測定内容と使用する状況や目的を考慮すべきである。たとえば，知能検査やパーソナリティ検査のような心理検査を改訂する場合，旧版と改訂版との間の相関は強くて当然であるから，.5 〜 .6 程度

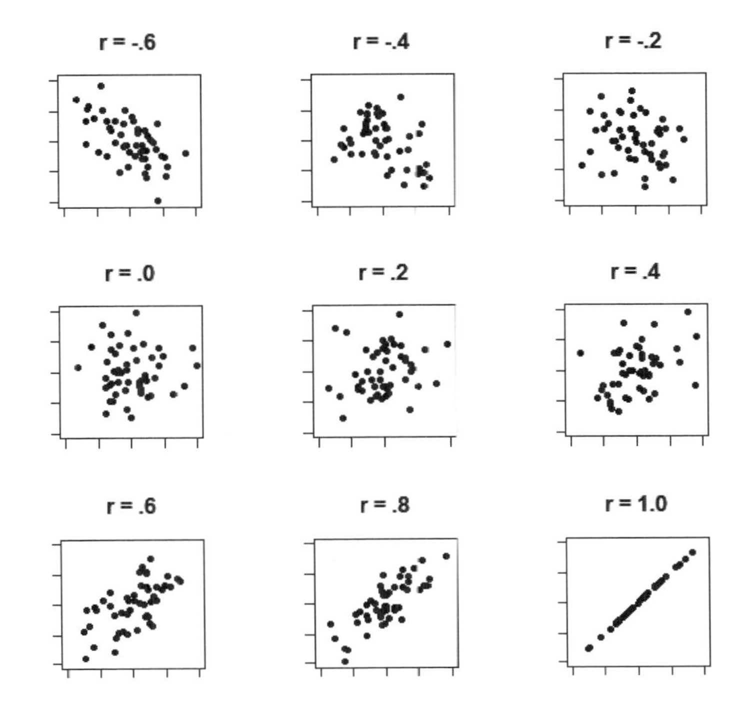

図 8.5　散布図とその相関係数

表 8.2　相関係数の判定基準

相関係数の大きさ	判定基準
$.00 \leq \|r\| < .20$	極めて弱い相関
$.20 \leq \|r\| < .40$	弱い相関
$.40 \leq \|r\| < .70$	中程度の相関
$.70 \leq \|r\| \leq 1.00$	強い相関

表 8.3　相関係数の効果量としての解釈

相関係数の大きさ	解釈の目安
$.00 \leq \|r\| < .10$	相関はない
$.10 \leq \|r\| < .30$	相関は小さい
$.30 \leq \|r\| < .50$	相関はやや大きい
$.50 \leq \|r\| \leq 1.00$	相関は大きい

の相関では「小さい」と言える。一方，態度尺度のような変数同士では，.8 〜 .9 のような高い値は 2 つの尺度に相関があるというよりも，同じ態度を測っているにすぎないかもしれない。

【事例】

表 8.1 に示したデータを用い，学年始めの診断テストと学年末成績に相関があるかを検討する。

【分析】

相関係数。

【SPSS の手順】

〈a〉データビューを開く

変数名を**被験者番号**，**診断テスト**，**学年末成績**として被験者番号と成績を入力する（図 8.2 参照）。

〈b〉メニューを選ぶ

[分析 (A)] → [相関 (C)] → [2 変量 (B)] → 2 変数の相関分析ダイアログボックス

〈i〉 変数 (V) のボックスへ相関係数を求める**診断テスト**と**学年末成績**をドラッグする(図 8.6)。

〈ii〉 **オプション (O)** ボタンを押して **2 変量の相関分析：オプション**ダイアログボックスを開き，**統計**欄の**平均値と標準偏差 (M)** にチェックを入れ，**続行**ボタンを押す(図 8.7)。

〈iii〉 標準設定（デフォルト）として**相関係数**欄では Pearson(N)，**有意差検定**欄では**両側 (T)** がチェックされているので，そのまま OK ボタンを押す。

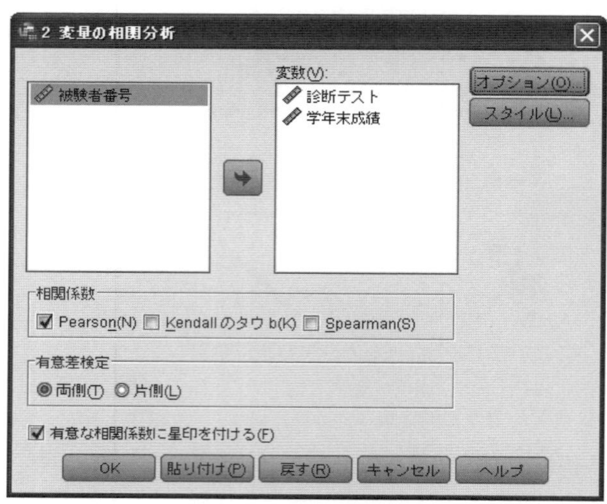

図 8.6 2 変量の相関分析における変数の指定

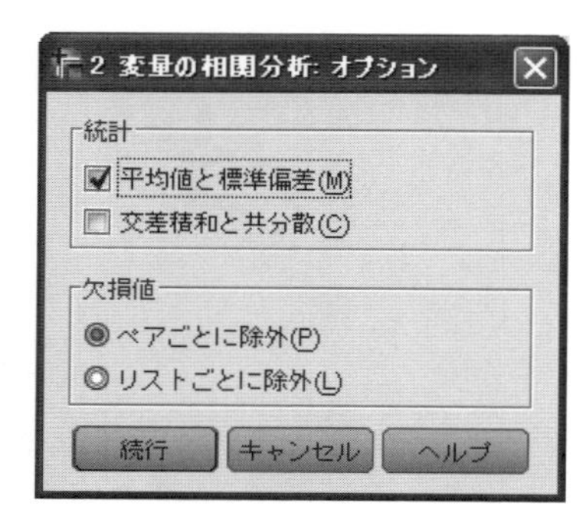

図 8.7 相関分析のオプション

【出力の読み方と解説】

記述統計（図 8.8）へ診断テストと学年末成績の平均値と標準偏差，そして，**相関係数**（図 8.9）へ Pearson **の相関係数**，t 分布を用いて算出された**有意確率（両側）**，N（被験者数）が出力される。相関係数と有意性検定に関する出力の読み取りと解釈する際の注意点は以下の通りである。

記述統計

	平均	標準偏差	度数
診断テスト	63.45	15.174	20
学年末成績	6.20	1.361	20

図 8.8 2 変数の平均値と標準偏差

相関係数

		診断テスト	学年末成績
診断テスト	Pearson の相関係数	1	.780**
	有意確率 (両側)		.000
	N	20	20
学年末成績	Pearson の相関係数	.780**	1
	有意確率 (両側)	.000	
	N	20	20

**. 相関係数は 1 % 水準で有意 (両側) です。

図 8.9 Pearson の相関係数と有意性検定の結果

〈a〉 大きさの判定

表 8.2 の基準にしたがって相関係数の大きさを判断する。この事例では図 8.9 へ示した通り，**診断テスト**と**学年末成績**の相関係数は .780 であるから，強い相関関係があると判

断できる。

〈b〉 相関係数の検定

帰無仮説（H_0）と対立仮説（H_1）は下記の通りであり，この検定は無相関検定とも呼ばれる。ギリシャ文字のアルファベットを用いて母集団の統計量を表すので，ここでは慣例に倣い，母相関係数を ρ（ロー）とした。

H_0:母相関係数（ρ）$= 0$
H_1:母相関係数（ρ）$\neq 0$

両側対立仮説であるから，有意確率は帰無仮説が真のとき，$-.780$ 以下もしくは .780 以上の相関係数が得られる確率であり，t 分布に基づいて算出される。事例では**有意確率 (両側)** が .000 と出力されているので，有意水準 .001（正確な値は .000049）で帰無仮説を棄却できる。この事例では診断テストと学年末成績との間に強い相関があると推測されるが，被験者数 (N) が大きいときは標本の相関係数が小さくても有意になるので，帰無仮説を棄却できても強い相関があるとは限らない。このため，検定の有意性と相関関係の強さとを分けて考え，2 変数の関係の強さは相関係数の大きさに基づいて判断する（表 8.2，表 8.3 参照）。

8.2 論文の記載例 — 相関係数

中学生 1 年生（20 名）を対象として，学年始めの診断テストと学年末成績との関係について検討した。診断テストの結果と学年末成績の平均値と標準偏差および 2 変数の相関係数を表 8.4 に示す。2 変数の相関係数の値は大きく，診断テストの結果が良い生徒ほど学年末成績が良い傾向にある（$r = .780$，$p < .001$）。

表 8.4 診断テストと学年末成績の相関係数（$N = 20$）

変数	平均値	標準偏差	相関係数
診断テスト	63.45	15.17	.780***
学年末成績	6.20	1.36	

$^{***}p < .001$

論文に記載する統計量は相関係数（r）と有意確率（p）である。被験者数（N）は本文もしくは記述統計を記載する表へ入れる。SPSS は検定統計量（t）を出力しないので，t 値を記載する場合は式 (8.3) を用いて算出し，自由度（$N-2$）と合わせて報告する。したがって，この事例は t が 5.288，自由度が 18 であるから，「...... 診断テストの結果が良い生徒ほど学年末成績が良い傾向にある（$r = .780$，$t(18) = 5.288$，$p < .001$）。」と記載する。

$$t = \frac{r\sqrt{N-2}}{\sqrt{1-r^2}} \tag{8.3}$$

$$= \frac{.780\sqrt{20-2}}{\sqrt{1-.780^2}} = 5.288$$

■相関係数を解釈する際の注意

相関係数を解釈する際の注意点は次の通りである。

〈a〉相関と因果関係の区別

相関関係は集団における 2 変数の共変動の大きさを表すので，2 変数の間に因果関係がなくても相関係数は大きくなり得る。したがって，相関係数が大きいというだけでは因果関係の有無については言及できない。変数間の因果関係の有無については測定内容から判断し，因果関係を仮定できるときは回帰分析を適用する。

〈b〉外れ値の影響

相関係数は外れ値の影響を受ける。たとえば，図 8.10 の **(a) 強くなるケース**では「×」印の被験者を追加することにより， .14 であった相関係数の値が .68 へと大きくなり，**(b) 弱くなるケース**では「×」印の被験者を追加することにより， .67 であった相関係数の値が .05 まで小さくなる。このような外れ値は種々の原因で生じるので，散布図を描いて外れ値の有無を確認しておくことが望ましい。

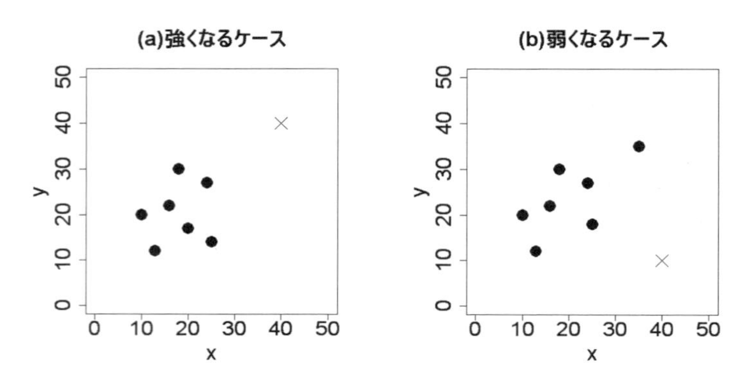

図 8.10 外れ値の影響を受けるケース

〈c〉合併効果

被験者全体が異なる母集団から選ばれた被験者から構成されている場合，全体をまとめて相関係数を計算すると誤った解釈をすることがある。たとえば，図 8.11 の**合併効果 (1)** の散布図は小学 1 年生（○印），小学 3 年生（＋印），小学 5 年生（■印）の立ち幅跳びの距離と語彙テストの得点を示す。本来，2 変数に強い相関はないはずであり，実際，2 変数の相関係数は小学 1 年生が .08 ，小学校 3 年生が .47 ，小学校 5 年生が −.15 である。しかし，学年が上がるにつれて立ち幅跳びの距離と語彙テストの得点が大きくなるので，3 学年をまとめた相関係数は .72 という大きな値になる。このように異なる母集団の被験者を合わせることによって相関係数の値が歪む現象を合併効果という。また，図 8.11 の**合併効果 (2)** は最高気温とアイスクリームの売り上げの散布図であり，2 変数の相関係数は若年層（○印）が .50 ，老年層（＋印）が .05 である。2 変数の間に若年層では相関が見られ，老年層では見られず，全体をまとめると .17 となり，若年層で見られた相関関係が消えてしまう。これは，若年層と老年層のアイスクリームの購入数が異なるからであり，これも合併効果の 1 つである。2 つの事例のような合併効果が見られるときは，群別に相関係数を求める。

〈d〉切断効果

合併効果と逆の現象が切断効果である。しばしば引用される事例が入学試験の成績と入学後の成績の相関関係である。図 8.11 の**切断効果**には，入試成績と GPA（入学後の成

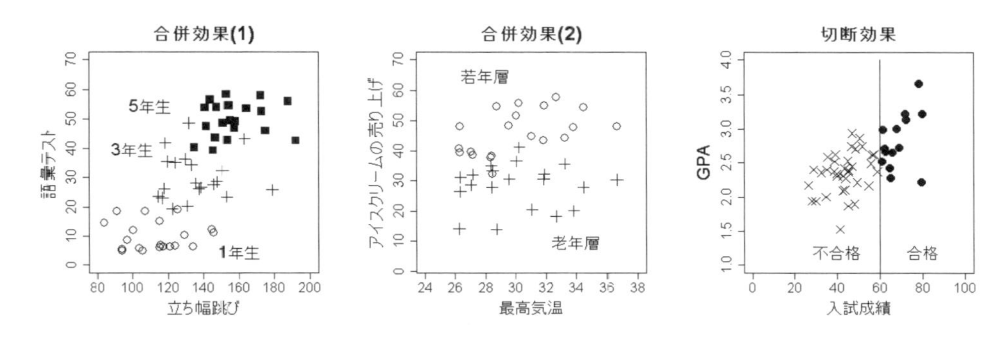

図 8.11 相関係数の合併効果と切断効果

績；Grade Point Average）を示す。2 変数に相関関係があるとしても，GPA を利用できるのは入試に合格し，入学した者に限られる。そのため，仮に全体で相関係数が .61 であったとしも，合格者に限定すると .42 と小さくなる。入学試験の予測的妥当性を検討するために入学試験の成績と入学後の成績の相関を調べる場合，不合格者のデータが欠落するので相関係数の解釈には注意が必要である。

〈e〉 疑似相関と偏相関

2 つの変数が第 3 の変数から影響を受け，相関係数が高くなることがある。たとえば，子どもが自分の意思とは別に一人で食事をしなくてはいけない回数，つまり孤食の回数と問題行動の多さは相関が高いとされる。しかし，これは親の養育態度が第 3 の変数として孤食や問題行動を高め，2 変数の相関係数を大きくしていると考えられる。こうした相関は疑似相関と呼ばれ，疑似相関と思われるときは第 3 の変数の影響を抑制した偏相関係数によって相関関係を検討することになる。

■行と列の変数が異なる相関係数行列

2 組の変数群があり，一方の変数を A と B と C，他方の変数を X と Y と Z とする。このとき，変数 A と B と C を行（縦）として，変数 X と Y と Z を列（横）とする相関係数行列を出力するときは，下記のいずれかの手順を踏んでシンタックスを作成する。

- ファイル（F）→新規作成（N）→シンタックス（S）
- 貼り付け（P）ボタンを押してからシンタックスエディタを開く。

そして，下記のように，相関係数行列を求める 2 群の変数名を WITH でつなぐ。

```
CORRELATIONS
  /VARIABLES=A,B,C WITH X,Y,Z
  /PRINT=TWOTAIL NOSIG
  /MISSING=PAIRWISE.
```

8.3 偏相関係数

図8.12は「孤食傾向」と「暴力行為」が「親の養育態度」の影響を受けていることを示す。しかし，「孤食傾向」と「暴力行為」は「親の養育態度」だけで決まるわけではなく，「親の養育態度」では説明できない「孤食傾向の独自成分」と「暴力行為の独自成分」がある。偏相関係数とは，「親の養育態度」では説明できない「孤食傾向の独自成分」と「暴力行為の独自成分」の相関係数のことである。このとき，親の養育態度を制御変数（統制変数）と呼び，独自成分間の相関係数を親の養育態度を制御した（統制した）孤食傾向と暴力行為の偏相関係数と呼ぶ。以下では，SPSSを用いて偏相関係数を求める手順について説明する。

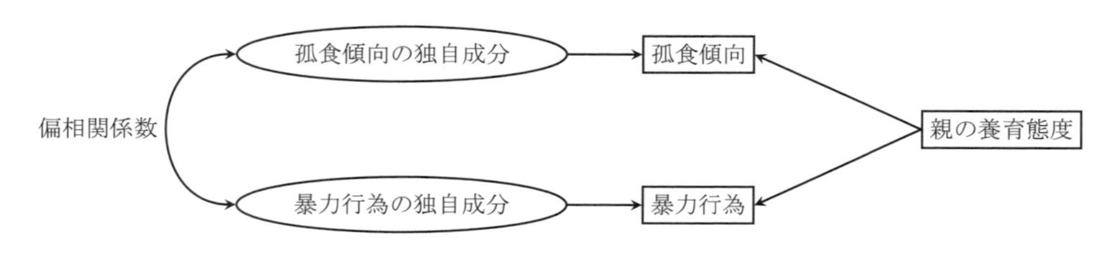

図8.12 偏相関係数を示すパス図

【事例】

孤食傾向と暴力行為の多寡は相関があるとされるが，親の養育態度が2つの変数に影響している可能性がある。そこで，養育態度として親の無関心の程度を統制した上で，孤食の回数と暴力行為の多寡との相関関係を検討する。小学生（10名）を被験者として自記式質問紙によって1週間当たりの孤食回数と親の無関心度を尋ね，パソコンのシミュレーションゲームを通して暴力反応を測定した（表8.5）。無関心度は数値が大きいほど無関心な養育態度が強いことを意味する。なお，本事例は谷岡（2000）を参考にして作成した。

表8.5 孤食の回数と暴力反応および親の無関心度

被験者	孤食の回数	暴力反応	無関心度	被験者	孤食の回数	暴力反応	無関心度
1	4	4	5	6	6	4	7
2	4	4	6	7	7	4	6
3	5	3	5	8	6	5	7
4	5	3	6	9	8	5	7
5	6	4	6	10	8	5	8

【分析】

偏相関分析。

【SPSSの手順】

〈a〉データビューを開く

変数名を**被験者**，**孤食の回数**，**暴力反応**，**親の無関心度**として表8.5の測定値を入力する（図8.13）。

	被験者	孤食の回数	暴力反応	親の無関心度
1	1	4	4	5
2	2	4	4	6
3	3	5	3	5
4	4	5	3	6
5	5	6	4	6
6	6	6	4	7
7	7	7	4	6
8	8	6	5	7
9	9	8	5	7
10	10	8	5	8

図 8.13　孤食と暴力反応と無関心度の入力

〈b〉 メニューを選ぶ

[分析 (A)] → **[相関 (C)]** → **[偏相関 (R)]** → **偏相関分析**ダイアログボックス

〈i〉 **変数 (V)** のボックスへ相関係数を求める**孤食の回数**と**暴力反応**をドラッグし，**制御変数 (C)** へ**親の無関心度**をドラッグする（図 8.14）。事例では制御変数が 1 つであるが，研究仮説に応じて 2 つ以上の制御変数を利用することもできる。

〈ii〉 **オプション (O)** ボタンを押して**偏相関分析：オプション**ダイアログボックスを開き，統計欄の**平均値と標準偏差 (M)** と **0 次相関 (Z)** にチェックを入れて，**続行**ボタンを押す（図 8.15）。

〈iii〉 標準設定（デフォルト）として**有意確率を表示 (D)** がチェックされているので，そのまま **OK** ボタンを押す（図 8.14）。

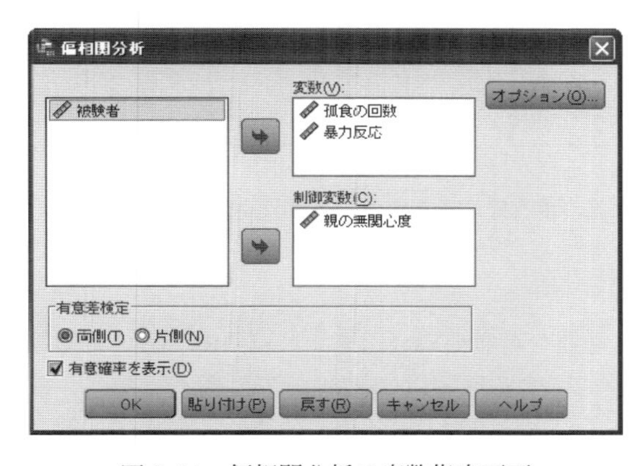

図 8.14　偏相関分析の変数指定画面

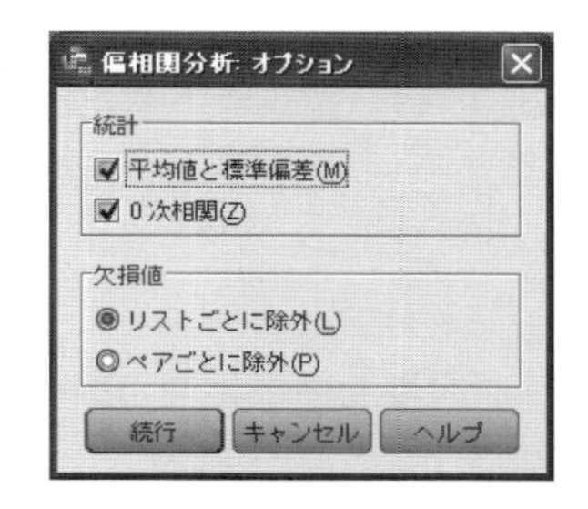

図 8.15　偏相関分析におけるオプションの指定

【出力の読み方と解説】

〈a〉 平均値と標準偏差

偏相関分析に用いた変数の平均値，標準偏差が**記述統計**として出力される（図 8.16）。

〈b〉 0 次の相関係数と偏相関係数

相関係数として 0 次の相関係数，**親の養育態度**を制御した**孤食の回数**と**暴力反応**の偏相関係数が出力される（図8.17）。0次の相関係数とは，他の変数の影響を制御していない，通常のPearsonの相関係数のことである。**孤食の回数**と**暴力反応**の相関係数は .634 と大きいが，**親の養育態度**を制御した**孤食の回数**と**暴力反応**の偏相関係数は .166 と小さくなる。したがって，**孤食の回数**と**暴力反応**との相関関係の強さは**親の養育態度**によって説明できる側面が大きいと言ってもよいであろう。

記述統計

	平均	標準偏差	度数
孤食の回数	5.90	1.449	10
暴力反応	4.10	.738	10
親の無関心度	6.30	.949	10

図8.16 偏相関分析に用いた変数の平均値と標準偏差

相関係数

制御変数			孤食の回数	暴力反応	親の無関心度
-なし-a	孤食の回数	相関係数	1.000	.634	.752
		有意確率 (両側)	.	.049	.012
		df	0	8	8
	暴力反応	相関係数	.634	1.000	.746
		有意確率 (両側)	.049	.	.013
		df	8	0	8
	親の無関心度	相関係数	.752	.746	1.000
		有意確率 (両側)	.012	.013	.
		df	8	8	0
親の無関心度	孤食の回数	相関係数	1.000	.166	
		有意確率 (両側)	.	.669	
		df	0	7	
	暴力反応	相関係数	.166	1.000	
		有意確率 (両側)	.669	.	
		df	7	0	

a. 0次 (Pearson) 相関を含むセル。

図8.17 0次の相関係数と親の養育態度を制御した偏相関係数

〈c〉有意性検定

0次の相関係数と偏相関係数の検定に必要な**有意確率（両側）**と自由度（df）は，**相関係数**の下に出力される。0次の相関係数に関する検定は151ページの通りであり，**孤食の回数**と**暴力反応**の相関係数は有意である（$r = .634$，$p < .05$）。また，偏相関係数に関する検定の帰無仮説（H_0）と対立仮説（H_1）は

H_0：母偏相関係数（ρ_p）$= 0$
H_1：母偏相関係数（ρ_p）$\neq 0$

であり，検定統計量は式(8.4)に基づいて算出される。ここで r_p は標本の偏相関係数，

m は制御変数の数（事例では $m = 1$），検定統計量の自由度は $N - 2 - m$ である。

$$t = \frac{r_p\sqrt{N-2-m}}{\sqrt{1-r_p^2}} \tag{8.4}$$
$$= \frac{.166\sqrt{10-2-1}}{\sqrt{1-.166^2}} = 0.447$$

以上から，自由度は 7，検定統計量 t は 0.447，その有意確率（両側）は .669 となり，帰無仮説を棄却することはできない。

8.4　論文の記載例 — 偏相関係数

孤食傾向と暴力行為の多寡は相関があるとされるが，親の養育態度が両変数に影響している可能性があるので，養育態度として親の無関心の程度を統制した上で，孤食の回数と暴力行為の多寡との相関関係を検討した。小学生（10 名）を被験者として自記式質問紙によって 1 週間当たりの孤食回数と親の無関心度を求め，パソコンのシミュレーションゲームを通して暴力反応を測定した。無関心度は数値が大きいほど無関心な養育態度が強いことを意味する。

3 変数の平均値と標準偏差および相関係数を表 8.6 に示す。孤食の回数と暴力反応の多寡との相関係数は .634 と大きいが（$p < .05$），親の無関心度を統制した偏相関係数は .166 と小さく，有意ではない（$p > .05$）。したがって，孤食の回数と暴力反応の多寡との相関関係の高さは，親の無関心度によって説明できる側面が大きいと言えよう。

表 8.6　3 変数の平均値と標準偏差および相関係数（$N = 10$）

			相関係数		
変数	平均	標準偏差	孤食の回数	暴力反応	親の無関心度
孤食の回数	5.90	1.449	1.000		
暴力反応	4.10	.738	.634*	1.000	
親の無関心度	6.30	.949	.752*	.746*	1.000

*$p < .05$

8.5　名義・順序尺度をなす変数の連関 — 2 × 2 のクロス集計表

居住地（東京都内，東京都外）と夏期オリンピック・パラリンピックの誘致に関する意見（賛成，反対）を調査したところ，東京都内に住む人ほど誘致に賛成する人が多かったという。居住地と意見はいずれも名義尺度をなす変数であり，このような 2 変数の関係のことを連関と呼ぶ。そして，東京都内に住む人ほど誘致に賛成するという関係が見られたので，居住地と意見との間に連関があるという。一方，東京都内と東京都外との間で賛成意見の割合に相違がなければ，居住地と意見との間に連関がない，もしくは居住地と意見は独立しているという。ここでは，こうした 2 変数の連関の強さを調べる方法について説明する。

2 変数のカテゴリを組み合わせ，それに該当する度数（被験者の数）を一覧表としてまとめたものをクロス集計表もしくはクロス表という。また，クロス集計表の縦を行，横を列といい，行数を r，列数を c としたとき，$r \times c$ のクロス集計表という。本章では，最初に 2 × 2 のクロス集計表の連関について説明し，その後，一般の $r \times c$（$r \geq 3$ あるいは $c \geq 3$）のクロス集計表の連関について説明する。

【事例】

大学生 30 人に性別と小学生の頃の通塾経験の有無を尋ねたところ，表 8.7 の回答を得た。性別と通塾経験の連関について分析する。

表 8.7 性別と通塾経験（$N = 30$）

被験者番号	性別	通塾経験	被験者番号	性別	通塾経験	被験者番号	性別	通塾経験
1	男	あり	11	男	あり	21	女	あり
2	男	あり	12	男	あり	22	女	あり
3	男	あり	13	男	あり	23	女	あり
4	男	あり	14	男	なし	24	女	あり
5	男	あり	15	男	なし	25	女	あり
6	男	あり	16	男	なし	26	女	なし
7	男	あり	17	男	なし	27	女	なし
8	男	あり	18	女	あり	28	女	なし
9	男	あり	19	女	あり	29	女	なし
10	男	あり	20	女	あり	30	女	なし

【分析方法】

Fisher の直接確率法，もしくは χ^2（カイ 2 乗）検定。

【SPSS の手順】

〈a〉データエディタを開く

変数名を**被験者番号**，**性別**，**通塾経験**として入力する（図 8.18）。ここでは**男**を 1，**女**を 2，通塾経験**あり**を 1，**なし**を 2 として入力し，**値ラベル**を利用して数値へラベルをつけた（図 8.19）。

クロス集計表(性別と通塾経験).sav [データセッ

ファイル(F) 編集(E) 表示(V) データ(D)

24 :

	被験者番号	性別	通塾経験
1	1	男	あり
2	2	男	あり
3	3	男	あり
4	4	男	あり
5	5	男	あり
6	6	男	あり
7	7	男	あり
8	8	男	あり
9	9	男	あり
10	10	男	あり
11	11	男	あり
12	12	男	あり
13	13	男	あり
14	14	男	なし

図 8.18 性別と通塾経験の入力

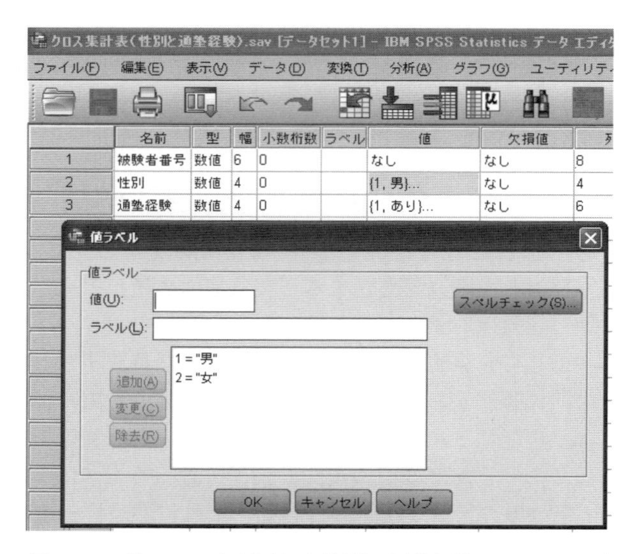

図 8.19 値ラベルを利用した性別と通塾経験のラベリング

〈b〉 メニューを選ぶ

[分析 (A)] → **[記述統計 (E)]** → **[クロス集計表 (C)]** →**クロス集計表**ダイアログボックス

〈i〉 行と列の変数指定

性別を行 (O)，通塾経験を列 (C) へ指定する（図 8.20）。

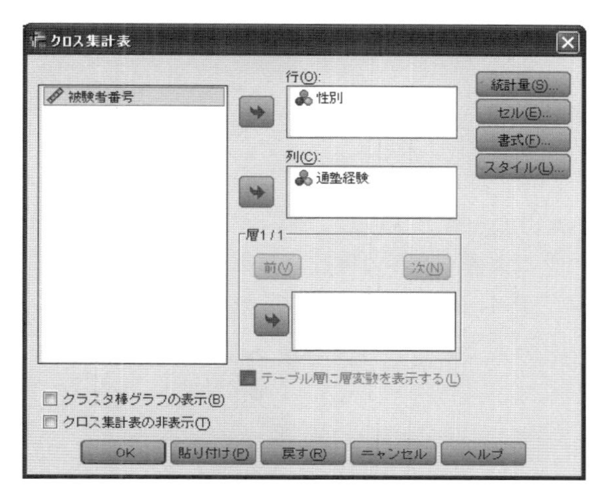

図 8.20　行と列の変数名の指定

〈ii〉 χ^2 検定と ϕ（ファイ）と Cramer の V の指定

統計量 (S) をクリックして**クロス集計表：統計量の指定**ダイアログボックスを開く（図 8.21)。**カイ 2 乗 (H)** と**名義**欄の **Phi および Cramer V(P)** をチェックし，**続行**ボタンを押す。この V は Cramer の連関係数とも呼ばれる。

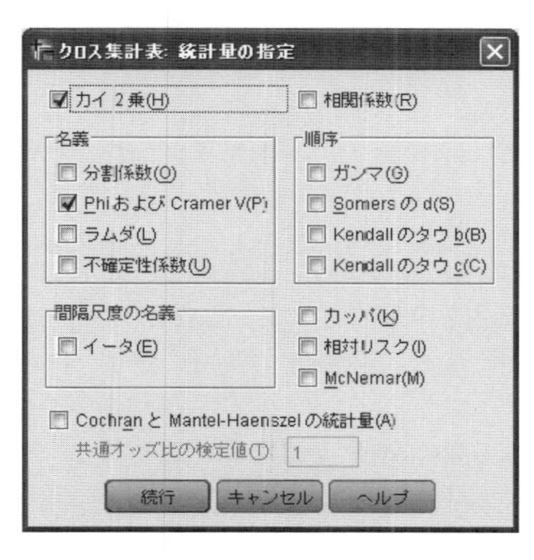

図 8.21　統計量の指定

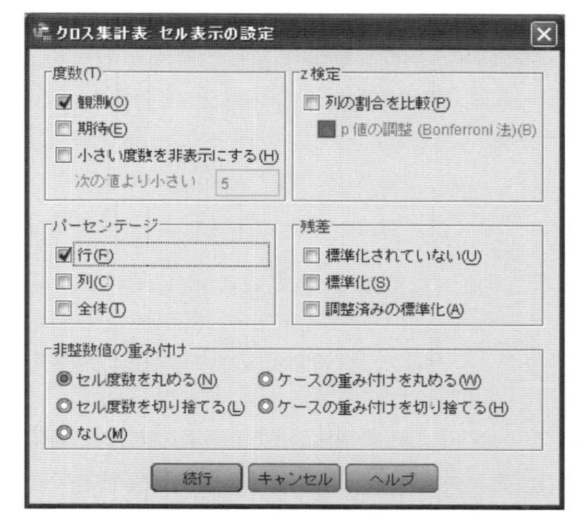

図 8.22　セル表示の設定

〈iii〉 パーセンテージの指定

クロス集計表ダイアログボックスの**セル (E)** をクリックして**クロス集計表：セ**

ル表示の設定ダイアログボックスを開き（図 8.22），**パーセンテージの行（R）**をチェックする。これで男女それぞれの総度数を 100% とする通塾経験の割合が出力される。**性別**を列へ指定した場合は**列（C）**をチェックする。セルとは 2 変数のカテゴリを組み合わせたものなので，この事例では「男のあり，男のなし，女のあり，女のなし」という 4 つのセルができる。**続行**ボタンを押して**クロス集計表**ダイアログボックスへ戻り，**OK** ボタンを押す。

【出力の読み方と解説】

クロス集計表とセル度数の割合（%），連関の χ^2 検定，ファイ（ϕ）と Cramer の V が出力される。

〈a〉クロス集計表とセルの度数およびその割合

性別と通塾経験のクロス表へセルの度数とその割合が出力される。通塾経験者の割合は男子が 76.5%，女子が 61.5% である。

性別 と 通塾経験 のクロス表

			通塾経験		
			あり	なし	合計
性別	男	度数	13	4	17
		性別 の %	76.5%	23.5%	100.0%
	女	度数	8	5	13
		性別 の %	61.5%	38.5%	100.0%
合計		度数	21	9	30
		性別 の %	70.0%	30.0%	100.0%

図 8.23 性別と通塾経験のクロス集計表

〈b〉2 変数の連関に関する検定

〈i〉χ^2 検定

カイ 2 乗検定として，次の帰無仮説（H_0）と対立仮説（H_1）を検定する統計量と有意確率（p 値）が出力される（図 8.24）。表中の `df` は検定統計量の自由度である。

H_0:2 変数に連関はない

H_1:2 変数に連関はある

カイ 2 乗検定表の最上段には Pearson の χ^2 検定の結果が出力されており，$\chi^2(1)= .782$，$p = .376$ であるから帰無仮説を棄却できない。したがって，通塾経験に性差は認められないと判断する。ところで，χ^2 検定の使用に際し，次の 2 点に注意する。

- 期待度数が 5 未満のセルが全体のセルの数の 20% を超えないこと
- 期待度数が 1 未満のセルがないこと

この事例では図の注記に「**a. 1 セル (25.0%) は期待度数が 5 未満です。最小期待度数は 3.90 です。**」とあるように，第 1 の基準を満たしていないので，**Fisher の直接法**（Fisher の正確確率法とも呼ばれる）の検定結果を参照するのがよい。

〈ii〉Fisher の直接確率法

2×2 のクロス集計表では，Fisher の直接確率法によって求めた正確な有意確率

カイ 2 乗検定

	値	df	漸近有意確率 (両側)	正確有意確率 (両側)	正確有意確率 (片側)
Pearson のカイ 2 乗	.782[a]	1	.376		
連続修正 [b]	.233	1	.630		
尤度比	.778	1	.378		
Fisher の直接法				.443	.314
線型と線型による連関	.756	1	.385		
有効なケースの数	30				

a. 1 セル (25.0%) は期待度数が 5 未満です。最小期待度数は 3.90 です。
b. 2×2 表に対してのみ計算

図 8.24 性別と通塾経験の χ^2 検定

が出力される。**Fisher の直接法**の有意確率として**正確有意確率（両側）**と**正確有意確率（片側）**が表示されるが，性差に特別の傾向を仮定してないので，**正確有意確率（両側）**の値を使う。事例では $p = .443$ であるから，帰無仮説を棄却できない。つまり，性別と通塾経験に連関がないと判断する。

〈iii〉 Fisher の直接法と Pearson の χ^2 検定

Fisher の直接法は超幾何分布を用いて直接に正確な有意確率を求めるので，2×2 のクロス集計表の場合は始めから直接確率を利用してもよい。しかも，対立仮説として性差に傾向（たとえば，男性の方が通塾経験者の割合が高い）を仮定するようなときも利用できる。しかし，［**記述統計 (E)**］のメニューでは，一般の $r \times c$ のクロス集計表に Fisher の直接法を適用することはできない。一方，前述の Pearson の χ^2 検定は被験者が多ければほぼ正確な有意確率を求めることができ，一般の $r \times c$ のクロス集計表にも適用できる。

〈c〉 連関の強さ — 効果量

連関が小さくても，被験者数が大きいと χ^2 検定は有意になりやすく，しかも連関の有無しか判断できない。そのため，連関の強さは**対称性による類似度**（図 8.25）へ出力されるファイ（ϕ）と **Cramer の V** から判断する。SPSS で出力される 2 つの係数は

$$\phi = \sqrt{\frac{\chi^2}{N}} \tag{8.5}$$

$$V = \sqrt{\frac{\chi^2}{N(k-1)}} = \frac{\phi}{\sqrt{k-1}} \tag{8.6}$$

と定義されるが，ϕ は Cohen(1992) の w に等しい。ここで，χ^2 は式 (8.7) で定義される χ^2 検定の統計量，N は総度数（被験者数），k は行数と列数の小さい方の値である。2×2 のクロス集計表の場合は $k = 2$ であるから，ϕ と V は一致する。ϕ の取り得る範囲は $0 \leq \phi \leq \sqrt{k-1}$ であり，2×2 のクロス集計表に限り，1 を超えない。また，V の取り得る範囲はどの大きさのクロス集計表でも，$0 \leq V \leq 1$ である。効果量（ϕ，w）の大きさを判断する場合，2×2 のクロス集計表では，表 8.3 の「相関」を「連関」と読み替えて利用することができるので，この事例の効果量は小さいと言える。

対称性による類似度

		値	近似有意確率
名義と名義	ファイ	.161	.376
	Cramer の V	.161	.376
有効なケースの数		30	

図 8.25　ファイ（ϕ）と Cramer の V

8.6　論文の記載例 — 2×2 のクロス集計表

大学生 30 名に小学生の頃の通塾経験の有無を尋ねた結果を表 8.8 にまとめた。性別と通塾経験の連関を Fisher の直接確率法によって検定したところ，有意な連関は見られなかった（$p = .443$: 両側検定，$\phi = .161$）。したがって，通塾経験に性差があるとは言えない。

表 8.8　通塾経験の有無（$N = 30$）

性別	通塾経験		計
	あり	なし	
男	13(76.5)	4(23.5)	17
女	8(61.5)	5(38.5)	13
計	21	9	30

Note. ( ) 内は行和に対するパーセントである。

論文には以下の事項を記載する。

〈a〉単純集計

観測度数からクロス集計表を作成し，必要に応じてセルの頻度へパーセントを添える。

〈b〉検定結果

検定には Fisher の直接確率法を用いる。χ^2 検定の前提（160 ページ参照）を満たしているなら，χ^2 検定や尤度比（ゆうどひ）検定でもよい。χ^2 検定を用いた場合は，「……，有意な連関は見られなかった（$\chi^2(1) = .782$，$p = .376$）。」と書き，尤度比検定を用いた場合は χ^2 へ尤度（likelihood）の L（エルの大文字）を添え，「……，有意な連関は見られなかった（$\chi^2_L(1) = .778$，$p = .378$）。」と書く。なお，尤度比検定は G 検定と呼ばれることがある。

■クロス集計表の χ^2 検定

クロス集計表の χ^2 検定は観測された周辺度数（行和と列和）から，帰無仮説を真として各セルの期待度数を計算し，観測度数との違いを数量化して χ^2 検定の統計量とする。ここで，通塾経験の有無をまとめたクロス集計表（表 8.9）を用い，各セルの期待度数と χ^2 値の計算手順を説明する。一般の $r \times c$ のクロス集計表でも以下の計算手順に従う。

〈i〉周辺度数と周辺確率および各セルの期待確率

行和と列和をそれぞれ総度数で割り，周辺確率とする（表 8.9）。2 変数の連関がなければ，つまり，通塾経験に性差がなければ，各セルの期待確率は行の周辺確率と列の周辺確率の積に等しい。各セルの期待確率の合計は 1.0 である。

〈ii〉 各セルの期待度数の算出式

各セルの期待確率に総度数の 30 を乗じた値が，帰無仮説を真としたときの期待度数である（表 8.10）。

〈iii〉 各セルの期待度数

各セルの期待度数を表 8.11 に示す。期待度数は 2 変数に連関がないときに期待される値であるから，期待度数が観測度数と違うほど連関がある，つまり通塾経験に性差があることになる。

〈iv〉 観測度数と期待度数との違い

表 8.12 へ各セルの観測度数と期待度数との違いを示す。

表 8.9 周辺確率と各セルの期待確率

	通塾経験		
性別	あり	なし	計
男	$\frac{17}{30} \times \frac{21}{30}$	$\frac{17}{30} \times \frac{9}{30}$	17 $(\frac{17}{30})$
女	$\frac{13}{30} \times \frac{21}{30}$	$\frac{13}{30} \times \frac{9}{30}$	13 $(\frac{13}{30})$
計	21 $(\frac{21}{30})$	9 $(\frac{9}{30})$	30

セル内は各セルの期待確率
( ) 内は全体に対する周辺確率

表 8.10 各セルの期待度数の算出式

	通塾経験		
性別	あり	なし	計
男	$\frac{17}{30} \times \frac{21}{30} \times 30$	$\frac{17}{30} \times \frac{9}{30} \times 30$	17 $(\frac{17}{30})$
女	$\frac{13}{30} \times \frac{21}{30} \times 30$	$\frac{13}{30} \times \frac{9}{30} \times 30$	13 $(\frac{13}{30})$
計	21 $(\frac{21}{30})$	9 $(\frac{9}{30})$	30

セル内は各セルの期待度数の算出式
( ) 内は全体に対する周辺確率

表 8.11 各セルの期待度数

	通塾経験		
性別	あり	なし	計
男	11.90	5.10	17 $(\frac{17}{30})$
女	9.10	3.90	13 $(\frac{13}{30})$
計	21 $(\frac{21}{30})$	9 $(\frac{9}{30})$	30

セル内は各セルの期待度数
( ) 内は全体に対する周辺確率

表 8.12 各セルの観測度数と期待度数の差

	通塾経験		
性別	あり	なし	計
男	1.10	−1.10	17 $(\frac{17}{30})$
女	−1.10	1.10	13 $(\frac{13}{30})$
計	21 $(\frac{21}{30})$	9 $(\frac{9}{30})$	30

セル内は観測度数と期待度数の差
( ) 内は全体に対する周辺確率

〈v〉 χ^2 値と自由度

χ^2 値は各セルの観測度数と期待度数の差に基づき，

$$\chi^2 = \sum_{i=1}^{r} \sum_{j=1}^{c} \frac{(O_{ij} - E_{ij})^2}{E_{ij}} \tag{8.7}$$

と定義される。ここで，r は行数（ここでは 2），c は列数（ここでは 2），O_{ij} は i 行 j 列のセルの観測度数，E_{ij} は i 行 j 列のセルの期待度数である。したがって，事例の χ^2 値は，

$$\chi^2 = \frac{1.10^2}{11.90} + \frac{(-1.10)^2}{5.10} + \frac{(-1.10)^2}{9.10} + \frac{1.10^2}{3.90} = .782$$

である（図 8.24 参照）。

〈vi〉 有意確率（p 値）

帰無仮説が真のとき，χ^2 値は自由度 $(r-1)\times(c-1)$ の χ^2 分布に従う。事例のクロス集計表は $r=c=2$ であるから，自由度は 1 である。したがって，有意確率（p 値）は自由度 1 の χ^2 分布において，$\chi^2 > .782$ となる確率である。そこで，付表 A.2 に示す χ^2 分布表で自由度（df）1 の行を横に見ていく。$\chi^2 > .782$ となる上側確率（α）は，.250 から .500 の範囲にあることが読み取れる。なお，正確な有意確率は図 8.24 に出力されている通り，.376 である。

■連続修正と尤度比（ゆうどひ）

SPSS のクロス集計表の分析で χ^2 検定を選択すると，2×2 クロス集計表の場合は Yates の**連続修正**が出力される（図 8.24）。連続修正は名義尺度データから算出される非連続的な χ^2 値を χ^2 分布へより良く近似させるために提案されたもので，χ^2 検定の前提（160 ページ参照）が満たされないときに利用するとよいとされるが，周辺度数が固定されていないクロス集計表への適用には否定的な意見が少なくない（Howell, 2012）。いずれにしても，χ^2 検定を行っているので，**連続修正**欄の読み方は `Pearson` の**カイ 2 乗**欄と同様である。

また，図 8.24 の**尤度比**は

$$\chi_L^2 = 2\left[\sum_{i=1}^{r}\sum_{j=1}^{c} O_{ij}\ln\left(\frac{O_{ij}}{E_{ij}}\right)\right] \tag{8.8}$$

と定義されている。ここで，$\ln(x)$ は x の自然対数である。したがって，事例の尤度比は

$$\chi_L^2 = 2\times\left[13\times\ln\left(\frac{13}{11.90}\right)+4\times\ln\left(\frac{4}{5.10}\right)+8\times\ln\left(\frac{8}{9.10}\right)+5\times\ln\left(\frac{5}{3.90}\right)\right] = .778$$

となる。尤度比は χ^2 分布へ近似されているので，読み方は `Pearson` の**カイ 2 乗**欄と同様である。

8.7 名義・順序尺度をなす変数の連関 — $r\times c$ のクロス集計表

行数（r）もしくは列数（c）が 3 以上のクロス集計表では連関が有意となっても，それだけは 2 変数の間で関係の強いカテゴリを知ることができない。そのため，各セルの残差，つまり観測度数と期待度数との違いに着目して関係の強いカテゴリを探す必要がある。これを残差分析と言い，残差分析を必要とする点に 2×2 のクロス集計表の分析との違いがある。

【事例】

魅力のある教師像の要件を「優しさ」「ユーモア」「指導の熱心さ」「教え方」「一緒に遊ぶ」の 5 つにまとめ，小学生（135 名）と中学生（65 名）を被験者として，魅力のある教師像として最も必要とされる要件を選択して貰った。表 8.13 にまとめたクロス集計表を使い，発達段階と魅力のある教師像の要件との連関を検討する。

【分析】

χ^2 検定。

表 8.13 発達段階と選択された教師像のクロス集計表（$N = 200$）

発達段階	魅力のある教師像の要件				
	優しさ	ユーモア	指導の熱心さ	教え方	一緒に遊ぶ
小学校低学年	20	20	10	10	10
小学校高学年	20	15	15	10	5
中学校	10	15	20	20	0

【SPSS の手順】

〈a〉 データービューを開く

変数名を**発達段階**，**要件**，**度数**として，クロス集計表（表 8.13）の度数を SPSS のデータエディタへ入力する（図 8.26）。

〈b〉 ケースの重み付けを行う

[データ (D)] → [ケースの重み付け (W)] →ケースの重み付けダイアログボックス

ケースの重み付け (W) にチェックを入れ，**度数変数 (F)** へ**度数**を指定する（図 8.27）。すると，**データエディタ**の右下に**重み付き オン**と表示される（図 8.28）。

	発達段階	要件	度数
1	小学校低学年	優しさ	20
2	小学校低学年	ユーモア	20
3	小学校低学年	指導の熱心さ	10
4	小学校低学年	教え方	10
5	小学校低学年	一緒に遊ぶ	10
6	小学校高学年	優しさ	20
7	小学校高学年	ユーモア	15
8	小学校高学年	指導の熱心さ	15
9	小学校高学年	教え方	10
10	小学校高学年	一緒に遊ぶ	5
11	中学校	優しさ	10
12	中学校	ユーモア	15
13	中学校	指導の熱心さ	20
14	中学校	教え方	20
15	中学校	一緒に遊ぶ	0
16			

図 8.26 発達段階と魅力のある教師像の要件

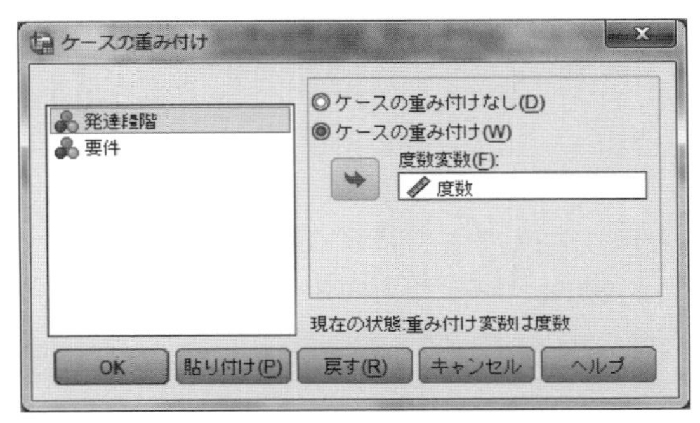

図 8.27 ケースの重み付け（度数）

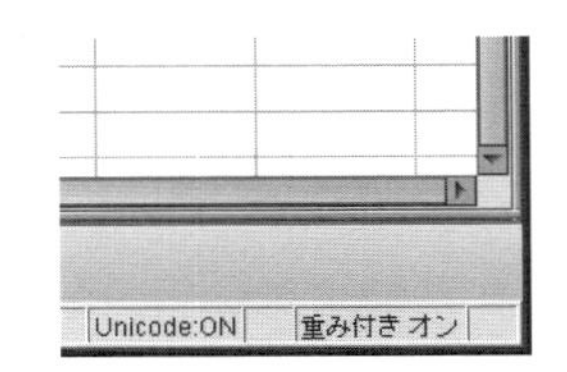

図 8.28 ケースの重み付き オン

〈c〉 メニューを選ぶ

[分析 (A)] → [記述統計 (E)] → [クロス集計表 (C)] →クロス集計表ダイアログボックス

〈i〉 行と列の変数指定

発達段階を**行 (O)**，**要件**を**列 (C)** へ指定する（図 8.29）。

〈ii〉 χ^2 検定と ϕ と Cramer の V の指定

統計量 (S) をクリックして**クロス集計表：統計量の指定**ダイアログボックスを開く（図 8.30）。**カイ 2 乗 (H)** と名義欄の **Phi および Cramer V(P)** をチェックし，

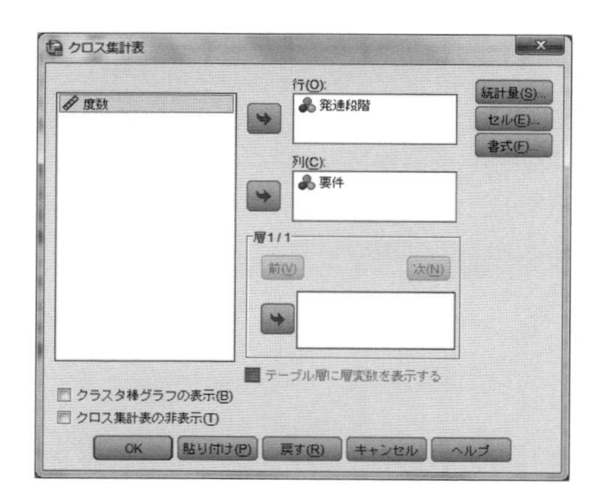

図 8.29　行（発達段階）と列（要件）の指定

続行ボタンを押す。

〈iii〉 パーセンテージの指定

クロス集計表ダイアログボックスの**セル（E）**をクリックして**クロス集計表：セル表示の設定**ダイアログボックスを開き（図 8.31），**度数（T）**の**観測（O）**と**期待（E）**，**パーセンテージ**の**行（R）**をチェックする。これで発達段階別に連関がないときの期待度数，観測度数のパーセントが出力される。また，χ^2 検定が有意になった場合に残差分析を行うので，あらかじめ**残差**の**調整済みの標準化（A）**にチェックを入れておく。そして，**続行**ボタンを押して**クロス集計表**ダイアログボックスへ戻り，**OK** ボタンを押す。

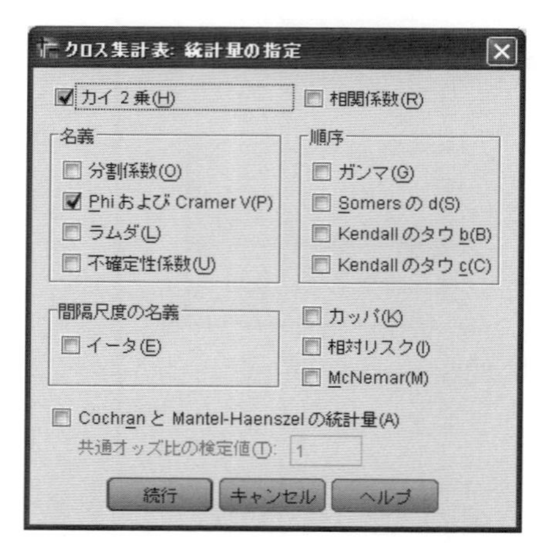

図 8.30　検定統計量の指定

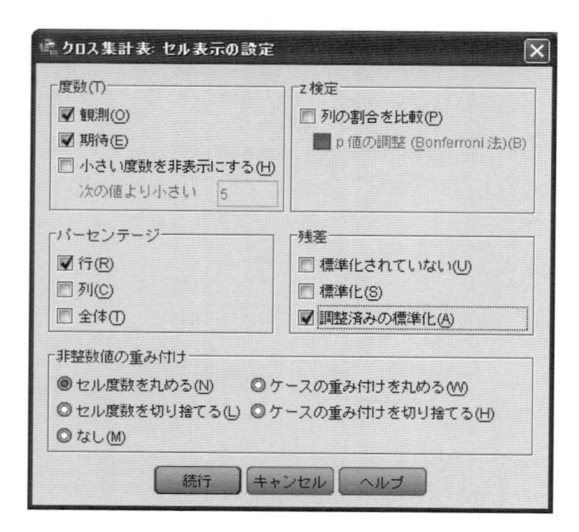

図 8.31　クロス集計表のセル表示の設定

【出力の読み方と解説】

〈a〉クロス集計表

発達段階と要件のクロス表へ**観測度数**，**期待度数**，行和を 100% とする**発達段階の %**，**調整済み残差**が出力される（図 8.32）。**発達段階の %** を 3 群の発達段階の間で比較すると，小学校低学年は「一緒に遊ぶ」を選び，中学生は「指導の熱心さ」を選ぶ傾向が強いように思われる。小学校高学年は 3 段階の中で平均的な傾向を示している。

発達段階 と 要件 のクロス表

			要件					
			優しさ	ユーモア	指導の熱心さ	教え方	一緒に遊ぶ	合計
発達段階	小学校低学年	度数	20	20	10	10	10	70
		期待度数	17.5	17.5	15.8	14.0	5.3	70.0
		発達段階 の %	28.6%	28.6%	14.3%	14.3%	14.3%	100.0%
		調整済み残差	.9	.9	-2.0	-1.5	2.7	
	小学校高学年	度数	20	15	15	10	5	65
		期待度数	16.3	16.3	14.6	13.0	4.9	65.0
		発達段階 の %	30.8%	23.1%	23.1%	15.4%	7.7%	100.0%
		調整済み残差	1.3	-.4	.1	-1.1	.1	
	中学校	度数	10	15	20	20	0	65
		期待度数	16.3	16.3	14.6	13.0	4.9	65.0
		発達段階 の %	15.4%	23.1%	30.8%	30.8%	0.0%	100.0%
		調整済み残差	-2.2	-.4	1.9	2.6	-2.8	
合計		度数	50	50	45	40	15	200
		期待度数	50.0	50.0	45.0	40.0	15.0	200.0
		発達段階 の %	25.0%	25.0%	22.5%	20.0%	7.5%	100.0%

図 8.32 発達段階と要件のクロス表と調整済み残差

〈b〉2 変数の連関に関する χ^2 検定

この事例は χ^2 検定の前提（160 ページ参照）を満たしているので，**Pearson のカイ 2 乗**を読む。$\chi^2(8) = 23.040$，$p < .01$ であり，有意な連関が認められる（図 8.33）。

カイ 2 乗検定

	値	df	漸近有意確率 (両側)
Pearson のカイ 2 乗	23.040[a]	8	.003
尤度比	27.065	8	.001
線型と線型による連関	.784	1	.376
有効なケースの数	200		

a. 2 セル (13.3%) は期待度数が 5 未満です。
最小期待度数は 4.88 です。

図 8.33 発達段階と要件の χ^2 検定

〈c〉効果量

対称性による類似度（図 8.34）へ出力される**ファイ**（ϕ）と **Cramer の V** を効果量として利用することができる。ただし，**ファイ**（ϕ）は 1 を超えることがあるので（161 ページ参照），一般の $r \times c$ のクロス集計表では **Cramer の V** を利用するほうがよい。解釈の基準は表 8.3 の通りである。この事例では $V = .240$ であるから，発達段階と魅力のある教師像との間に小さな連関があると言える。なお，ϕ は

$$\phi = \sqrt{\sum_{i=1}^{r}\sum_{j=1}^{c}\frac{(o_{ij} - e_{ij})^2}{e_{ij}}} \tag{8.9}$$

と定義され，ここで，r は行数，c は列数，o_{ij} は i 行 j 列のセルの観測確率（O_{ij}/N），e_{ij} は i 行 j 列のセルの期待確率（E_{ij}/N）である。このように ϕ は観測確率と期待確率のみから決まるので，効果量を表す指標として有用であるとされる（Cohen, 1992）。したがって，ϕ を Cramer の V と合わせて論文へ記載するのもよい。

対称性による類似度

		値	近似 有意確率
名義と名義	ファイ	.339	.003
	Cramer の V	.240	.003
有効なケースの数		200	

図 8.34 発達段階と要件のファイ（ϕ）と Cramer の V

〈d〉 調整済み残差

連関が有意となったので，**発達段階と要件のクロス表**（図 8.32）に出力される**調整済み残差**を読み，発達段階と魅力のある教師像との連関について，その特徴を見ていく。調整済み残差は各セルについて，観測度数と期待度数との違いを標準化した統計量であり，

$$調整済み残差 = \frac{O_{ij} - E_{ij}}{\sqrt{E_{ij}(1 - pr_i)(1 - pc_j)}} \tag{8.10}$$

と定義される。ここで，O_{ij} と E_{ij} は，それぞれ i 行 j 列のセルの観測度数と期待度数，pr_i と pc_j はそれぞれ i 行と j 列の周辺確率である（163 ページ参照）。たとえば，1 行 5 列（「小学校低学年」の「一緒に遊ぶ」のセル）の**調整済み残差**は，$E_{15} = 70 \times 15/200 = 5.25$，$pr_1 = 70/200 = .350$，$pc_5 = 15/200 = .075$ であるから，

$$調整済み残差 = \frac{10 - 5.25}{\sqrt{5.25(1 - .350)(1 - .075)}} = 2.67$$

となる。図 8.32 では 2.7 と表示されているが，表をアクティブにして数値をダブルクリックすると，正確な値が表示される。

〈e〉 調整済み残差の基準値

調整済み残差は期待度数が大きいとき，連関がない（残差 = 0）とする帰無仮説のもとで，平均 0，標準偏差 1 の正規分布に従う。したがって，調整済み残差が -1.96 未満，もしくは 1.96 よりも大きければ，有意水準 5% で観測度数が期待度数よりも有意に大きい，もしくは小さいと判断する。事例では，小学校低学年の指導の熱心さが -2.0，中学生の優しさが -2.2，中学生の一緒に遊ぶが -2.8 であり，観測度数が期待度数より有意に小さい。また，小学校低学年の一緒に遊ぶが 2.7，中学校の教え方が 2.6 であり，観測度数が期待度数よりも有意に大きい。以上から，小学校低学年では一緒に遊ぶことが望まれるが，教師の指導の熱心さは評価されず，中学校では上手な教え方が要望され，優しさや一緒に遊ぶことは必要とされていないと言えよう。

8.8　論文の記載例 — $r \times c$ のクロス集計表

魅力のある教師像の要件を「優しさ」「ユーモア」「指導の熱心さ」「教え方」「一緒に遊ぶ」の 5 つにまとめ，小学生（135 名）と中学生（65 名）を被験者として，魅力のある教師像として最も必要とされる要件を選択してもらった。回答を表 8.14 のクロス集計表にまとめ，発達段階と魅力のある教師像の要件との連関を検定したところ，有意であった（$\chi^2(8) = 23.040$，$p < .01$，Cramer の $V = .240$，$\phi = .339$）。また，残差分析を行った結果，調整済み残差は表 8.14 の通りであり，小学校低学年では教師と一緒に遊ぶことが望まれるが，指導の熱心さは評価されず，中学校では上手な教え方が要望され，優しさや一緒に遊ぶことは必要とされないことが示唆された。そして，小学校高学年は平均的な選択をしており，目立った特徴は見られなかった。

表 8.14　発達段階と魅力のある教師の要件のクロス集計表および調整済み残差（$N = 200$）

発達段階		魅力のある教師の要件					合計
		優しさ	ユーモア	指導の熱心さ	教え方	一緒に遊ぶ	
小学校低学年	度数 (%)	20(28.6)	20(28.6)	10(14.3)	10(14.3)	10(14.3)	70(100.0)
	調整済み残差	0.9	0.9	−2.0*	−1.5	2.7**	
小学校高学年	度数 (%)	20(30.8)	15(23.1)	15(23.1)	10(15.4)	5(7.7)	65(100.0)
	調整済み残差	1.3	−0.4	0.1	−1.1	0.1	
中学校	度数 (%)	10(15.4)	15(23.1)	20(30.8)	20(30.8)	0(0.0)	65(100.0)
	調整済み残差	−2.2*	−0.4	1.9	2.6**	−2.8**	

*$p < .05$，**$p < .01$

論文に記載する事項は以下の通りである。

〈a〉単純集計の結果

観測度数とパーセントを入れたクロス集計表を作成する。事例では発達段階の差を見たいので，発達段階ごとに被験者数を 100% として観測度数にパーセントを添える。

〈b〉連関の検定

χ^2 検定，または尤度比検定を用いる。検定結果には効果量を添えて，本文へ「…… 有意であった（$\chi^2(8) = 23.040$，$p < .01$，Cramer の $V = .240$，$\phi = .339$）。」あるいは「…… 有意であった（$\chi^2_L(8) = 27.065$，$p < .01$，Cramer の $V = .240$，$\phi = .339$）。」と記載する。

〈c〉残差分析の結果

連関が有意なときに限り，残差分析の結果を報告する。記載方法に決まった書式はないので，調整済み残差を表に入れてもよいし，有意な残差を本文で報告してもよい。

第 9 章

重回帰分析

心理学の研究では，研究仮説として変数間に因果関係を想定し，その強さを検討したり，一群の変数（独立変数）を用いて他の変数（従属変数）の値を予測することが多い。たとえば，臨床心理学ではストレスの強さおよびストレスコーピングと抑うつ傾向の因果関係，教育心理学では学習観および学習方略と学習成績の因果関係，社会心理学では過去のギャンブル体験とその後のギャンブル行動の因果関係などの検証を目的とする研究がある。

本章では，こうした因果関係や変数間の関係の強さを分析する重回帰分析について学ぶ。

9.1 因果関係の強さを探る解析方法

調査，実験では独立変数と従属変数がさまざまな測定水準をとるので，因果関係を探る方法として，測定水準の組み合わせに応じて多数の解析方法が提案されている。代表的な解析方法と，それを実行する SPSS のメニューを表 9.1 に示す。

表 9.1 因果関係の強さを探る解析方法と SPSS のメニュー

変数の測定水準			
独立変数	従属変数	解析方法	SPSS のメニュー
間隔・比率	間隔・比率	回帰分析	[回帰 (R)] → [線型 (L)]
間隔・比率	名義	ロジスティック回帰分析	[回帰 (R)] → [二項ロジスティック (G)]
			→ [多項ロジスティック (M)]
		判別分析	[分類 (F)] → [判別 (D)]
名義	間隔・比率	カテゴリカル回帰分析	[回帰 (R)] → [最適尺度法 (O)]
		ダミー変数を使う回帰分析	[回帰 (R)] → [線型 (L)]
名義	名義	ロジスティック回帰分析	[回帰 (R)] → [二項ロジスティック (G)]
			→ [多項ロジスティック (M)]
		対数線型モデル	[対数線型 (O)] → [一般的 (G)]
		ダミー変数を使う判別分析	[分類 (F)] → [判別 (D)]

たとえば，すべての変数が間隔尺度もしくは比率尺度の場合は回帰分析を利用するが，独立変数が間隔尺度もしくは比率尺度で従属変数が名義尺度の場合には，ロジスティック回帰モデルと判別分析を利用することができる。また，独立変数に名義尺度をなす変数を含む場合，従属変数が間隔尺度もしくは比率尺度であるなら，ダミー変数を用いる回帰分析を利用することができる。

このような解析方法の中から，本章では因果関係の強さを探る最も基本となる回帰分析について説明する。他の解析方法については取り上げないが，回帰分析の基本的事項を理解することにより，他の解析方法の理解も容易に進むであろう。

9.2 単回帰分析

独立変数を1つに限定した回帰分析を単回帰分析といい，多数の独立変数を用いる回帰分析を重回帰分析という。本章では，はじめに単回帰分析の事例を取り上げ，回帰分析の基本的事項を説明する。

9.2.1 回帰式と最小2乗法

(1) 回帰式

単回帰分析は被験者 i の独立変数の値 x_i を用い，式 (9.1) に示す1次式によって従属変数の値 y_i を予測する。この式は（単）回帰式もしくは予測式と呼ばれる。

$$\hat{y}_i = a + bx_i \tag{9.1}$$

ここで，a は定数（切片とも呼ばれる），b は回帰係数と呼ばれる。単回帰分析では回帰係数 b に独立変数 x_i を乗じて定数 a を加えた値が従属変数の予測値であり，それを $\hat{y}_i$（$\hat{y}$ はワイハットと読む）と表記する。

本項の事例（表9.3）で用いる独立変数 x_i（攻撃性）と従属変数 y_i（耐性）の散布図を図9.1に示す。散布図には仮に定数 a と回帰係数 b が定まったとして回帰式を重ね，被験者9の耐性の実測値 y_9 と予測値 $\hat{y}_9$ の値を矢印で示した。

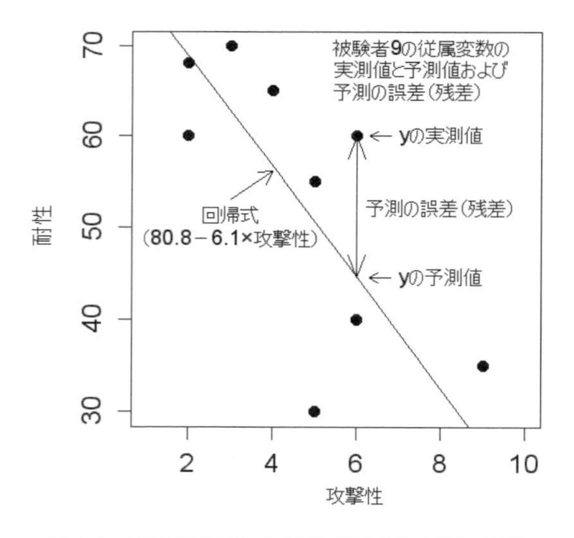

図9.1 単回帰分析における回帰式と予測の誤差

(1) 最小 2 乗法

2 つの値の差が予測の誤差であるから，それを 2 乗してすべての被験者に関して加え

$$Q = \sum_{i=1}^{N} (\underbrace{y_i - \hat{y}_i}_{\text{予測の誤差}})^2 = \sum_{i=1}^{N} \Big(y_i - (\underbrace{a + bx_i}_{\text{予測値 } \hat{y}_i}) \Big)^2 \tag{9.2}$$

を定義する。ここで N は被験者数である。定数 a と回帰係数 b は，この誤差の 2 乗和 Q を最小とする値として算出される。そのため，この算出方法は最小 2 乗法（自乗法），そして，推定値は最小 2 乗推定値と呼ばれる。

独立変数の値を x としたときの予測値 $\hat{y}_{(x)}$ と独立変数の値を 1 単位大きくして $x+1$ としたときの予測値 $\hat{y}_{(x+1)}$ は，

$$\hat{y}_{(x)} = a + bx$$
$$\hat{y}_{(x+1)} = a + b(x+1)$$

である。ここで 2 つの予測値の差を求めると

$$\hat{y}_{(x+1)} - \hat{y}_{(x)} = a + b(x+1) - (a+bx)$$
$$= b$$

となり，回帰係数 b に一致する。これより，独立変数の値 x が 1 単位分増加すると，従属変数の予測値 $\hat{y}$ は b だけ大きくなることがわかる。したがって，b が 0 のときは，すべての被験者の予測値が同一（a に等しい）になる。

9.2.2 重相関係数と決定係数

回帰式の予測力は重相関係数（後述の重回帰分析の場合に合わせて「重」をつけた）と決定係数によって検討する。重相関係数は従属変数の実測値と予測値の相関係数（R と表記されることが多い）であり，最小値が 0，最大値が 1 である。重相関係数が大きいほど予測力は大きい。

従属変数 y の分散は

$$y \text{ の分散} = \hat{y} \text{ の分散} + \text{誤差の分散} \tag{9.3}$$

と分解することができるので，両辺を y の分散で割ると，

$$1 = \underbrace{\frac{\hat{y} \text{ の分散}}{y \text{ の分散}}}_{\text{決定係数}} + \underbrace{\frac{\text{誤差の分散}}{y \text{ の分散}}}_{\text{非決定係数}} \tag{9.4}$$

が成り立つ。ここで，右辺の第 1 項は，従属変数の実測値の分散に占める，独立変数によって説明できる分散の割合であり，決定係数と呼ばれる。決定係数は従属変数をまったく予測できないときに 0（最小値），完全に予測できるときに 1（最大値）である。最大値の 1 から決定係数を引いた値「1 − 決定係数」（右辺の第 2 項）は，独立変数によって従属変数の分散を説明できない割合なので，非決定係数と呼ばれる。前述の重相関係数と決定係数との間には，

$$\text{決定係数} = \text{重相関係数の 2 乗} \tag{9.5}$$

という関係がある。決定係数の大きさは，おおむね表9.2に示す基準により解釈するが，基準は研究場面や目的によって異なることに注意したい。

【事例】

性格検査で測定した攻撃性の強さと各被験者が負荷に耐えた時間（秒）を表9.3に示す（$N = 10$）。攻撃性の強さが耐性に影響すると仮定したうえで，攻撃性の強さから耐性（秒）を予測して2変数の因果関係の強さを探る。

表9.2 決定係数を解釈する目安

決定係数（R^2）の値	予測力（予測の精度）
$.80 \leq R^2 \leq 1.00$	非常に良い
$.50 \leq R^2 < .80$	良い
$.25 \leq R^2 < .50$	やや良い
$.00 \leq R^2 < .25$	良くない

表9.3 攻撃性の強さと耐性（$N = 10$）

被験者	攻撃性	耐性（秒）
1	2	68
2	2	60
3	3	70
4	4	65
5	5	30
6	5	55
7	6	40
8	6	60
9	9	35
10	10	10

【分析方法】

回帰分析。

【要件】

独立変数と従属変数は間隔尺度もしくは比率尺度をなすこと。

【SPSSの手順】

〈a〉データエディタを開く

データエディタを開き，表9.3のデータを入力する（図9.2）。ここでは第1列に被験者の番号，第2列に攻撃性の強さ，第3列に耐性（秒）を入れ，**変数ビュー（V）**を開いて3変数の**ラベル**を**被験者**，**攻撃性**，**耐性**とした（図9.3）。

〈b〉メニューを選ぶ

［分析（A）］→［回帰（R）］→［線型（L）］→線型回帰ダイアログボックス

〈i〉独立変数と従属変数の指定

耐性［VAR00003］を**従属変数（D）**へ，**攻撃性［VAR00002］**を**独立変数（I）**へ指定する（図9.4）。

〈ii〉信頼区間とモデルの適合度などの指定

統計量（S）を押して**線型回帰：統計**ダイアログボックスを開き，**回帰係数の推定値（E）**と**信頼区間（N）**，**モデルの適合度（M）**と**記述統計量（D）**をチェックする（図9.5）。そして，**続行**ボタンを押して**線型回帰**ダイアログボックスへ戻る。

〈iii〉残差分析の指定

作図による残差分析を行うために，**作図（T）**をクリックして**線型回帰：作図**ダイアログボックスを開く（図9.6）。Y(Y):に*ZRESID，X(X):に*ZPREDを指定し，**続行**ボタンを押して**線型回帰**ダイアログボックスへ戻る。

*回帰1.sav [データセット1] - IBM SPSS Statistics データエディタ

	VAR00001	VAR00002	VAR00003
1	1.00	2.00	68.00
2	2.00	2.00	60.00
3	3.00	3.00	70.00
4	4.00	4.00	65.00
5	5.00	5.00	30.00
6	6.00	5.00	55.00
7	7.00	6.00	40.00
8	8.00	6.00	60.00
9	9.00	9.00	35.00
10	10.00	10.00	10.00

図 9.2 単回帰分析で用いるデータ

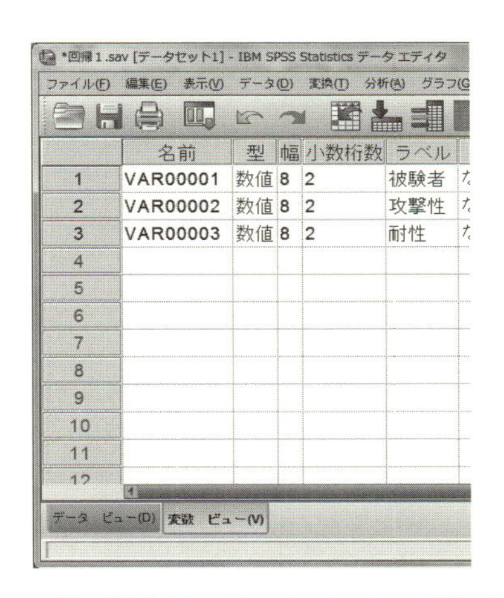
*回帰1.sav [データセット1] - IBM SPSS Statistics データエディタ

	名前	型	幅	小数桁数	ラベル
1	VAR00001	数値	8	2	被験者
2	VAR00002	数値	8	2	攻撃性
3	VAR00003	数値	8	2	耐性

図 9.3 単回帰分析で用いるデータの変数ビュー

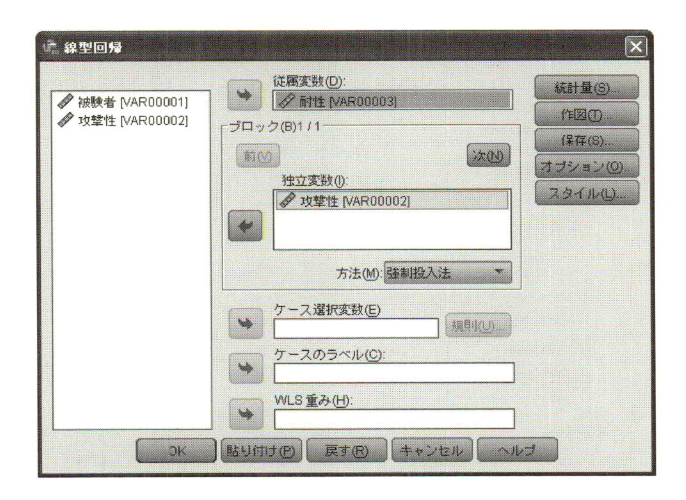

図 9.4 単回帰分析で独立変数と従属変数を指定する

〈iv〉データの適切性のチェック

データ（各ケース）が単回帰分析に対して適切であるかを検討するために，**保存(S)** をクリックして**線型回帰：新変数の保存**ダイアログボックスを開く（図 9.7）。ここで**距離行列**ボックスの **Cook(K)**，**てこ比の値 (G)**，**残差**ボックスで**標準化 (A)** をチェックする。**続行**ボタンを押して**線型回帰**ダイアログボックスへ戻り，**OK** ボタンを押して実行する。

【出力の読み方と解説】

回帰分析の出力は以下の順に読み取る。

〈a〉回帰式（回帰モデル）の予測力

〈i〉重相関係数と決定係数

はじめに重相関係数と決定係数を参照して回帰式の予測力を確認する。重相関係数は**モデルの要約**（図 9.8）で **R** として表示され，この事例では .830 という大き

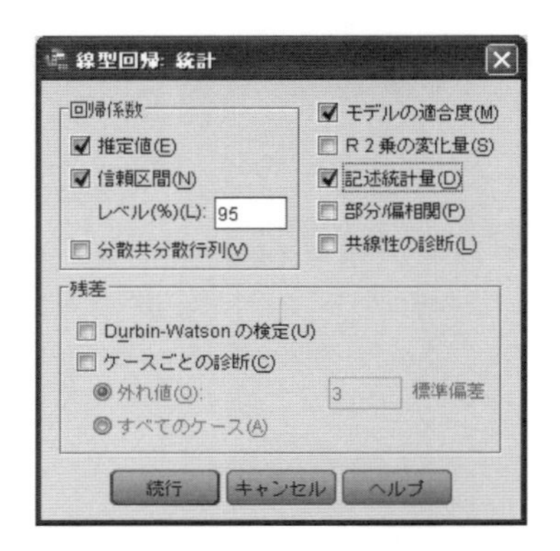

図 9.5 線型回帰：統計で信頼区間と記述統計などを指定する

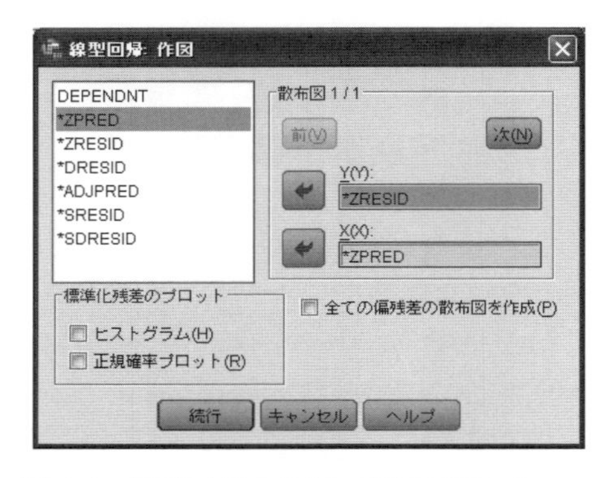

図 9.6 線型回帰の作図で*ZRESID と*ZPRED を指定する

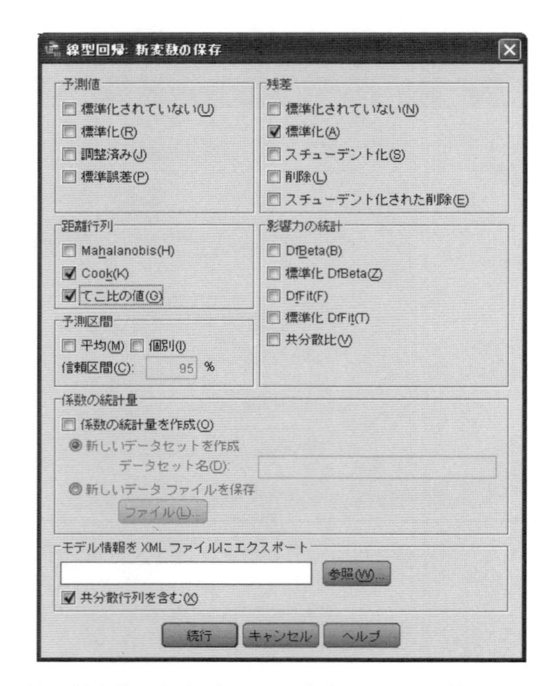

図 9.7 線型回帰：新変数の保存ダイアログボックスで距離行列と残差を指定する

な値である。また，決定係数の値は重相関係数の 2 乗に等しいので，SPSS では決定係数が **R2 乗（決定係数）** として表示される（図 9.8）。論文では決定係数を R2 乗とは表記せず，R^2 と表記する。この事例は $R^2 = .690$ であるから，耐性に見られる分散の 69% を攻撃性によって説明できることがわかる。

〈ii〉 決定係数と重相関係数の有意性検定

母集団の決定係数が 0 でないと言えなくては，決定係数や回帰係数の大きさを解釈しても意味はないので，次の帰無仮説（H_0）と対立仮説（H_1）を立てて検定

モデルの要約 b

モデル	R	R2 乗 (決定係数)	調整済 R2 乗 (調整済決定係数)	推定値の標準誤差
1	.830[a]	.690	.651	11.64182

a. 予測値: (定数)、攻撃性。
b. 従属変数 耐性

図 9.8 単回帰分析におけるモデルの要約（重相関係数と決定係数）

する。

H_0:母集団の決定係数（重相関係数）は 0 である
H_1:母集団の決定係数（重相関係数）は 0 よりも大きい

この事例では標本で得た決定係数が .690 であるから，有意確率は，帰無仮説が真のとき標本で .690 よりも大きい決定係数が得られる確率である。SPSS では**有意確率**が**分散分析**へ出力され（図 9.9），この事例では .003 である。したがって，有意水準 .01（1%）で帰無仮説を棄却でき（$F(1,8) = 17.781$；F 値の分子の自由度は 1，分母の自由度は「被験者数 − 2」），攻撃性によって耐性の分散の 69% を説明できると判定できる。ただし，この検定は母集団の決定係数が 0 と言えるかどうかを判断するだけなので，帰無仮説を棄却できても予測力の大きさは判断できない。予測力の大きさは先の重相関係数もしくは決定係数により判断する。

分散分析 a

モデル		平方和	df	平均平方	F	有意確率
1	回帰	2409.844	1	2409.844	17.781	.003[b]
	残差	1084.256	8	135.532		
	合計	3494.100	9			

a. 従属変数 耐性
b. 予測値: (定数)、攻撃性。

図 9.9 単回帰分析における決定係数の有意性検定

〈b〉定数と回帰係数

〈i〉標準化されていない係数

定数 a と回帰係数 b は**係数**へ出力される（図 9.10）。定数 a の推定値は**標準化されていない係数**（非標準化係数とも呼ばれる）の B の下（**(定数)** の右）に出力された 80.817 である。回帰係数 b の推定値は，さらにその下（**攻撃性**の右）に出力された −6.061 である。したがって，単回帰式（予測式）は，

$$\hat{y}_i = 80.817 - 6.061x_i$$

である。回帰係数 b の推定値が −6.061 であるから，攻撃性の得点に 1 点の増加があると，負荷に耐える時間が 6 秒ほど短くなると予測される。また，たとえば攻撃性が 5 点の被験者では，耐性の予測値は

$$\hat{y} = 80.817 - 6.061 \times 5.0 = 50.512$$

となるので，負荷に耐えられる時間は 50.5 ほどであると予測される。

係数 [a]

モデル		標準化されていない係数		標準化係数	t	有意確率	B の 95.0% 信頼区間	
		B	標準誤差	ベータ			下限	上限
1	(定数)	80.817	8.332		9.700	.000	61.604	100.030
	攻撃性	-6.061	1.437	-.830	-4.217	.003	-9.376	-2.746

a. 従属変数 耐性

図 9.10 単回帰分析における定数と回帰係数の推定値および有意性検定の結果

〈ii〉 回帰係数と定数の有意性検定

先の検定で母集団の決定係数は 0 よりも大きいと判断できたので，次の帰無仮説（H_0）と対立仮説（H_1）を立てて回帰係数の有意性検定（SPSS は t 検定）を行う（単回帰分析に限り，決定係数と回帰係数の有意性検定は同じ結論となる）。

H_0 : 母集団の回帰係数は 0 である
H_1 : 母集団の回帰係数は 0 ではない

この事例の回帰係数は -6.061 であるから，有意確率は，帰無仮説を真としたとき -6.061 よりも小さい回帰係数もしくは 6.061 よりも大きい回帰係数が得られる確率であり，図 9.10 でも**有意確率**として出力される。この事例の有意確率は .003 であるから，有意水準 .01（1%）で帰無仮説は棄却される（$|t|(8) = 4.217$; t 値の自由度は「被験者数 − 2」）。また，図 9.10 には，回帰係数の 95.0% 信頼区間（**B の 95.0% 信頼区間**）が出力されている。さらに，定数も回帰係数と同様に

H_0 : 母集団の定数は 0 である
H_1 : 母集団の定数は 0 ではない

として検定でき，その検定結果も**係数**へ出力される。しかし，因果関係の強さは回帰係数に表れるので，因果関係の強さという観点からは，この検定結果に意味はない。

〈iii〉 因果関係の強さ

因果関係の強さを知るには標準回帰係数（β : ベータ）を用いる。標準回帰係数とは，独立変数と従属変数を標準得点（40 ページ参照）へ変換してから求めた回帰係数のことであり，SPSS では**標準化係数（ベータ）**として出力される（図 9.10）。この事例では，ベータが $-.830$ であるから，標準化された独立変数（攻撃性）の値に 1.0 点の増分があるとき，標準化された従属変数（耐性）の値に $-.830$ 点の増加，つまり，.830 点の減少が期待される。なお，標準得点を用いた重回帰分析では定数が必ず 0 になるので，SPSS の出力では**定数**に対応する**ベータ**が空欄となっている。また，単回帰分析に限り，標準回帰係数の値は独立変数（ここでは攻撃性）と従属変数（ここでは耐性）の相関係数の値に一致する。

〈c〉 残差分析と外れ値のチェック

〈i〉 残差分析

従属変数の実測値と予測値の差を視覚的に捉えて回帰式の妥当性を検討する。一般的に，作図に指定する変数として標準化された予測値（`*ZPRED`）と標準化された残差（`*ZRESID`）を用いる。その散布図を図 9.11 に示す。横軸が**回帰の標準化**

された予測値（*ZPRED のこと），縦軸が**回帰の標準化された残差**（*ZRESID のこと）である。プロットされた各ケースが不規則に散らばっていればよく，規則的な散らばり傾向が見られたときは分析の妥当性を疑う。この事例では規則性はないので，問題があるとは思われない。

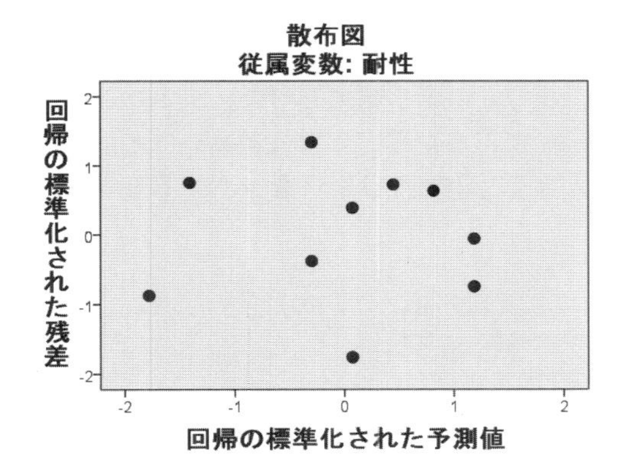

図 9.11　単回帰分析における標準化残差の散布図

ユーティリティ(U)　ウィンドウ(W)　ヘルプ(H)

表示: 6 個 (6 変数中)

ZRE_1	COO_1	LEV_1
-.05971	.00082	.15610
-.74689	.12908	.15610
.63271	.05095	.07378
.72384	.04144	.02195
-1.76194	.19306	.00061
.38549	.00924	.00061
-.38235	.01012	.00976
1.33560	.12352	.00976
.75003	.19480	.22012
-.87678	.57589	.35122

図 9.12　データエディタへ保存された標準化残差・Cook の距離・てこ比

〈ii〉外れ値

分析に用いた変数で特異な値を持つデータは回帰分析の結果に大きく影響する。先に**線型回帰：新変数の保存**ダイアログボックスで Cook(K) と**てこ比の値**（G），**残差**のボックスの**標準化**（A）をチェックしたので（図 9.7 参照），データエディタに各被験者の標準化残差（ZRE_1；ラベルは Standardized Residual），Cook の距離（COO_1；ラベルは Cook's Distance），てこ比（LEV_1；ラベルは Centered Leverage Value）が挿入される（図 9.12）。3 つの指標を参考にして特異な被験者であるかどうかを検討する。標準化残差は予測の誤差を基準化したもので，t 分布に従う。また，Cook の距離は 1 人の被験者を除いて求めた回帰係数とすべての被験者を用いて求めた回帰係数との違いに着目した指標であり，その平均値は $2.5(p+1)/N$（p は独立変数の数であり，単回帰分析では 1，N は被験者数）である。従属変数が特異な被験者ほど Cook の距離は大きい。てこ比は回帰係数に与える影響を被験者ごとに数量化したもので，独立変数が特異な値をとる被験者のてこ比は大きい。それぞれの指標を解釈する基準は表 9.4 の通りである。指標の値が基準を超える被験者は独立変数もしくは従属変数が外れ値の可能性があるので，該当する被験者を除いて分析を改めて行う。この事例では，3 つの指標がすべて小さく，外れ値を持つ被験者はいないと言える。

表 9.4　特異なケースを見つけるための統計量とその基準

指標	基準値とその判断
標準化残差	絶対値が 2.0 以上のときは注意，3.0 以上ではかなり問題
Cook の距離	0.5 以上のときは注意，1.0 以上ではかなり問題
てこ比	2.5(独立変数の数 + 1)$/N$ 以上のときは注意

9.3 論文の記載例 — 単回帰分析

大学生 10 名の協力を得て，攻撃性が耐性（忍耐力）に与える影響を検討した。攻撃性の強さは性格検査によって測定され，耐性の強さは騒音の流れる室内に被験者が一人で着席できた時間（秒）とした。攻撃性と耐性の平均と標準偏差を表 9.5 に示した。攻撃性を独立変数，耐性を従属変数として単回帰分析を行ったところ，表 9.6 に示す結果を得た。決定係数は有意水準 1% で有意であり，標準回帰係数（β）は $-.830$ であるから，攻撃性が高いほど耐性は小さいと言える。また，決定係数（R^2）は .690 と大きく，攻撃性は耐性を予測する妥当な変数と言えよう。

表 9.5 攻撃性と耐性（秒）の記述統計量（$N = 10$）

変数	平均値	標準偏差
攻撃性	5.2	2.70
耐性（秒）	49.3	19.70

表 9.6 攻撃性の強さから耐性を予測した結果

	回帰係数			B の 95%CI	
従属変数：耐性	非標準化（B）	β	$\|t\|(8)$	下限	上限
定数	80.817***		9.700	61.604	100.030
攻撃性	−6.061**	−.830**	4.217	−9.376	−2.746
R^2	.690				
$F(1,8)$	17.781**				

$^{**}p < .01$，$^{***}p < .001$

論文には以下の事項を記載する。すべての事項を 1 つの表にまとめると結果を伝えやすい。

〈a〉 決定係数（重相関係数の 2 乗；説明率）
決定係数として **R2 乗**と**調整済み R2 乗**が出力されるが，単回帰分析の場合は **R2 乗**を用いる。

〈b〉 決定係数の検定結果
F 値とその有意確率を示す。F 値の自由度は 1 と $N - 2$ である。したがって，本文へ記載する際は「$F(1,8) = 17.781$，$p < .01$」となる。ただし，単回帰分析の場合は回帰係数の検定と同じ結果になるので，一方を記載するだけでもよい。

〈c〉 回帰係数
表 9.6 には回帰係数（SPSS では**標準化されていない係数**もしくは**非標準化係数**，B）とその信頼区間（記載例では CI と表記した）を入れたが，独立変数の影響の大きさのみに言及する場合は標準回帰係数だけでもよい。

〈d〉 回帰係数の検定結果
検定結果を表に示す場合の特に決まった形式はないが，t 値（自由度）と有意確率を記載する。単回帰分析では t 値の自由度は $N - 2$ である。本文へ記載する場合は「$\beta = -.830$，$|t|(8) = 4.217$，$p < .01$，$B = -6.06$，95%CI[−9.38，−2.75]」という表記となる。なお，非標準化回帰係数（B）と標準回帰係数（β）の有意確率は等しい。

残差分析は重要なチェック項目の1つであるが，分析の途上で図示による判定や数値の大きさの判断は主観的に行われるので，特に記載する必要はなく，「残差分析においても問題が見られなかった」というコメントを記載することによって妥当な回帰分析であることを強調するくらいでよい。

同じように，てこ比やCookの距離などによるデータのチェックについても問題があったときにコメントを行い，データを除外した方法について触れておく。

■標準回帰係数の信頼区間

標準回帰係数（ベータ）の信頼区間を必要とする場合は，次式のBへ非標準化回帰係数の上限値と下限値を代入し，標準回帰係数（ベータ）の上限値と下限値を求める。

$$\text{標準回帰係数（ベータ）} = B\frac{\text{独立変数の標準偏差}}{\text{従属変数の標準偏差}}$$

あるいは，次の手順で標準回帰係数（ベータ）の信頼区間を求める。

〈a〉標準得点を求める

[分析 (A)] → [記述統計 (E)] → [記述統計 (D)] →**記述統計量**ダイアログボックス

独立変数と従属変数を**変数 (V)** へ指定する。そして，**標準化された値を変数として保存 (Z)** にチェックを入れて OK ボタンを押す。するとデータエディタに標準得点（変数名は先頭に Z がつく）が保存される。

〈b〉重回帰分析の実行

[分析 (A)] → [回帰 (R)] → [線型 (L)] →**線型回帰**ダイアログボックス

標準得点を用いて重回帰分析を実行すると，B が標準回帰係数であり，その信頼区間は標準回帰係数の信頼区間である。

9.4 重回帰分析

重回帰分析は2つ以上の独立変数を用いた回帰分析であり，単回帰分析にはない固有の留意点があるので，分析事例を通して説明する。

9.4.1 重回帰式と最小2乗法

重回帰分析は次式に示す独立変数の線型結合によって従属変数の値を予測する。

$$\hat{y}_i = a + b_1 x_{i1} + b_2 x_{i2} + \cdots + b_p x_{ip} \tag{9.6}$$

ここで，pは独立変数の数（本項で用いる事例は4），x_{ij}は被験者iの独立変数jの値，aは定数，b_jは独立変数jの偏回帰係数である。b_jは単回帰分析では回帰係数と呼ばれるが，重回帰分析では偏回帰係数と呼ばれる。偏回帰係数b_jの値は下記の意味を持つので，結果を解釈する際には，この2点に留意する。

- 他の独立変数の値が一定のままで，独立変数jの値に1単位の増加があるとき従属変数の予測値に期待される増分
- 独立変数jの成分から他の独立変数で説明できる成分を除き，独立変数jの独自成分で従属変数を予測したときの回帰係数

さて，定数と偏回帰係数は単回帰分析と同様の最小2乗法を用いて，すなわち，予測の誤差の2乗和

$$Q = \sum_{i=1}^{N} \Big(y_i - (\underbrace{a + b_1 x_{i1} + b_2 x_{i2} + \cdots + b_p x_{ip}}_{\text{予測値 } \hat{y}_i}) \Big)^2 \tag{9.7}$$

を最小にする値として算出される。

【事例】

重回帰分析を用いて親和欲求，救護欲求，承認欲求，養護欲求と援助傾向の関連を検討する。4つの欲求は性格検査によって測定され，得点は1点から20点の範囲をとり，得点が高いほど欲求は強い。また，被験者には8つの援助場面を想起してもらい，援助傾向の強さを得点化し，8場面の合計点を援助傾向とした。得点が高いほど援助傾向は強い。表9.7に示す4つの欲求得点を独立変数，援助傾向の強さを従属変数として重回帰分析を行い，欲求の強さと援助傾向の強さの関連を検討する。

表9.7　重回帰分析に用いる4つの欲求得点と援助傾向得点（$N = 15$）

	独立変数				従属変数
被験者番号	親和欲求	救護欲求	承認欲求	養護欲求	援助傾向
1	10	15	9	12	23
2	18	16	19	18	37
3	19	10	18	16	36
4	10	12	10	11	26
5	14	8	15	15	27
6	16	18	16	18	30
7	9	14	9	13	24
8	18	15	17	17	33
9	15	6	16	18	35
10	9	13	10	12	25
11	17	18	18	19	37
12	15	10	14	14	28
13	13	10	14	11	26
14	12	15	13	11	23
15	18	10	19	19	37

【分析方法】

回帰分析。

【要件】

独立変数，従属変数ともに間隔・比率尺度であること。独立変数間の相関は小さいこと。

【SPSSの手順】

基本的な操作手順は単回帰分析（174ページ）と同様である。

〈a〉データエディタを開く

データエディタを開いて表9.7の分析データを図9.13のように入力する。ここでは変数名をSub（被験者番号のこと），**親和欲求**，**救護欲求**，**承認欲求**，**養護欲求**，**援助傾向**とした。

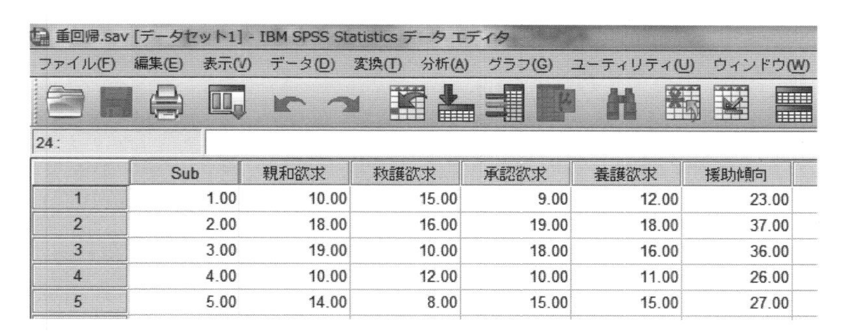

	Sub	親和欲求	救護欲求	承認欲求	養護欲求	援助傾向
1	1.00	10.00	15.00	9.00	12.00	23.00
2	2.00	18.00	16.00	19.00	18.00	37.00
3	3.00	19.00	10.00	18.00	16.00	36.00
4	4.00	10.00	12.00	10.00	11.00	26.00
5	5.00	14.00	8.00	15.00	15.00	27.00

図 9.13 データエディタへ入力した重回帰分析で用いるデータ（一部）

〈b〉 メニューを選ぶ

［分析（A）］→［回帰（R）］→［線型（L）］→線型回帰ダイアログボックス

〈i〉 従属変数と独立変数の指定

援助傾向を**従属変数（D）**のボックスへ，親和欲求，救護欲求，承認欲求，養護欲求を**独立変数（I）**のボックスへ指定する。

〈ii〉 モデルの適合度と多重共線性などのチェック

統計量（S）を押して**線型回帰：統計**ダイアログボックスを開き，**推定値（E）**，**信頼区間（N）**，**モデルの適合度（M）**，**記述統計量（D）**，**共線性の診断（L）**にチェックを入れ（図 9.14），**続行**ボタンを押す。

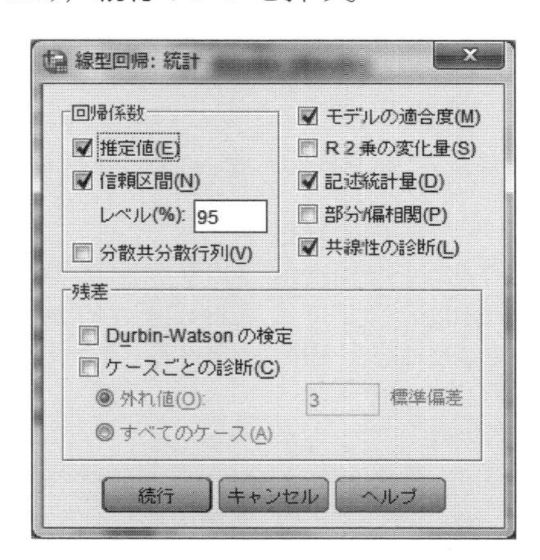

図 9.14 モデルと適合度と共線性の診断などのチェック（重回帰分析）

〈iii〉 残差分析の指定

作図による残差分析を行うために，**線型回帰**ダイアログボックスの**作図（T）**をクリックし，**線型回帰：作図**ダイアログボックスで，Y(Y):に*ZRESID，X(X):に*ZPRED を指定する。

〈iv〉 データの適切性のチェック

各被験者のデータが重回帰分析に適当であるかを検討するために，**線型回帰**ダイアログボックスの**保存（S）**を押して**線型回帰：新変数の保存**ダイアログボックスを開き，**残差**ボックスの**標準化（A）**，**距離行列**ボックスの Cook(K)，**てこ比の値（G）**をチェックする。

【出力の読み方と解説】

SPSS の出力では次の事項を読み取る。

〈a〉決定係数（重相関係数の 2 乗）

重回帰分析でも決定係数（R^2）は独立変数によって説明できる従属変数の分散の割合（式 (9.4)）として定義され，**モデルの要約**へ出力される。この事例については図 9.15 の通り，$R^2 = .885$ であるから，援助傾向得点の分散の 88.5% を独立変数によって説明できると読む。ただし，重回帰分析では予測に無効な独立変数を増やしても決定係数が見かけ上，大きくなるので，データ数と独立変数の数によって補正した**調整済み R2 乗（調整済決定係数）**を参照し，$R^2 = .839$ を読む。2 つの値に大きな差がある場合は，無効な独立変数を用いている可能性が高い。

モデルの要約 [b]

モデル	R	R2 乗 (決定係数)	調整済 R2 乗 (調整済決定係数)	推定値の標準誤差
1	.941[a]	.885	.839	2.19763

a. 予測値: (定数)、養護欲求, 救護欲求, 親和欲求, 承認欲求。
b. 従属変数 援助傾向

図 9.15 重回帰分析におけるモデルの要約（重相関係数と決定係数）

〈b〉決定係数の有意性検定

決定係数の有意性，すなわち重回帰式が多少なりとも従属変数を予測できるかを検定する。検定結果は図 9.16 のように出力され，$F(4, 10) = 19.262$，$p < .001$ であるから，4 つの独立変数によって従属変数を説明できると判定する。F 値の自由度は，分子が独立変数の数，分母が「被験者数 − 独立変数の数 − 1」である。

分散分析 [a]

モデル		平方和	自由度	平均平方	F 値	有意確率
1	回帰	372.104	4	93.026	19.262	.000[b]
	残差	48.296	10	4.830		
	合計	420.400	14			

a. 従属変数 援助傾向
b. 予測値: (定数)、養護欲求, 救護欲求, 親和欲求, 承認欲求。

図 9.16 重回帰分析における決定係数の有意性検定

〈c〉偏回帰係数

回帰分析の目的は予測式を作り，実際に予測を行うこと，さらに，両者に因果関係がある場合は独立変数が従属変数へ与える影響の強さを調べることである。この 2 点を分けて出力を読み取る。

〈i〉予測式を作る場合 — 標準化されていない係数

実際的な予測を行うためには，定数と偏回帰係数を用いる。2 つの値は SPSS では**係数**（図 9.17）の**標準化されていない係数**の B として出力される。したがって，この事例の予測式は

$$\hat{y}_i = 7.289 + .229 \times \text{親和} - .110 \times \text{救護} + .506 \times \text{承認} + .893 \times \text{養護}$$

である。この予測式を被験者 1（被験者番号 Sub が 1.00 の被験者）に当てはめると，

$$\hat{y}_1 = 7.289 + .229 \times 10 - .110 \times 15 + .506 \times 9 + .893 \times 12 = 23.1$$

となる。定数と偏回帰係数の有意性検定の結果は **t 値**と**有意確率**として出力される。t 値の自由度は「被験者数 − 独立変数の数 − 1」である。この事例では養護欲求のみが $p = .031$ となり，有意水準 .05(5%) で有意である。したがって，母集団で養護欲求の偏回帰係数は 0 ではないと判断する。有意性検定と信頼区間の算出方法は同一の統計論理に基づくので，偏回帰係数が有意水準 .05(5%) で有意であるなら，95% 信頼区間は 0 を含まず，有意でないなら 0 を含む。

係数 [a]

	標準化されていない係数		標準化係数			B の 95.0% 信頼区間		共線性の統計量	
モデル	B	標準誤差	ベータ	t 値	有意確率	下限	上限	許容度	VIF
1 (定数)	7.289	3.425		2.128	.059	-.342	14.919		
親和欲求	.229	.681	.148	.336	.743	-1.288	1.746	.060	16.735
救護欲求	-.110	.168	-.072	-.656	.526	-.485	.264	.944	1.060
承認欲求	.506	.705	.331	.718	.489	-1.065	2.078	.054	18.511
養護欲求	.893	.356	.506	2.509	.031	.100	1.685	.283	3.537

a. 従属変数 援助傾向

図 9.17 重回帰分析における定数と偏回帰係数および有意性検定の結果および共線性の統計量

〈ii〉影響もしくは関連の強さを検討する場合 — 標準偏回帰係数

従属変数に与える独立変数の影響力を知るには標準偏回帰係数（β：ベータ）を用いる。標準偏回帰係数は SPSS では**標準化係数（ベータ）**として出力され，有意性検定の結果は偏回帰係数の検定結果と一致する。標準偏回帰係数は独立変数と従属変数を標準化したとき，独立変数の 1 点の増加に対する従属変数の増分を表す。事例の標準偏回帰係数は親和欲求，救護欲求，承認欲求，養護欲求の順に .148，−.072，.331，.506 である。標準偏回帰係数の値は独立変数同士で相互に比較することができるので，この中で従属変数との関連が強い独立変数は養護欲求（ .506 ）と承認欲求（ .331 ）と言える。ただし，承認欲求の標準偏回帰係数は有意ではない。なお，データによっては，標準偏回帰係数の絶対値は 1 を超えることがある。

〈d〉データのチェック

〈i〉残差分析

予測値と実測値の差を目視することによって重回帰式の妥当性を検討する。一般的に，作図に指定する変数は標準化された予測値 (*ZPRED) と標準化された残差 (*ZRESID) を用いる。プロットされた各ケースが不規則に散らばっていれば問題がないと判断し，規則的な散らばり傾向が見られたときは分析の妥当性を疑う（図を省略）。

〈ii〉ケースの分析

重回帰分析は特異なデータ，つまり極端な値を持つ被験者は回帰分析の結果に悪い影響を与える。単回帰分析と同様に被験者の標準化残差，Cook の距離，てこ比

などを保存したので，データエディタで数値を見て極端なデータであるかを確認する。この事例の場合，表9.4の基準値を超える被験者はないので，測定値の大きさに特に問題はないと言える。

〈e〉独立変数（説明変数）のチェック

〈i〉多重共線性について

2つ以上の独立変数が1次従属（独立変数同士が相互に完全に予測できる状態），およびそれに近い関係にあるとき多重共線性（multicollinearity）もしくは共線性があると言う。文献によっては，1次従属であるときに限り多重共線性と呼ぶことがあるが，本書では1次従属に近い状態を含めて多重共線性と呼ぶ。完全な多重共線性があるときは，通常の最小2乗法では解を得ることができないので，そのことに容易に気がつく。しかし，完全な多重共線性にないときは偏回帰係数の推定値を求めることができるが，推定値の変動が大きくなるので，推定値が母集団の値から大きく外れてしまう可能性がある。したがって，重回帰分析では多重共線性の有無を確認しておく必要がある。SPSSでは，**共線性の診断**が2か所（図9.17と図9.18）に出力される。

〈ii〉共線性の診断 (1) — 許容度とVIF

1つの独立変数 x_j を他の独立変数によって予測して，そのときの決定係数を R_j^2 とする。許容度（torelance）とは $1 - R_j^2$，つまり，独立変数 x_j の分散において，他の独立変数によって説明できない割合である。許容度に絶対的な基準はないが，0.2（0.1とする意見もある）よりも小さいときは多重共線性があると判断する。この事例では，親和欲求と承認欲求の許容度が0.2未満であり，問題が生じている（図9.17)。また，VIF（Variance Inflation Factor）は許容度の逆数（VIF= 1/許容度）であるから，5.0（10.0とする意見もある）を越えるときに多重共線性を疑う。

〈iii〉共線性の診断 (2) — 固有値と条件指数と分散プロパティ

定数と回帰係数の推定値は標本ごとに変動するが，その変動に着目して共線性を診断する方法である（Belsley, Kuh, & Welsch, 1980)。この方法は図9.18の**共線性の診断**に出力される**固有値**，**条件指数**，**分散プロパティ**を参照する。条件指数は各次元の固有値を用いて

$$\text{条件指数} = \sqrt{\frac{\text{最大固有値}}{\text{各次元の固有値}}}$$

と定義され，分散プロパティは推定値の変動に対する独立変数の寄与を表す。**固有値**が0に近い場合に多重共線性の可能性があるので，1つの目安として条件指数が30を超える次元に多重共線性を疑う。したがって，この事例では，条件指数が30を超える次元5において，分散プロパティが際立って大きい親和欲求（.93）と承認欲求（.96）の間に多重共線性が疑われる。実際，前述の許容度からも多重共線性が疑われた。多重共線性を起こしている独立変数の推定値の変動は大きくなるが，図9.17においても親和欲求と承認欲求の標準誤差は他の独立変数よりも大きく，その結果，信頼区間も大きい。多重共線性が見られたときの対処法は次の2点である。

- 多重共線性のある変数を除いて重回帰分析を行う。

- 独立変数の合成変数（たとえば，合計点）を作成し，それを用いて重回帰分析を行う。

通常は多重共線性を起こしている独立変数の一部を除いて重回帰分析を行う。

共線性の診断 a

モデル		固有値	条件指数	分散プロパティ				
				(定数)	親和欲求	救護欲求	承認欲求	養護欲求
1	1	4.878	1.000	.00	.00	.00	.00	.00
	2	.089	7.409	.01	.01	.48	.00	.00
	3	.023	14.667	.89	.01	.48	.01	.00
	4	.009	23.881	.09	.05	.02	.03	.97
	5	.002	54.956	.00	.93	.02	.96	.03

a. 従属変数 援助傾向

図 9.18 重回帰分析における共線性の診断

〈f〉 抑制変数

従属変数と大きな相関（0 次の相関係数）が見られない独立変数の偏回帰係数が負（あるいは正）の値となることがある。このときの独立変数を抑制変数という。抑制変数は独立変数同士の相関があるときに見つかる。抑制変数があるときは，偏回帰係数と相関係数が異なること，そして，偏回帰係数の意味（181 ページ参照）に留意して結果を注意深く解釈する。多重共線性が起きていなくても抑制変数が見つかることがあるので，2 つを分けて吟味することが望ましい。

9.4.2 独立変数の除去

条件指数，分散プロパティおよび VIF の値から親和欲求と承認欲求の間に共線性が強く疑われた。したがって，このままでは分析結果を他の標本へ一般化することができないので，多重共線性のある変数を除くか，合成変数を作成することになる。ここでは親和欲求と承認欲求の合成得点を作る積極的な根拠がないと判断し，親和欲求を除いた重回帰分析と承認欲求を除いた重回帰分析を行った。その結果，いずれの重回帰分析も多重共線性が認められなかったので，決定係数が大きい救護欲求，承認欲求，養護欲求を独立変数とした分析結果を採用することとした（$F(3, 11) = 27.893$，$p < .001$，調整済み $R^2 = .852$）。

9.5 論文の記載例 — 重回帰分析

大学生 15 名の協力を得て，重回帰分析を用いて親和欲求，救護欲求，承認欲求，養護欲求と援助傾向の関連を検討した。4 つの欲求は性格検査によって測定され，得点は 1 点から 20 点の範囲をとり，得点が高いほど欲求は強い。また，被験者には 8 つの援助場面を想起してもらい，援助傾向の強さを得点化し，8 場面の合計点を援助傾向とした。得点が高いほど援助傾向は強い。独立変数と従属変数の相関係数，平均値（M）と標準偏差（SD）を表 9.8 に示した。

4 つの欲求を独立変数，援助傾向を従属変数として重回帰分析を行ったところ，有意な回帰式が得られ（$F(4, 10) = 19.262$，$p < .001$），決定係数は大きかった（調整済み $R^2 = .839$）。しかし，次元 5 の条件指数が 54.96 と大きく，親和欲求と承認欲求の分散プロパティ（分散の比率）がそれぞれ .93 と .96 であった。また，親和欲求と承認欲求の許容度（表 9.8）が小さい

表 9.8 従属変数と独立変数の相関係数，平均値と標準偏差，許容度

	積率相関係数							
	援助傾向	親和欲求	救護欲求	承認欲求	養護欲求	M	SD	許容度
援助傾向	1.000	.885	−.036	.900	.898	14.2	3.53	
親和欲求	.885	1.000	−.006	.969	.823	12.7	3.60	.06
救護欲求	−.036	−.006	1.000	−.031	.094	14.5	3.58	.94
承認欲求	.900	.969	−.031	1.000	.838	14.9	3.10	.05
養護欲求	.898	.823	.094	.838	1.000	29.8	5.48	.28

ので，この 2 変数に共線性を疑った。そのため，親和欲求を除いた重回帰分析と承認欲求を除いた重回帰分析を行った結果，いずれも多重共線性が認められなかったので，決定係数が大きい救護欲求，承認欲求，養護欲求を独立変数とした分析結果を読むこととした。

分析結果は表 9.9 に示した通りであり，調整済み決定係数は .852 と大きい。承認欲求と養護欲求の標準偏回帰係数が有意であり，係数の大きさもほぼ等しいことから，この 2 変数が援助傾向に強く関係していると示唆される。

表 9.9 救護・承認・養護欲求から援助傾向を予測した結果

	偏回帰係数			B の 95%CI	
従属変数：援助傾向	非標準化（B）	β	$\lvert t\rvert(11)$	下限	上限
定数	7.283		2.218	.056	14.510
救護欲求	−.105	−.069	.657	−.459	.248
承認欲求	.720*	.471*	2.450	.073	1.367
養護欲求	.900*	.510*	2.642	.150	1.649
R^2（調整済み R^2）	.884 (.852)				
$F(3, 11)$	27.893***				

*$p < .05$, ***$p < .001$

論文に記載する事項は次の通りである。

〈a〉 記述統計量

独立変数と従属変数の平均，標準偏差，相関係数などを報告する。

〈b〉 回帰係数

重回帰分析では表示する係数や統計量が多くなるので表にまとめる方がよい。表示方法には決まった形式はないが，標準偏回帰係数あるいは偏回帰係数（SPSS では**標準化係数ベータ**と**標準化されていない係数 B**）を示す。表 9.9 には両者を示したが，独立変数と従属変数の関係の強さや影響の大きさを検討する場合は標準偏回帰係数だけでよい。具体的な予測式を取り上げる場合は偏回帰係数を定数とともに表示する。

〈c〉 回帰係数の検定結果

偏回帰係数については帰無仮説「H_0：母偏回帰係数 $= 0$」，標準偏回帰係数について帰無仮説「H_0：母標準偏回帰係数 $= 0$」を t 検定を用いて検定するが，2 つは同一の検定結果となる。いずれの場合も t 値と有意確率を報告し，偏回帰係数の信頼度 95% の信頼区間を付記する。有意であれば帰無仮説を棄却し，0 ではないと判断して考察を進める。

〈d〉 決定係数（説明率）

重回帰分析では調整済み R^2 乗を用いる。上述の記載例では調整済み R^2 を本文と表中に

記載しているが，一方だけでもよい。

〈e〉回帰式全体の検定

帰無仮説「H_0：母集団の決定係数（重相関係数）は0である」に対するF値とその有意確率を報告する。自由度はF値の後ろの括弧内に入れるとよい。本文へF値を記載する場合は「$F(4, 10) = 19.262$，$p < .001$」のように記載する。

〈f〉残差分析，多重共線性など

残差分析は重要なチェック項目の1つである。しかし，分析の途上で図示による判定や数値の大きさの判断は主観的に行われるので，特に記載は必要はなく，「残差分析においても問題が見られなかった」というコメントを記載することによって回帰分析の妥当性を強調するくらいでよい。また，事例では多重共線性が見られたので，その根拠を相関係数，**条件指数**，**分散プロパティ**（分散の比率），**許容度**などで示し，親和欲求を除いた最終的な重回帰分析の結果を示した。多重共線性が見られない場合は，「多重共線性は疑われなかった」と記載し，分析結果を考察する。

9.6　重回帰分析における変数選択

重回帰分析における変数選択とは，先に利用した強制投入法とは対照的に，複数の独立変数の中から，少数で高い決定係数を与える独立変数の組み合わせを統計的基準に基づいて自動的に探す手続きである。

【事例】

上述の事例（182ページ参照）を用いる。親和欲求，救護欲求，承認欲求，養護欲求が援助傾向に与える影響を重回帰分析の変数選択法を用いて検討する。

【分析方法】

回帰分析。

【要件】

独立変数，従属変数ともに間隔・比率尺度であること。独立変数の間に強い相関関係がないこと。

【SPSSの手順】

〈a〉データエディタを開く

データエディタを開き，182ページに示した手順に従ってデータを入力する。

〈b〉メニューを選ぶ

［分析（A）］→［回帰（R）］→［線型（L）］→線型回帰ダイアログボックス

〈i〉従属変数と独立変数の指定

援助傾向を**従属変数（D）**のボックスへ，独立変数の**親和欲求**，**救護欲求**，**承認欲求**，**養護欲求**を**独立変数（I）**のボックスに指定する（図9.19）。

〈ii〉変数選択法の指定

方法（M）のリストから**ステップワイズ法**を選択する（標準設定（デフォルト）は**強制投入法**である）。**オプション（O）**で**線型回帰：オプション**ダイアログボックスを開き，**ステップ法の基準**として変数の投入・除去をF値の確率あるいはF値

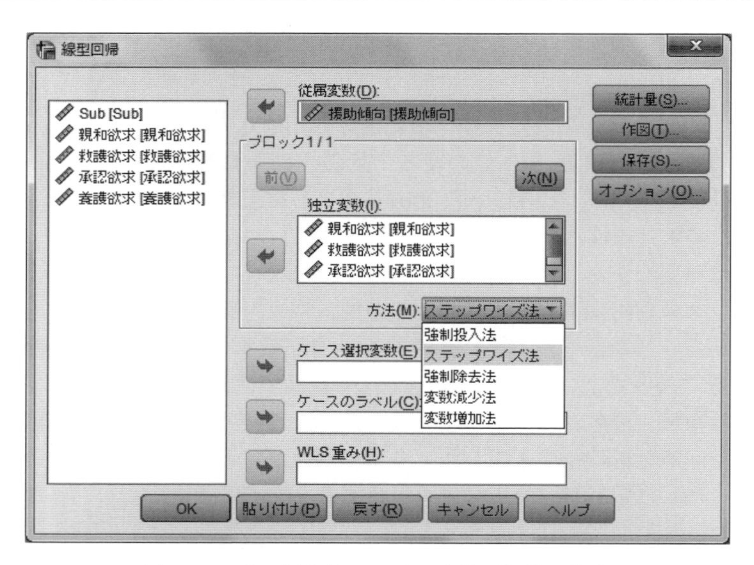

図 9.19 重回帰分析における変数選択法の指定

の大きさで任意に指定できるが，特別な計画でなければ標準設定（デフォルト）のままでよい。

〈iii〉 多重共線性と R^2 のチェック

統計量（S）のボタンを押して**線型回帰：統計**ダイアログボックスを開き，**共線性の診断（L）**と **R2 乗の変化量（S）**をチェックする（図 9.20）。

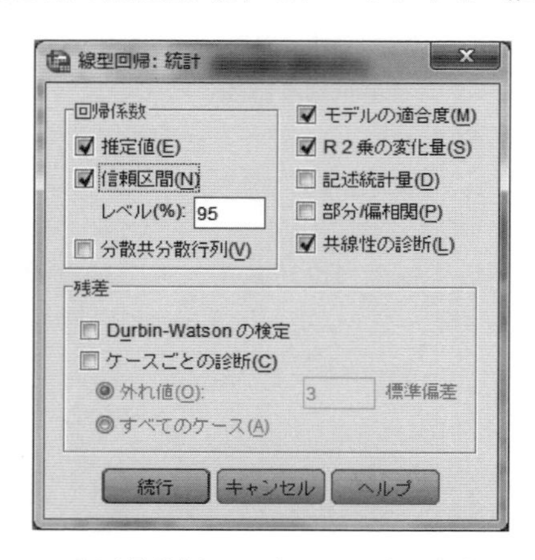

図 9.20 重回帰分析における R2 乗の変化量の指定

〈iv〉 残差分析の指定

作図による残差分析を行うために，**作図（T）**をクリックして**線型回帰：作図**ダイアログボックスを開く（図 9.6）。Y(Y):に*ZRESID，X(X):に*ZPRED を指定し，**続行**ボタンを押して**線型回帰**ダイアログボックスへ戻る。

【出力の読み方と解説】

〈a〉変数選択の経過と最終的な結果

ステップワイズ法は独立変数の投入と削除を繰り返して最適な組み合わせを探るので，その経過が**モデル要約**（図 9.21）として出力される。ここでは，最初に**モデル 1** として承認欲求が投入され，次に**モデル 2** として養護欲求が投入され，変数選択が終了している。したがって，**モデル要約**に続く出力では，最終的な組み合わせとなった**モデル 2** の結果を読む。

〈b〉回帰モデルの適切さ

〈i〉決定係数の変化とその有意性

R2 乗（決定係数）と**調整済み R2 乗**は独立変数によって従属変数の変動を説明できる割合を示す。独立変数の数を調整した後者を読むと，**モデル 2** は .859 であり，養護欲求を追加したことで**モデル 1** よりも説明率が大きくなっている。また，**R2 乗変化量**は変数選択に伴う R2 乗の変化を示し，養護欲求の追加による増分が .069 であることがわかる。そして，その増分の有意性検定が **F 変化量**と**有意確率 F 変化量**として出力される。**有意確率 F 変化量**は有意であるから，**モデル 1** に対して**モデル 2** の説明率は有意な増加があったと読むことができる。

モデル要約 [c]

					変化の統計量				
モデル	R	R2 乗	調整済み R2 乗	推定値の標準誤差	R2 乗変化量	F 変化量	自由度 1	自由度 2	有意確率 F 変化量
1	.900[a]	.810	.795	2.47849	.810	55.437	1	13	.000
2	.938[b]	.879	.859	2.05666	.069	6.880	1	12	.022

a. 予測値: (定数)、承認欲求。
b. 予測値: (定数)、承認欲求, 養護欲求。
c. 従属変数 援助傾向

図 9.21　ステップワイズ法による変数選択の経過

〈ii〉回帰式（回帰モデル）の有意性

モデルごとに決定係数の有意性検定の結果が**分散分析**として出力される（図 9.22）。事例では $F(2, 12) = 43.694 (p < .001)$ となり，有意な回帰式が得られた。

分散分析 [a]

モデル		平方和	自由度	平均平方	F 値	有意確率
1	回帰	340.542	1	340.542	55.437	.000[b]
	残差	79.858	13	6.143		
	合計	420.400	14			
2	回帰	369.642	2	184.821	43.694	.000[c]
	残差	50.758	12	4.230		
	合計	420.400	14			

a. 従属変数 援助傾向
b. 予測値: (定数)、承認欲求。
c. 予測値: (定数)、承認欲求, 養護欲求。

図 9.22　ステップワイズ法による変数選択結果の分散分析

〈c〉変数選択と回帰係数の読み方：影響力の解析あるいは予測式の作成

回帰係数とその有意性検定などは**係数**として出力される（図 9.23）。出力の読み方は強制投入法による重回帰分析と同様である。独立変数の影響力や従属変数との関係の強さを知るには**モデル 2** の**標準化係数（ベータ）**を読む。承認欲求は .496，養護欲求は .482 であり，ほぼ同じ強さの影響を与えていると読むことができる。**許容度**と **VIF** から共線性は疑われない。一方，援助傾向を予測をする場合は**標準化されていない係数**もしくは**非標準化係数**を読む。予測式は，

$$\hat{y}_i = 6.12 + 0.76 \times 承認欲求 + 0.85 \times 養護欲求$$

である。

係数[a]

モデル		標準化されていない係数		標準化係数			Bの95.0%信頼区間		共線性の統計量	
		B	標準誤差	ベータ	t値	有意確率	下限	上限	許容度	VIF
1	(定数)	9.887	2.750		3.595	.003	3.946	15.828		
	承認欲求	1.376	.185	.900	7.446	.000	.977	1.776	1.000	1.000
2	(定数)	6.117	2.697		2.268	.043	.242	11.993		
	承認欲求	.759	.281	.496	2.702	.019	.147	1.371	.298	3.354
	養護欲求	.851	.324	.482	2.623	.022	.144	1.557	.298	3.354

a. 従属変数 援助傾向

図 9.23 ステップワイズ法による変数選択後の偏回帰係数と有意性検定

〈d〉データなどのチェック

〈i〉残差分析

最終結果（**モデル 2**）で作成された回帰式によって予測された値（標準化）と残差（予測値と実測値の差，ただし標準化されている）が図示される（178 ページ参照）。プロットされた点に特定の傾向が見つからなければよい。

〈ii〉ケースの分析

外れ値などのチェックを行う。通常の回帰分析と同様である（178 ページ参照）。

〈e〉独立変数（説明変数）のチェック

多重共線性の診断，抑制変数の確認など，通常の重回帰分析と同様である（186 ページ参照）。

〈f〉変数選択法について

変数選択法による重回帰分析は，多数の独立変数の中から従属変数との関係が強い変数もしくは影響が強い変数を探索するために利用される。従属変数との関係が不明瞭な独立変数が多いときに利用するとよい。SPSS に用意されている変数選択法は以下の 5 種類である。出力される種々の統計量の読み方，残差分析，ケースの外れ値のチェックなどは，前述の重回帰分析と同じである。

〈i〉強制投入法

独立変数として必ず投入する変数を指定する。まず**ブロック 1/1** では最初に投入する変数を**独立変数 (I)** のボックスに入れ，**次 (N)** のボタンを押す。このとき，投入する変数は 1 つでも複数でもよい。すると，**ブロック 2/2** となるので，次のステップで投入する変数を指定する。これを繰り返すことによって変数が投入さ

れていく。つまり，独立変数を強制的に増やしていく変数選択法である。

〈ii〉強制除去法

最初に**ブロック 1/1** として，重回帰分析の独立変数として用いる変数をすべて投入する。次の**ブロック 2/2** では，**ブロック 1/1** の重回帰分析に投入されていた変数の中から除去する変数を指定する。このとき指定する変数は単数でも複数でもよい。以下，同様に 1 つ前のブロックで投入されていた変数の中から，順次ブロックごとに除去する変数を指定する。この方法は，独立変数から必ず除去する変数を順に指定していく変数選択法である。

〈iii〉変数増加法

あらかじめ設定した統計的な基準によって変数が順に投入される。いったん投入された変数は除去されない。設定基準は**線型回帰**ダイアログボックスの**オプション (O)** ボタンを押して確認でき，変更も可能である。

〈iv〉変数減少法

あらかじめ設定した統計的な基準によって変数が順に除去される。いったん除去された変数は投入されない。

〈v〉ステップワイズ法（変数増減法）

統計的な基準に従って変数の投入と除去を繰り返す。たとえば，変数を投入していった場合，いったん投入された変数でも後のステップで除去されることがある。また，いったん除去された変数でも，後のステップで投入されることがある。変数選択法として利用される機会が多い方法である。

変数選択法はあくまでも統計的な基準に従うので，独立変数として残しておきたい変数が除去されることがある。したがって，独立変数として残しておきたい変数がある場合には，強制投入法と他の方法を併用して独立変数を指定するとよい。

9.7 論文の記載例 — 変数選択法を用いた重回帰分析

大学生 15 名の協力を得て，重回帰分析を用いて親和欲求，救護欲求，承認欲求，養護欲求と援助傾向の関連を検討した。4 つの欲求は性格検査によって測定され，得点は 1 点から 20 点の範囲をとり，得点が高いほど欲求は強い。また，被験者には 8 つの援助場面を想起してもらい，援助傾向の強さを得点化して，8 場面の合計点を援助傾向とした。得点が高いほど援助傾向は強い。それぞれの平均値と標準偏差を表（ここでは省略；表 9.8 参照）に示した。

4 種の欲求を独立変数，援助傾向を従属変数としてステップワイズ法による重回帰分析を行ったところ，承認欲求と養護欲求によって援助傾向を説明する回帰式が得られた（表 9.10)。標準偏回帰係数は承認欲求が .496，養護欲求が .482 であり，2 つの欲求と援助傾向との間には同程度の強さの関係が見られた。

論文に記載する事項は次の通りである。

〈a〉変数選択法に関する情報

本文で変数選択法を述べる。事例ではステップワイズ法を用いたことが明記されている。

〈b〉決定係数（重相関係数の 2 乗）

重回帰分析では調整済み R^2 を報告する。上述の記載例では表中に示したが，本文に入れ

表 9.10 ステップワイズ法に基づく援助傾向の予測結果

従属変数：援助傾向	回帰係数 非標準化（B）	β	$\lvert t \rvert(12)$	B の 95%CI 下限	上限
定数	6.117*		2.268	.242	11.993
承認欲求	.759*	.496*	2.702	.147	1.371
養護欲求	.851*	.482*	2.623	.144	1.557
R^2（調整済み R^2）	.879 (.859)				
$F(2,12)$	43.694***				

除かれた変数：親和欲求，救護欲求
投入基準：F 値の確率 = .05，除去基準：F 値の確率 = .10
*$p < .05$，***$p < .001$

てもよい。

〈c〉回帰式全体の検定

表に示す場合は F 値（2つの自由度）とその有意確率を示す。

〈d〉回帰係数

標準偏回帰係数あるいは偏回帰係数（SPSSでは**標準化されていない係数**もしくは**非標準化係数**）を示す。取捨された変数については，表の注記になどに「除かれた変数」として表示し，投入除去基準を付記する。探索的な要素の強い研究では，最終的な結果だけではなく変数選択のステップを記述する。

〈e〉（標準）偏回帰係数の検定結果

選択された変数について，母集団において（標準）偏回帰係数が0であるかどうかを t 検定によって検定する。有意であれば，母集団の（標準）偏回帰係数が0ではないと判断する。検定結果については t 値（自由度）と有意確率，さらに，偏回帰係数の95% 信頼区間（記載例ではCIと表記）を併記する。

〈f〉パス図を用いた表現

変数間の因果関係や相関関係を表現した図はパス図と呼ばれ，この事例のパス図を図9.24に示す。パス図では独立変数から従属変数へ矢印を刺し，矢の脇に標準偏回帰係数を記す。相関関係のある変数（図では承認欲求と養護欲求）は双方向の矢印で結び，脇に相関係数を記す。さらに，決定係数を従属変数の脇に記入する。図が繁雑になるので信頼区間を記入しにくいが，パス図によって重回帰分析の結果を報告してもよい。

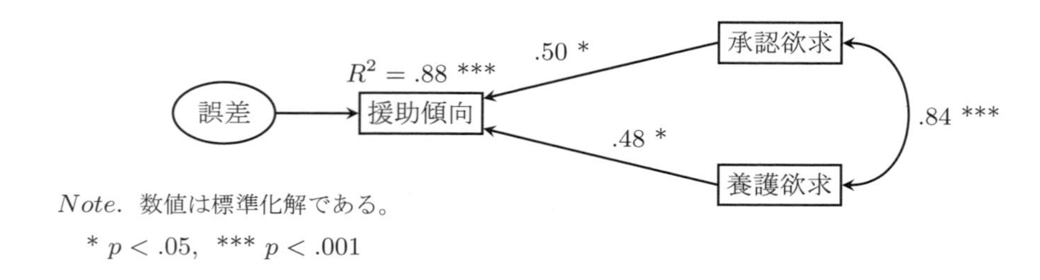

図 9.24 重回帰分析のパス図表現

9.8　ダミー変数を用いた重回帰分析

これまでの事例は間隔・比率尺度をなす独立変数に重回帰分析を適用したが，ダミー変数を使用することによって名義・順序尺度をなす独立変数に対しても重回帰分析を適用できる。本節の事例は名義・順序尺度をなす独立変数のみを独立変数とするが，間隔・比率尺度をなす変数と混在させて重回帰分析を行うこともできる。なお，［一般線型モデル (G)］の［1変量 (U)］ではダミー変数を作らずに重相関係数の2乗と偏回帰係数を求めることができるが，予測値を求めたり，共線性の診断を行うことができないので，ここでは先の事例と同様に［回帰 (R)］メニューの［線型 (L)］を利用する。

【事例】

総計15名の男女中学生を対象として，学期末テストの結果に対する満足度（従属変数）と事前準備，性別，原因帰属（独立変数）の関係を検討する。テスト結果の満足度は7段階評定で求め，事前準備は試験勉強が十分であったと思うかどうか，原因帰属はテスト結果の良し悪しの原因が能力，努力，運，課題の難易度のどれにあると思うかで尋ねた（表9.11）。

表9.11　学期末テストの結果（$N = 15$）

	独立変数			従属変数
被験者	事前準備	性別	原因帰属	テスト結果
1	十分	女	能力	6
2	十分	男	能力	7
3	不十分	男	能力	4
4	不十分	男	努力	2
5	不十分	男	課題	1
6	十分	女	運	3
7	十分	男	運	3
8	十分	男	課題	2
9	十分	女	能力	6
10	不十分	女	能力	2
11	十分	男	運	2
12	不十分	男	運	2
13	十分	男	努力	2
14	不十分	女	運	1
15	不十分	女	運	1

【分析方法】

ダミー変数を用いる回帰分析。

【要件】

ダミー変数を用いた場合にも，独立変数の間に強い相関関係がないことが望ましい。

【事前処理】

ダミー変数とは，被験者の属性が独立変数の各カテゴリに該当するかどうかを1（該当する）と0（該当しない）を使って表す変数である。たとえば，性別には男と女のカテゴリがあるので，「男」を表すダミー変数では男性が1，女性が0，そして，「女」を表すダミー変数では男性が 0，女性が 1 である。同様の手順で事前準備と原因帰属をダミー変数へコーディングした結果を表 9.12 に示す。

表 9.12 ダミー変数を用いたコーディング

被験者	事前準備		性別		原因帰属			
	十分	不十分	男	女	能力	努力	運	課題
1	1	0	0	1	1	0	0	0
2	1	0	1	0	1	0	0	0
3	0	1	1	0	1	0	0	0
4	0	1	1	0	0	1	0	0
5	0	1	1	0	0	0	0	1
6	1	0	0	1	0	0	1	0
7	1	0	1	0	0	0	1	0
8	1	0	1	0	0	0	0	1
9	1	0	0	1	1	0	0	0
10	0	1	0	1	1	0	0	0
11	1	0	1	0	0	0	1	0
12	0	1	1	0	0	0	1	0
13	1	0	1	0	0	1	0	0
14	0	1	0	1	0	0	1	0
15	0	1	0	1	0	0	1	0

【SPSS の手順】

〈a〉 データエディタを開く

データエディタを開き，図 9.25 に示すデータセットを作成する。

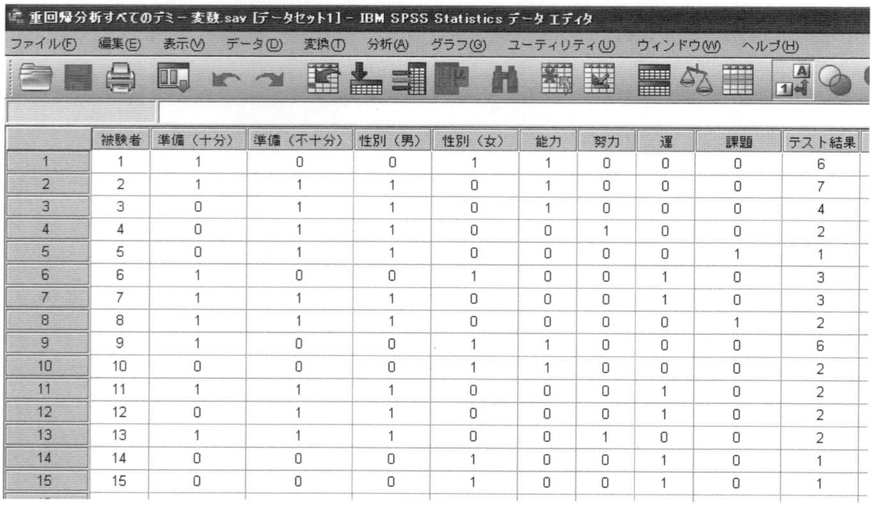

重回帰分析すべてのデミー変数.sav [データセット1] - IBM SPSS Statistics データ エディタ

ファイル(F) 編集(E) 表示(V) データ(D) 変換(T) 分析(A) グラフ(G) ユーティリティ(U) ウィンドウ(W) ヘルプ(H)

	被験者	準備（十分）	準備（不十分）	性別（男）	性別（女）	能力	努力	運	課題	テスト結果
1	1	1	0	0	1	1	0	0	0	6
2	2	1	1	1	0	1	0	0	0	7
3	3	0	1	1	0	1	0	0	0	4
4	4	0	1	1	0	0	1	0	0	2
5	5	0	1	1	0	0	0	0	1	1
6	6	1	0	0	1	0	0	1	0	3
7	7	1	1	1	0	0	0	1	0	3
8	8	1	1	1	0	0	0	0	1	2
9	9	1	0	0	1	1	0	0	0	6
10	10	0	0	0	1	1	0	0	0	2
11	11	1	1	1	0	0	0	1	0	2
12	12	0	1	1	0	0	0	1	0	2
13	13	1	1	1	0	0	1	0	0	2
14	14	0	0	0	1	0	0	1	0	1
15	15	0	0	0	1	0	0	1	0	1

図 9.25 重回帰分析で用いるダミー変数

〈b〉 メニューを選ぶ

［分析 (A)］→［回帰 (R)］→［線型 (L)］→線型回帰ダイアログボックス

〈i〉 従属変数と独立変数の指定

表 9.12（図 9.25）には，元の変数ごとにカテゴリ数と同じ数のダミー変数が作成されている。このため，事前準備の「十分」と「不十分」の一方が 1 であれば他方は必ず 0 になるので，「十分」と「不十分」には完全な共線性がある。同様に性別の「男」と「女」の一方が 1 であれば他方は必ず 0 になるので，「男」と「女」にも完全な共線性がある。さらに，原因帰属の 4 つのダミー変数では，「努力」，「運」，「課題」がすべて 0 であるなら，「能力」は必ず 1 である。つまり，3 つのダミー変数の値が決まれば，残る 1 つのダミー変数の値は自動的に決まる。したがって，4 つのダミー変数は完全な多重共線性がある。このようにダミー変数には多重共線性があるので，それぞれの独立変数から 1 つのダミー変数を除外して重回帰分析を行う。除外するダミー変数は任意であるが，分析者が基準としたいカテゴリ，言い換えると，偏回帰係数の値を先験的に 0 としたいカテゴリのダミー変数を除外するとよい。事例では，事前準備の「不十分」，性別の「女」，原因帰属の「課題」を基準カテゴリとする。したがって，独立変数として用いる**準備（十分），性別（男），能力，努力，運**を**独立変数（I）**のボックスに指定し，従属変数とする**テスト結果**を**従属変数（D）**のボックスへ指定する（図 9.26）。

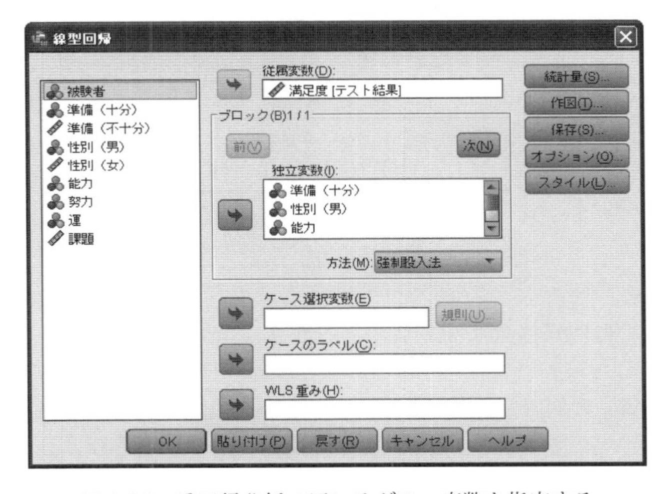

図 9.26　重回帰分析で用いるダミー変数を指定する

〈ii〉共線性の診断など
必要に応じて指定する。

【出力の読み方と解説】

〈a〉独立変数の説明率
調整済み R2 乗は .757 であるから（図 9.27），3 つの独立変数により，テスト結果の分散の 76% を説明することができる。

〈b〉回帰式（回帰モデル）の有意性
回帰式全体の有意性を検定する分散分析の結果（図 9.28），$F(5, 9) = 8.933$，$p < .01$ であるから，有意な回帰式が得られたと判断する。

〈c〉偏回帰係数の読み方

モデルの要約

モデル	R	R2 乗 (決定係数)	調整済 R2 乗 (調整済決定係数)	推定値の 標準誤差
1	.919[a]	.844	.757	.959

a. 予測値: (定数)、運, 準備（十分）, 性別（男）, 努力, 能力。

図 9.27　ダミー変数を用いた重回帰分析の決定係数と調整済決定係数

分散分析 [a]

モデル		平方和	自由度	平均平方	F 値	有意確率
1	回帰	44.663	5	8.933	9.721	.002[b]
	残差	8.270	9	.919		
	合計	52.933	14			

a. 従属変数 満足度

b. 予測値: (定数)、運, 準備（十分）, 性別（男）, 努力, 能力。

図 9.28　ダミー変数を用いた重回帰分析における決定係数の有意性検定

偏回帰係数は**係数**として出力される（図 9.29）。除外したダミー変数の偏回帰係数は 0 とみなすことができるので，ダミー変数を用いた重回帰式は以下の通りである。

$$\hat{y} = \underbrace{.093}_{\text{定数}} + \underbrace{1.712 \times \text{準備（十分）} + 0 \times \text{準備（不十分）}}_{\text{事前準備}} + \underbrace{.551 \times \text{性別（男）} + 0 \times \text{性別（女）}}_{\text{性別}} + \underbrace{3.659 \times \text{能力} + .500 \times \text{努力} + .775 \times \text{運} + 0 \times \text{課題}}_{\text{原因帰属}} \tag{9.8}$$

準備（十分）の偏回帰係数は 1.712 であるから，準備が十分であると回答した被験者は不十分と回答した被験者に比べてテスト結果の満足度が 1.7 点ほど大きいと解釈する。同様に性別（男）の偏回帰係数は .551 であるから，男は女よりもテスト結果の満足度が .55 点ほど大きいと言える。さらに，原因帰属の場合は課題を 0 にしているので，課題が原因である思う被験者に比べて，能力が原因であると考えた被験者は満足度が 3.7 点ほど大きいと読むことができる。

〈d〉テスト結果に対する満足度の予測値

たとえば，被験者 1 は女性，被験者 2 は男性であり，2 名の性別は異なるが，共通して準備を十分，テスト結果の原因は能力にあると回答している。ダミー変数の値を式 (9.8) に代入すると，満足度の予測値は

$$\hat{y}_1 = \underbrace{.093}_{\text{定数}} + \underbrace{1.712 \times 1 + 0 \times 0}_{\text{事前準備}} + \underbrace{.551 \times 0 + 0 \times 1}_{\text{性別}} + \underbrace{3.659 \times 1 + .500 \times 0 + .775 \times 0 + 0 \times 0}_{\text{原因帰属}}$$

$$= 5.46$$

$$\hat{y}_2 = \underbrace{.093}_{\text{定数}} + \underbrace{1.712 \times 1 + 0 \times 0}_{\text{事前準備}} + \underbrace{.551 \times 1 + 0 \times 0}_{\text{性別}} + \underbrace{3.659 \times 1 + .500 \times 0 + .775 \times 0 + 0 \times 0}_{\text{原因帰属}}$$

$$= 6.02$$

となる。

〈e〉 カテゴリ間（ダミー変数間）での偏回帰係数の比較

偏回帰係数に関する有意性検定の帰無仮説は「H_0：母偏回帰係数 $= 0$」であり，一方，分析から除いたダミー変数の偏回帰係数は先験的に 0 としているので，有意性検定は基準カテゴリとの相違を検定していることと等しい。したがって，準備（十分）と準備（不十分）の偏回帰係数の差は有意（$p < 0.01$）であるが，性差はない（$p > .05$）と読むことができる。また，能力と課題との差は有意（$p < .01$）であるが，努力と課題の差および運と課題の差は有意ではない（いずれも $p > .05$）。なお，標準偏回帰係数（**標準化された係数**）が出力されるが，ダミー変数の標準偏回帰係数は論文へ記載しなくてよい。また，カテゴリの多い変数についてダミー変数を作成すると独立変数の数が増えるので，安定した結果を得るためには十分なデータ数が必要となる。

係数 a

モデル		標準化されていない係数		標準化係数	t 値	有意確率	B の 95.0% 信頼区間		共線性の統計量	
		B	標準誤差	ベータ			下限	上限	許容度	VIF
1	(定数)	.093	.915		.102	.921	-1.977	2.164		
	準備（十分）	1.712	.501	.455	3.420	.008	.580	2.845	.982	1.018
	性別（男）	.551	.586	.144	.939	.372	-.775	1.876	.743	1.345
	能力	3.659	.879	.918	4.163	.002	1.671	5.648	.357	2.803
	努力	.500	.959	.090	.522	.615	-1.669	2.669	.577	1.733
	運	.775	.836	.202	.928	.378	-1.115	2.666	.365	2.736

a. 従属変数 満足度

図 9.29　ダミー変数の偏回帰係数および有意性検定の結果

〈f〉 基準カテゴリを変更した重回帰分析

原因帰属の 4 カテゴリから 3 つを選んで順に基準変数とすることにより，4 カテゴリの偏回帰係数を相互に比較することができる。ここでは SPSS の操作手順を省略するが，能力と他の 3 カテゴリの間に有意差が認められた（いずれも $p < .01$）。

〈g〉 残差分析

作成された回帰式によって予測された値と残差（予測値と実測値の差）などをプロットし，何らかの傾向が見られるかを検討する。プロットされた点に傾向が見つからなければ問題ない。

〈h〉 多重共線性の診断

多重共線性の読み方は間隔・比率尺度のデータを用いた重回帰分析と同様である。事例では許容度が大きく（VIF は小さく），多重共線性はないと判断できる。

9.9 論文の記載例 — ダミー変数を用いた重回帰分析

男女15名の中学生を対象とし，学期末テストの結果に対する満足度，試験の事前準備（十分，不十分），性別（男，女），テスト結果を決めた原因の帰属（能力，努力，運，課題の難易度）を尋ねた。満足度の回答には，数値が大きいほど満足度の高い7段階評定法を用いた。満足度の平均値は2.9，標準偏差は1.94であった。また，各カテゴリの回答頻度と回答カテゴリ別の満足度の平均と標準偏差は表9.13の通りであった。

表9.13 独立変数の各カテゴリの回答頻度と満足度の平均・標準偏差（$N=15$）

	事前準備		性別		原因帰属			
	十分	不十分	男	女	能力	努力	運	課題
頻度	8	7	9	6	5	2	6	2
(%)	(53.3)	(46.7)	(60.0)	(40.0)	(33.3)	(13.3)	(40.0)	(13.3)
平均	3.3	1.6	2.7	2.2	4.9	1.7	2.0	1.2
標準偏差	0.40	0.40	0.32	0.51	0.44	0.74	0.39	0.74

事前準備，性別，原因帰属のダミー変数を作成し，事前準備の不十分，性別の女，原因帰属の課題を基準カテゴリとして満足度を予測した。表9.30に各カテゴリの偏回帰係数，有意性検定の結果，95%信頼区間（CI）を示す。有意性検定の結果，性差は認められないが，試験準備が十分であったと回答した被験者は，不十分と回答した被験者に比べてテスト結果の満足度が高く，原因帰属では，能力は課題よりも満足を高めることが示された。

また，原因帰属の努力と運を順に基準カテゴリとしたところ，能力と努力および運との間に有意差が認められ（いずれも $p<.01$），努力と運と課題の間に有意差は認められなかった（いずれも $p>.05$）。以上の結果から，事前の準備を十分に行ったと思える被験者とテスト結果の善し悪しの原因を能力に帰属する被験者は，テスト結果に対する満足度が高いと言える。

図9.30 各カテゴリの偏回帰係数と有意性検定の結果

独立変数	カテゴリ	定数および偏回帰係数	$\|t\|(9)$	95%CI 下限	95%CI 上限
定数		.093	.102	−1.977	2.164
事前準備	十分	1.712**	3.420	.580	2.845
	不十分[a]	.000			
性別	男	.551	.939	−.775	1.876
	女[a]	.000			
原因帰属	能力	3.659**	4.163	1.671	5.648
	努力	.500	.522	−1.669	2.669
	運	.775	.928	−1.115	2.666
	課題[a]	.000			
R^2（調整済み R^2）		.844 (.757)			
$F(5,9)$		9.721**			

a：基準カテゴリとしたので偏回帰係数は.000である。
$^{**}p<.01$

論文に記載する事項は基本的に重回帰分析と同様である。

〈a〉ダミー変数に関する情報

本文でダミー変数を用いていることに触れ，本文もしくは表の注記などで基準としたカテゴリを明記する。

〈b〉決定係数（重相関係数の 2 乗；説明率）

調整済み R^2 乗を報告する。記載例では決定係数を偏回帰係数と同じ表に入れたが，本文に記載してもよい。その場合は「R^2（調整済み R^2）は .844（.757）であり，有意であった（$F(5,9) = 9.721$，$p < .01$）。」のように記述する。

〈c〉回帰式全体の検定

記載例では表中に F 値とその有意確率をアスタリスクで示したが，検定結果を本文へ記載してもよい。

〈d〉偏回帰係数と有意性検定の結果

有意となった偏回帰係数の大きさを解釈し，本文へ記述する。この事例の原因帰属のように 3 つの以上のカテゴリがある独立変数では，基準カテゴリを順に変えてカテゴリ間で偏回帰係数の差を検定し，結果を本文もしくは表中へ記載する。

第10章

因子分析

重回帰分析と並び，心理学の研究で頻繁に利用される多変量解析の1つが因子分析である。本章では，探索的な因子分析の基本について学ぶ。

10.1 観測変数の間に潜む情報や構造を探る方法

変数の間に潜む重要な情報もしくは構造を探る方法の中から，SPSSで利用できる主要な方法を表10.1へまとめた。

表10.1 変数間に潜む情報や構造を探る解析方法とSPSSのメニュー

変数の測定水準	統計量	アプローチ	解析方法	SPSSのメニュー
間隔・比率	相関	潜在	因子分析	[次元分解 (D)] → [因子分析 (F)]
間隔・比率	相関・共分散	合成	主成分分析	[次元分解 (D)] → [因子分析 (F)]
すべての尺度	距離	分類	クラスター分析	[分類 (F)] → [階層クラスタ (H)] → [大規模ファイルのクラスタ (K)]
順序・間隔・比率	距離	図示	多次元尺度構成法	[尺度 (A)] → [多次元尺度法 (ALSCAL)(M)]
名義	頻度	図示	単純対応分析	[次元分解 (D)] → [コレスポンデンス分析 (C)]
	距離	図示	多重対応分析	[次元分解 (D)] → [最適尺度法 (O)]

変数の水準は名義，順序，間隔，比率という4つの尺度に分類されるが，おおよそ量的な変数（間隔・比率尺度）を分析する方法と質的な変数（名義・順序尺度）を分析する方法に分類される。分析方法の中には多次元尺度構成法（足立, 2006）のように，順序・間隔・比率尺度をなす変数へ適用できるものもある。

また，すべての方法が2変数の関係の強さを表す数量を用いて分析するので，その数量を表10.1では統計量とした。統計量には量的な変数に適用する（積率）相関係数，共分散，距離（非類似性），また，質的変数に適用する頻度や距離（非類似性）がある。

さらに，変数の間に潜む重要な情報もしくは構造を探る方法と先に書いたが，表10.1では，そのアプローチを次の4つに分類した。すなわち，(1) 重要な情報は観測できない潜在的なものであると仮定し，それを探る方法（「潜在」），(2) 多変数が共有する情報を新たな変数として合成し，表現する方法（「合成」），重要な，あるいは特徴的な情報を共有するなら測定値は類似するはずなので，(3) その類似性に着目してケースもしくは変数を分類する方法（「分類」），(4) 同様にケースや変数の類似性に着目するが，ケースや変数の関係を図示する方法（「図示」）である。「分類」と「図示」はケースや変数の関係を図を用いて要約するとも言えよう。

このように多数の方法が提案されているが，本章では (1) に該当する因子分析を説明する。因子分析は多変量解析法の中では最も使用される機会が多く，質問紙尺度を構成する際には必ずと言ってもよいほどに利用されている。

10.2 因子分析とは

因子分析は観測データに基づき，観測変数へ影響を与える潜在的な変数を探り，その影響の強さを調べる。因子とは，このときの潜在的な変数を指す。

因子分析には2つのタイプがある。

1つは探索的因子分析と呼ばれ，因子数および因子と観測変数との関係について特別の仮説を立てずに探索的に因子を探るタイプ，もう1つは確認的因子分析もしくは検証的因子分析と呼ばれ，因子と観測変数との関係に関する研究仮説の適切性をデータから確認するタイプである。本章で説明する因子分析は前者の探索的因子分析であり，因子数を変えながらデータをうまく説明でき，解釈しやすい分析結果を探索する。一方，後者の確認的因子分析は仮説の採否とその修正が中心となり，構造方程式モデリング（共分散構造分析）の枠組みの中で実行される（豊田, 1998；狩野・三浦, 2002)。本書では確認的因子分析については取り上げない。

10.2.1 因子分析のイメージ

現代国語，古典，英語，数学のテスト得点の関係をイメージして，図10.1を描いた。経験的にも現代国語，古典，英語でまんべんなく良い得点を取る被験者がいるので，1つの見方として，因子分析では被験者が言語能力という潜在的な能力を持ち，それが強い被験者は結果的に現代国語，古典，英語で良い得点を取れると仮定する。そこで，図10.1には3科目のテスト得点と重なるように言語能力を大きな楕円で示した。このとき，テスト得点の楕円と言語能力の楕円の重なりが大きい科目ほど，言語能力から強く影響を受けていることを示す。そして，テスト得点を表す楕円の中で因子と重なる部分の割合を共通性（communality）と呼び，それ以外の割合，つまり，因子の楕円からはみ出ている部分の割合を独自性と呼ぶ。

数学には文章題のように文章読解を必要とする問題もあるので，数学のテスト得点も言語能力の影響を受けると仮定し，図10.1には数学のテスト得点を入れた。しかし，数学は現代国語や古典ほどは言語能力から強い影響を受けないので，言語能力との重なりは小さい。つまり，数学の共通性は小さい。

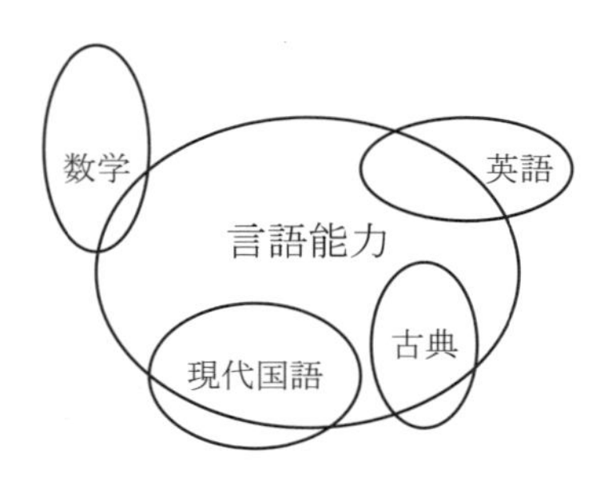

図10.1 因子分析における因子と観測変数との関係

10.2.2 パス図と数式による因子分析の表現

因子分析は観測変数の値が因子によって決まると考えるので，図 10.2 のように因子分析をパス図によって表現することもできる。パス図では因子を楕円もしくは円，観測変数を四角で表し，因果関係の方向を矢印で表す。このパス図では影響の強い因果関係を示す矢印を太くした。4 科目の得点は言語能力によってすべて決まるわけではないので，観測変数には小さな円から矢印が刺さっている。この小さな円（e_1，e_2，e_3，e_3）は観測変数のみに影響する潜在的な変数とみなすことができ，伝統的に独自因子と呼ばれる。その独自因子に対し，言語能力のようにすべての観測変数へ影響する因子は共通因子と呼ばれる（芝, 1979）。

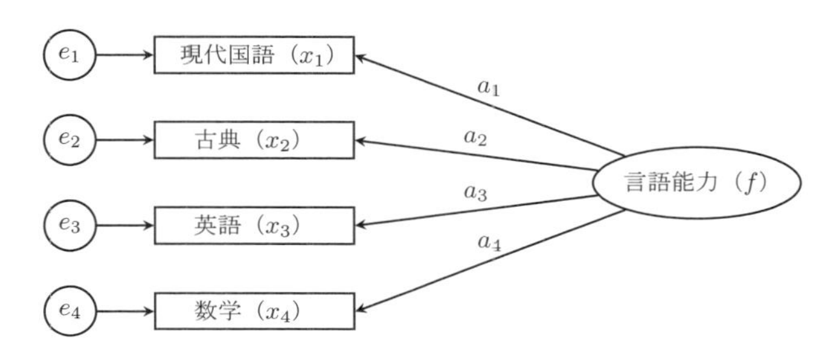

図 10.2 パス図による因子分析の表現

図 10.2 においてそれぞれの観測変数に注目すると，共通因子を独立変数としてテスト得点を従属変数とする回帰分析になっており，それを示す回帰式は以下の通りである。

$$
\begin{aligned}
\text{現代国語}：x_1 &= a_1 f + e_1 \\
\text{古典}：x_2 &= a_2 f + e_2 \\
\text{英語}：x_3 &= a_3 f + e_3 \\
\text{数学}：x_4 &= a_4 f + e_4
\end{aligned}
$$

ここで，f は言語能力（共通因子），$e_j(j = 1, 2, 3, 4)$ は独自因子である。$a_j(j = 1, 2, 3, 4)$ は因子負荷量と呼ばれ，共通因子が観測変数へ与える影響の強さを表し，パス図では矢印の脇に記す。因子負荷量と共通因子の積が観測変数の予測値となるので，独自因子 $e_j(j = 1, 2, 3, 4)$ は誤差と呼ばれることがある。また，重回帰分析の用語を用いると，共通性とは各観測変数を共通因子で予測したときの決定係数，独自性とは非決定係数に相当する。

図 10.2 では 1 つの共通因子を仮定したが，それだけでは観測変数を十分に予測できないときは 2 つめの因子を仮定する。それを g とすると，因子分析のモデル式は，

$$
\begin{aligned}
\text{現代国語}：x_1 &= a_1 f + b_1 g + e_1 \\
\text{古典}：x_2 &= a_2 f + b_2 g + e_2 \\
\text{英語}：x_3 &= a_3 f + b_3 g + e_3 \\
\text{数学}：x_4 &= a_4 f + b_4 g + e_4
\end{aligned}
$$

となる。ここで，$b_j(j = 1, 2, 3, 4)$ は g が観測変数へ与える影響の強さを示す因子負荷量である。因子は観測できない潜在的な変数であるから，因子負荷量を手掛かりにして因子の意味を解釈する。

ところで，1因子としても2因子としても，因子分析のモデル式は観測変数（左辺）を共通因子と独自因子によって分解している。これに対し，主成分分析（表10.1）はSPSSでは因子分析と同じメニューから選択するが，観測変数を

$$z = w_1x_1 + w_2x_2 + w_3x_3 + w_3x_4$$

のように合成し，観測変数に共通する情報をzとして表現する。ここで，$w_j (j = 1, 2, 3, 4)$は重みと呼ばれる定数である。主成分分析は計算のアルゴリズムが因子分析と似ているが，分析手法の基本的な考え方が異なる点に注意したい。

【事例】

恋愛対象者が異性と仲良くしている場面を目撃したときに生じる感情を嫉妬感情と定義し，その構造を探索する。予備調査の結果に基づいて嫉妬感情を整理し，表10.2に示す10項目を作成した。そして，大学生18名の協力を得て，恋愛の対象者が異性と仲良くしている場面を思い浮かべてもらい，そのときに生じる感情が自身に当てはまるかどうか，「よく当てはまる」を5，「少し当てはまる」を4，「どちらともいえない」を3，「あまり当てはまらない」を2，「全く当てはまらない」を1とする5段階評定法を用いて尋ねた。18名の回答を表10.3に示す。

表10.2 嫉妬感情を測定した10項目

番号	項目
1	彼（彼女）に恨みを抱く
2	喪失を恐れる
3	悲しくなる
4	彼（彼女）に憎しみを持つ
5	彼（彼女）を傷つけたいと思う
6	彼（彼女）に仕返しをしたいと思う
7	孤独を感じる
8	ゆううつになる
9	彼（彼女）に不信を抱く
10	不安になる

表10.3 嫉妬感情に対する18名の回答

	項目番号									
被験者	1	2	3	4	5	6	7	8	9	10
1	3	2	2	2	1	1	3	3	4	3
2	3	4	5	4	3	2	5	3	3	2
3	4	4	5	3	1	2	5	5	5	3
4	2	4	5	1	1	1	4	3	5	3
5	3	4	4	4	4	3	3	4	5	3
6	4	5	5	4	3	5	5	2	4	2
7	5	5	5	4	3	4	5	4	3	4
8	2	5	5	3	1	1	5	2	4	3
9	3	3	5	5	3	4	5	5	5	3
10	5	5	5	5	5	5	5	5	5	5
11	1	2	3	1	3	1	2	4	3	2
12	3	3	4	3	3	2	3	4	3	3
13	3	4	5	1	1	1	5	5	4	1
14	2	2	4	2	2	2	4	2	2	2
15	5	5	5	5	5	5	5	1	5	1
16	2	3	3	1	5	1	4	1	1	1
17	4	4	5	3	3	4	5	2	2	3
18	3	5	5	3	3	2	4	2	5	3

【分析方法】

因子分析。

【要件】

変数は間隔・比率尺度もしくは間隔尺度とみなせること。データ数が十分に大きいこと。

【SPSSの手順】

〈a〉 データエディタを開く

データエディタを開き，図10.3のように被験者番号と10項目の回答を入力する。また，SPSSの出力を見やすくするために，10項目の質問を**変数ビュー（V）**のラベルとして入

れる（図 10.4)。

因子分析.sav [データセット1] - IBM SPSS Statistics データ エディタ

	ID	x1	x2	x3	x4	x5	x6	x7	x8	x9	x10
1	1	3	2	2	2	1	1	3	3	4	3
2	2	3	4	5	4	3	2	5	3	3	2
3	3	4	4	5	3	1	2	5	5	5	3
4	4	2	4	5	1	1	1	4	3	5	3
5	5	3	4	4	4	4	3	3	4	5	3
6	6	4	5	5	4	3	5	5	2	4	2
7	7	5	5	5	4	3	4	5	4	3	4
8	8	2	5	5	3	1	1	5	2	4	3
9	9	3	3	5	5	3	4	5	5	5	3
10	10	5	5	5	5	5	5	5	5	5	5
11	11	1	2	3	1	3	1	2	4	3	2
12	12	3	3	4	3	3	2	3	4	3	3
13	13	3	4	5	1	1	1	5	5	4	1
14	14	2	2	4	2	2	2	4	2	2	2
15	15	5	5	5	5	5	5	5	1	5	1
16	16	2	3	3	1	5	1	4	1	1	1
17	17	4	4	5	3	3	4	5	2	2	3
18	18	3	5	5	3	3	2	4	2	5	3

図 10.3 嫉妬感情を分析するためのデータ

因子分析.sav [データセット1] - IBM SPSS Statistics データ エディタ

	名前	型	幅	小数桁数	ラベル
1	ID	数値	3	0	被験者番号
2	x1	数値	1	0	1．彼（彼女）に恨みを抱く
3	x2	数値	1	0	2．喪失を恐れる
4	x3	数値	1	0	3．悲しくなる
5	x4	数値	1	0	4．彼(彼女)に憎しみを持つ
6	x5	数値	1	0	5．彼(彼女)を傷つけたいと思う
7	x6	数値	1	0	6．彼(彼女)に仕返しをしたいと思う
8	x7	数値	1	0	7．孤独を感じる
9	x8	数値	1	0	8．ゆううつになる
10	x9	数値	1	0	9．彼（彼女）に不信を抱く
11	x10	数値	1	0	10．不安になる

図 10.4 ラベルに入れた 10 項目

〈b〉メニューを選ぶ

［**分析（A）**］→［**次元分解**］→［**因子分析（F）**］→**因子分析**ダイアログボックス

〈i〉変数の指定

分析に用いる変数名を**変数（V）**ボックスへドラッグする（図 10.5)。

図 10.5 因子分析に用いる変数名の指定

〈ii〉記述統計量

記述統計（D）ボタンを押して**因子分析：記述統計**ダイアログボックスを開き，**1 変量の記述統計量（U)**，**初期の解（I)**，**相関行列の係数（C)**，**KMO と Bartlett の球面性検定（K）**にチェックを入れ，**続行**ボタンを押す（図 10.6)。

〈iii〉因子抽出の方法

因子抽出（E）ボタンを押して**因子分析：因子抽出**ダイアログボックスを開き，**方法（M）**として**重み付けのない最小 2 乗法**を指定する。また，**表示**内の**スクリープロット（S）**にチェックを入れ，**続行**ボタンを押す（図 10.7)。

〈iv〉回転の方法

回転（T）ボタンを押して**因子分析：回転**ダイアログボックスを開き，**方法**の中から**直接オブリミン（O）**を選択する。単純構造（218 ページ）と呼ばれる解釈しやすい因子負荷量を求めるために，いずれかの回転方法を指定しておく。分析者の判断と研究仮説に基づき，因子が無相関であると仮定するときは**クォーティマックス (Q)**，**バリマックス (V)**，**エカマックス (E)**（直交回転法と呼ばれる）の1つを選択し，相関があると仮定するときは**直接オブリミン (O)** か**プロマックス (P)**（斜交回転法と呼ばれる）を選択する。回転方法を指定したら，**続行**ボタンを押す（図 10.8）。

〈v〉 オプションの選択

オプション (O) ボタンを押して**因子分析：オプション**ダイアログボックスを開き，**係数の表示書式**の**サイズによる並び替え (S)** をチェックする。これを指定しておくと出力が読みやすく，論文への記載も容易である。なお，ここで**小さい係数を抑制 (U)** をチェックすると論文へ記載すべき数値が表示されないので，チェックしない。必要なオプションをチェックしたら，**続行**ボタンを押す（図 10.9）。

図 10.6 因子分析における記述統計の指定

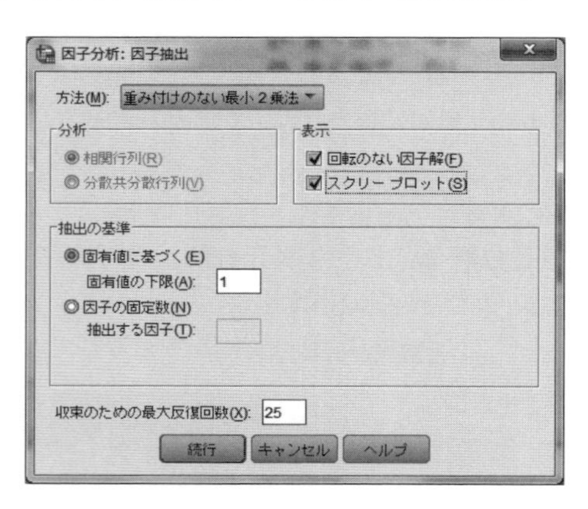

図 10.7 因子抽出法の指定

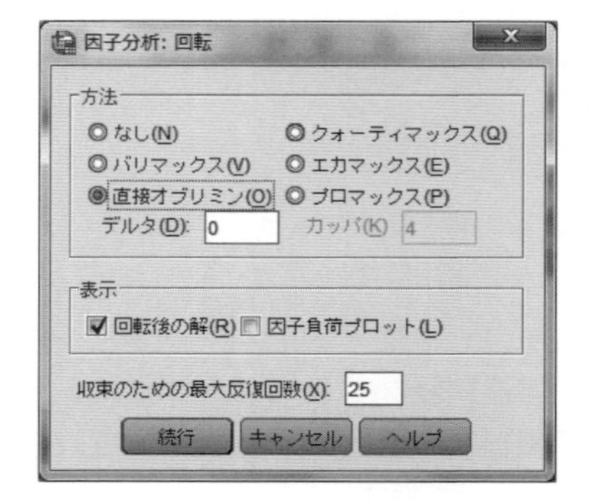

図 10.8 因子の回転方法の指定

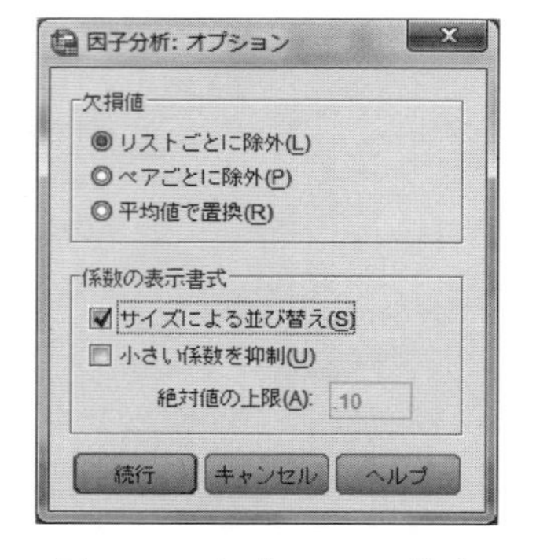

図 10.9 オプションの指定

以上の指定ができたら**因子分析**ダイアログボックスで OK ボタンを押し，計算を実行する。

【出力の読み方と解説】

因子分析は基本的に以下のステップに従って進めるので，その順に結果を読み取っていく。

解釈の中心は因子数の決定と因子の意味づけである。

〈a〉因子抽出の方法
因子抽出とは因子負荷量の推定方法を指す。多数の推定方法が提案されているが，**重み付けのない最小 2 乗法**もしくは**最尤法**を指定しておくとよい。この事例では**重み付けのない最小 2 乗法**を指定した。

〈b〉抽出する因子数
因子は未知の潜在的な変数であるから，その数もわからない。以下の基準を用いて総合的に検討し，分析者が因子数を決める。結果的に不適切な数であったときは，因子数を変更して再分析すればよい。分析が一度で終わることは少なく，適切な結果が得られたと思うまで分析を繰り返す。因子数の推定は因子負荷量の推定よりも難しいと言われる（南風原, 2002）。

〈i〉**KMO および Bartlett の検定**へ **Kaiser-Meyer-Olkin の標本妥当性の測度**が出力される。この指標は因子数を決めるものではなく，共通因子の有無を判断するために使用する。一般的には .50 以上のとき，共通因子を抽出できると判断する（Field, 2013）。この事例は .599 であるから，基準値を超えているので，共通因子を仮定できる。

〈ii〉観測変数の相関係数行列に定義される固有値が，**説明された分散の合計**欄へ**初期の固有値**の**合計**として出力される（図 10.10）。カイザー基準（ガットマン・カイザー基準とも呼ばれる）は 1.0 以上（.70 以上という意見もある）の固有値の数を因子数とするので，この事例では 3 因子と推測される。カイザー基準は SPSS の標準設定（デフォルト）であるが，この基準だけで因子数を決めない方が望ましい。

説明された分散の合計

	初期の固有値			抽出後の負荷量平方和			回転後の負荷量平方和 [a]
因子	合計	分散の %	累積 %	合計	分散の %	累積 %	合計
1	4.554	45.538	45.538	4.310	43.098	43.098	3.515
2	1.787	17.875	63.412	1.360	13.599	56.697	1.939
3	1.423	14.235	77.647	1.122	11.221	67.918	2.871
4	.678	6.782	84.429				
5	.552	5.522	89.951				
6	.388	3.881	93.831				
7	.303	3.026	96.857				
8	.157	1.572	98.429				
9	.104	1.045	99.474				
10	.053	.526	100.000				

因子抽出法: 重みなし最小二乗法
a. 因子が相関する場合は、負荷量平方和を加算しても総分散を得ることはできません。

図 10.10 相関係数行列の固有値と回転前後の負荷量平方和

〈iii〉横軸に固有値の番号，縦軸に固有値をプロットした図が**スクリー・プロット**として出力される（図 10.11）。このスクリー・プロットを参照し，固有値の減衰状態に基づいて因子数を決める基準があり，スクリー基準と呼ばれる。この事例は固有値が「4.554 → 1.787 → 1.423 →.678 →.552 →.388 → ⋯」と減衰しているが，第1固有値と第2固有値の間，また，第3固有値と第4固有値のギャップが大きく，第4固有値から第10固有値までは緩やかに減衰している。スクリー基準は大きなギャップに注目するので，因子数は1もしくは3と推測される。

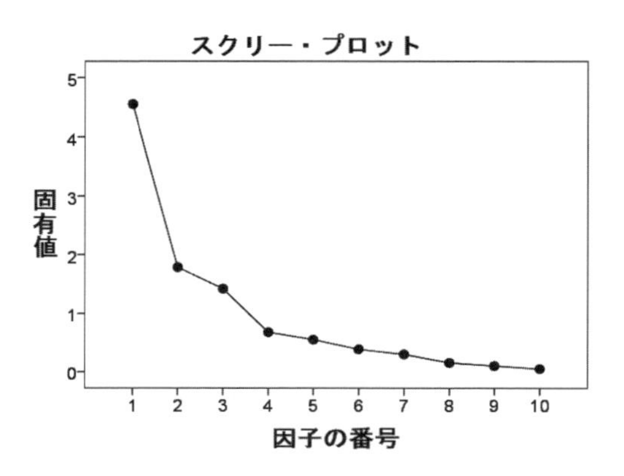

図10.11 10項目のスクリー・プロット

〈iv〉**説明された分散の合計**（図10.10）に出力される**累積%**は，因子によって観測変数の分散を説明できる割合（説明率）である。**初期の固有値**で定義される**累積%**（累積説明率）は10因子を仮定した場合の累積説明率であり，その値が80%程度になるまで因子を仮定することがある。この事例では3因子で77.6%になるので，3因子と判断できよう。なお，観測変数と同じ数の共通因子を仮定することにより，観測変数の分散をすべて説明できるので，事例では10因子のときに**累積%**が100%になっている。また，説明された分散を寄与，その割合を寄与率とも呼ぶ。

〈v〉因子抽出の**方法(M)**として**最尤法**を指定して因子負荷量を推定し，因子数に関する検定を行う。統計的には明確な基準であるが，被験者数が多くなるほど，より多くの因子を必要とする検定結果になるので，この検定結果だけで因子数を判断しない方がよい。

〈vi〉因子数を変えて分析を繰り返し，最も納得できる結果が得られた因子数とする。ただし，上記の基準を無視することはできない。

〈vii〉自身の研究仮説に基づいて因子数を決める。

これまで説明してきた基準は絶対的なものではなく，しかも，すべての基準で同一の因子数になることは少ない。種々の基準を参考にして総合的に因子数を判断するというのが現実的である。この事例の場合は，ガットマン基準，スクリー基準，分散の累積%などから，3因子と判断できよう。

〈c〉因子の解釈

因子分析の結果を読み取る際の中心となる作業である。

〈i〉共通性

共通性は観測変数が共通因子によって説明される割合であり，**共通性**として出力される（図10.12）。**共通性**には**初期**と**因子抽出後**の2つが出力されるが，**因子抽出後**の値を読む。事例では「9．彼（彼女）に不信を抱く」と「10．不安になる」の共通性が.415と.439とやや小さいが，その他は抽出した3因子で十分に説明されると判断してよい大きさである。

共通性

	初期	因子抽出後
1．彼（彼女）に恨みを抱く	.828	.716
2．喪失を恐れる	.845	.708
3．悲しくなる	.848	.852
4．彼（彼女）に憎しみを持つ	.796	.820
5．彼（彼女）を傷つけたいと思う	.668	.629
6．彼（彼女）に仕返しをしたいと思う	.865	.905
7．孤独を感じる	.785	.742
8．ゆううつになる	.568	.565
9．彼（彼女）に不信を抱く	.605	.415
10．不安になる	.482	.439

因子抽出法: 重みなし最小二乗法

図 10.12 初期と因子抽出後の共通性

〈ii〉因子負荷量

因子の解釈には，観測変数が共通因子から受ける影響の強さを表す因子負荷量を使用する。解釈に使用する因子負荷量は解の求め方，具体的には因子の回転と呼ばれる方法に応じて表示されるラベルが異なる。この事例では**直接オブリミン法**と呼ばれる斜交回転法を指定したので，**パターン行列**（図 10.13）というラベルで出力される因子負荷量（因子パターンとも呼ばれる）を使用する。直交回転法を指定したときは**回転後の因子行列**として出力される因子負荷量を読む。因子負荷量を読み取るときの明確な基準値は定まっていないが，一般的には絶対値が .40 以上（あるいは .35 以上）の観測変数に着目する。そこで，ここでも .40 を基準として因子の内容を推測すると，第 1 因子は「3. 悲しくなる」，「7. 孤独」，「2. 喪失」の因子負荷量が高いので喪失感の強さを表す因子（喪失因子），第 2 因子は「8. ゆううつ」，「10. 不安」，「9. 不信」の因子負荷量が高いので不安や不信感の強さを表す因子（動揺因子），第 3 因子は「5. 傷つけたい」，「6. 仕返し」，「4. 憎しみ」，「1. 恨み」の因子負荷量が高いので攻撃的な感情の強さを表す因子（攻撃因子）と解釈できよう。

〈iii〉観測変数の削除

探索的な目的が強い因子分析の場合，共通性があまりにも低い（たとえば，.200 以下）観測変数や複数の因子に対して因子負荷量が大きい観測変数を除いて再分析を行うことがある。しかし，因子分析と変数除去を繰り返すことにより，結果的に重要な因子を抽出できなくなることがあるので，単純構造化（218 ページ）を過度に優先しない方が望ましい。この事例では削除すべき観測変数はない。

〈iv〉因子の多義性と符号

「1. 彼（彼女）に恨みを抱く」は第 3 因子（攻撃因子）を解釈する際に用いたが，第 1 因子（喪失因子）にも高い負荷を示している。通常，各観測変数は因子負荷量の最も高い因子の解釈に用いるが，このように多義的な観測変数の場合，負荷量が大きい 2 番目以降の因子（事例では第 1 因子）を解釈する際にも考慮する。したがって，喪失因子（第 1 因子）が強い被験者は「1. 恨み」が強い傾向にあると言える。また，因子負荷量が負の場合は項目内容の意味を逆転させて考える。たとえば，「5. 彼（彼女）を傷つけたいと思う」は第 1 因子（喪失感）に対して

パターン行列 [a]

	因子		
	1	2	3
3．悲しくなる	.932	.064	-.098
7．孤独を感じる	.890	-.148	.007
2．喪失を恐れる	.775	.006	.149
8．ゆううつになる	-.151	.773	-.142
10．不安になる	-.042	.643	.157
9．彼（彼女）に不信を抱く	.245	.534	-.028
5．彼（彼女）を傷つけたいと思う	-.182	-.199	.819
6．彼（彼女）に仕返しをしたいと思う	.242	.129	.809
4．彼（彼女）に憎しみを持つ	.250	.317	.672
1．彼（彼女）に恨みを抱く	.392	.220	.540

因子抽出法: 重みなし最小二乗法
回転法: Kaiser の正規化を伴うオブリミン法
a. 15 回の反復で回転が収束しました。

図 10.13 直接オブリミン法で求めた因子パターン行列

−.182 という負の負荷があるので，喪失感の強い被験者は，彼（彼女）を傷つけたいと「思わない」傾向があると解釈する。さらに，因子負荷量の符号を変えた方が因子の解釈が容易な因子があるときは，その因子のすべての負荷量と他の因子との相関係数の符号，そして，因子得点を推定した場合は因子得点の符号も変える。

〈v〉 因子間相関行列

共通因子の相互相関は図 10.14 のように**因子相関行列**として出力される。数値は（積率）相関係数なので，数値が高ければ類似した因子であり，数値が 0 に近ければ関係の薄い因子であると判断する。この事例の計算結果では，喪失因子（第 1 因子）が強い被験者は動揺因子（第 2 因子）と攻撃因子（第 3 因子）が強い傾向にあり，動揺因子（第 2 因子）と攻撃因子（第 3 因子）の関係は薄いと言える。因子間の相関は因子の解釈にも重要な意味を持つ。

〈vi〉 予想した符号と異なる因子間相関と因子負荷量

類似した傾向を測定する観測変数が異なる因子に分かれた場合，正の因子間相関が期待されるが，ときには相関係数が負となることがある。その大きな原因は観測変数が仮説通りの因子を測定していないことにあり，この場合は研究仮説と観測変数，あるいはデータの見直しが必要となろう。この事例では因子負荷量の符号から判断して，予想に反した因子間相関とはなっていないので，特段の問題はない。

10.3 信頼性係数とその信頼区間

心理学の研究では因子ごとに因子負荷量の大きい項目の合計点もしくは項目平均点を尺度得点と呼び，その後の分析に利用することがある。このとき，尺度得点の信頼性の高さ，すなわち尺度得点の内的整合性や再現性の高さを推測し，因子分析の結果と共に報告する。信頼性の高さを示す指標の 1 つとして信頼性係数があり，理論的な最小値は 0，最大値は 1 である。

因子相関行列

因子	1	2	3
1	1.000	.293	.351
2	.293	1.000	.097
3	.351	.097	1.000

因子抽出法: 重みなし最小二乗法
回転法: Kaiser の正規化を伴うオブリミン法

図 10.14　因子の相関係数行列

信頼性係数の真の値を求めることはできないので，それを推定する多数の方法が 1900 年代初頭から提案されている。ここでは SPSS で計算できる，内的整合性の観点から信頼性の高さを表す Cronbach の α 係数（クロンバックのアルファ係数；石井, 2014）とその 95% 信頼区間（Feldt, Woodruff, & Salih, 1987）を利用する。

α 係数の算出式は式 (10.1) の通りである。

$$\alpha = \frac{p}{p-1}\left(1 - \frac{\sum_{j=1}^{p} V_j}{V_x}\right) \tag{10.1}$$

ここで，p は尺度を構成する項目数，V_j は項目 j の分散，$\sum_{j=1}^{p} V_j$ は項目分散の合計，V_x は尺度得点の分散である。括弧内の値は「項目間共分散の合計/尺度得点の分散」と等しいので，項目間共分散が大きいほど，つまり，項目間の相関関係が強いほど α 係数は大きくなる。

α 係数が大きいほど尺度得点の信頼性は高く，.80 以上のときは高い信頼性があると判断できる。厳密な基準値はないが，重大な意思決定を行うときは .90 以上の値，心理学の研究では .70 以上の値が必要とされ，.60 未満のときは信頼性の高さが不十分であり，項目の修正や追加が必要となろう。また，.60 から .70 はグレーゾーンで，尺度をそのまま利用すべきかどうかは状況に依存する。

【事例】

先の事例では，因子分析により嫉妬感情が喪失因子，動揺因子，攻撃因子という 3 因子から構成されることが示唆された。各因子に負荷量が高い項目を用いて尺度得点を定義して，平均値，標準偏差，尺度間の相関係数を求め，合計点の信頼性の高さを調べる。

【分析方法】

信頼性分析。

【要件】

変数は間隔・比率尺度もしくは間隔尺度とみなせること。データ数が十分に大きいこと。

【SPSS の手順】

〈a〉データエディタを開く
　先の事例で嫉妬感情得点を保存したデータファイルを開く。

〈b〉メニューを選ぶ
　[分析 (A)] → [尺度 (A)] → [信頼性分析 (R)] →信頼性分析ダイアログボックス
　モデル (M) をアルファとし，第 1 因子（喪失因子）の負荷量が高い項目 2，項目 3，項目 7

を項目（I）へドラッグする（図10.15）。そして，**統計量（S）**を押して**信頼性分析：統計量**ダイアログボックスを開き，**記述統計**の**尺度（S）**と**相関係数（R）**と**級内相関係数（T）**にチェックを入れ，**続行**ボタンを押す（図10.16）。すると**信頼性分析**ダイアログボックスへ戻るので，OK を押す。他の因子1と因子2についても同様の手順を踏み，Cronbach の α 係数とその信頼区間を求める。

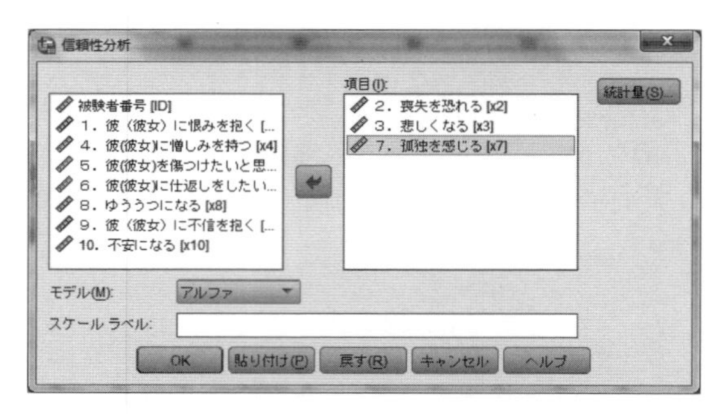

図10.15　信頼性分析のダイアログボックス

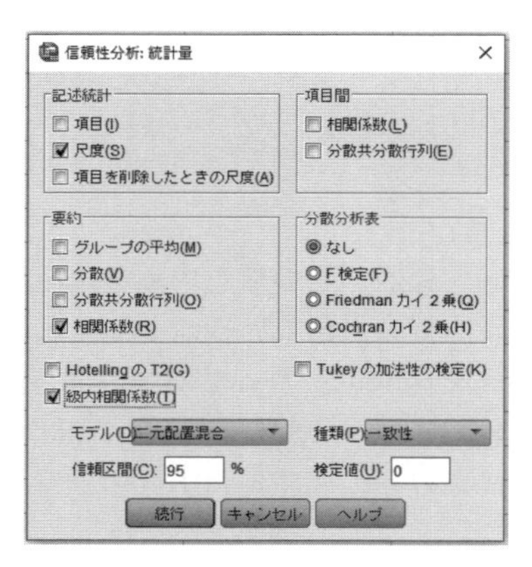

図10.16　信頼性分析における統計量と信頼区間の指定

【出力の読み方と解説】

〈a〉Cronbach の α 係数

Cronbach の α 係数は**信頼性統計量**へ **Cronbach のアルファ**として出力された .891 である（図10.17）。また，**項目要約統計量**欄（ここでは省略）へ項目相関係数の平均値（.740），最小値（.661），最大値（.784）が出力される。

信頼性統計量

Cronbach のアルファ	項目の数
.891	3

図10.17　喪失尺度得点の Cronbach の α 係数

尺度の統計量

平均値	分散	標準偏差	項目の数
5.44	7.320	2.706	3

図10.18　喪失尺度得点の統計量

〈b〉合計点の平均値と標準偏差

喪失尺度得点の記述統計量は**尺度の統計量**として出力される（図10.18）。

〈c〉Cronbach の α 係数の信頼区間

Cronbach の α 係数の区間推定値は**級内相関係数**の**平均測定値**欄へ出力される（図10.19）。喪失尺度の場合，**下限値**は .760，**上限値**は .956 であるから，尺度得点の信頼性は高いと判断してよい。

10.4　論文の記載例

自分の恋愛相手が他の異性と仲良くしている場面を目撃したときに生じる感情を嫉妬感情と定義し，その構造を探索した。まず予備調査において嫉妬感情として生じやすい感情を整理し

級内相関係数

	級内相関 [b]	95% 信頼区間		真の値 0 を使用した F 検定			
		下限	上限	値	df1	df2	有意確率
単一測定値	.731[a]	.513	.878	9.143	17	34	.000
平均測定値	.891[c]	.760	.956	9.143	17	34	.000

人的効果が変量で測定効果が固定であるときの二元変量効果モデル。

a. 交互作用効果の有無にかかわらず、推定量は同じです。

b. 一貫性のある定義を使用したタイプ C 級内相関係数。測定間の分散は分母分散から除外されます。

c. 交互作用効果があると仮定すると推定できないので、この推定は、交互作用効果がないと仮定して計算されます。

図 10.19　Cronbach の α 係数の区間推定値（喪失尺度）

て，それを測定する 10 項目を用意した。そして，本調査では 18 名の大学生に嫉妬感情が生じやすい場面を想起してもらい，そのときに生じる感情の強さを 10 項目で尋ねた。回答は「よく当てはまる」を 5,「少し当てはまる」を 4,「どちらともいえない」を 3,「あまり当てはまらない」を 2,「全く当てはまらない」を 1 とする 5 段階評定とした。

探索的な因子分析により嫉妬感情の因子構造を検討した。10 項目の相関係数行列の固有値は 4.554，1.787，1.423，.678，.552 と減衰し，第 3 因子までの累積説明率は 77.6% であった。ここでは固有値の減衰状況とスクリー・プロットの形状から総合的に判断し，3 因子解を採用することとした。そして，重み付けのない最小 2 乗法と直接オブリミン回転による因子分析を行った。表 10.4 に直接オブリミン回転解（因子負荷量），共通性，項目得点の平均値（M）と標準偏差（SD），因子間の相関係数を示す。3 因子の累積分散説明率は 67.9% である。

第 1 因子は「3. 悲しくなる」,「7. 孤独を感じる」,「2. 喪失を恐れる」という悲哀に関する項目の負荷量が高いので喪失因子，第 2 因子は「8. ゆううつになる」,「10. 不安になる」,「9. 彼（彼女）に不信を抱く」という不安定で揺れ動く感情に関する項目の負荷量が大きいので動揺因子，第 3 因子は「5. 彼（彼女）を傷つけたいと思う」,「6. 彼（彼女）に仕返しをしたいと思う」,「4. 彼（彼女）に憎しみを持つ」,「1. 彼（彼女）に恨みを抱く」など，対象者に対する攻撃的な感情に関する項目の負荷量が高いので攻撃因子と解釈した。

第 1 因子と第 2 因子の間および第 1 因子と第 3 因子の間に弱い相関が見られるので，3 つの嫉妬感情はまったく独立というものではなく，複合的な感情であると示唆された。

因子ごとに負荷量の大きい項目の合計点を喪失尺度，動揺尺度，攻撃尺度の得点とし，平均値と標準偏差，Cronbach の α 係数とその 95% 信頼区間（Feldt, Woodruff, & Salih, 1987),尺度内の項目間相関係数の平均と範囲，尺度得点間相関係数を求めた（表 10.5)。喪失尺度と攻撃尺度の α 係数とその信頼区間は大きく，尺度得点の信頼性は高いと判断できる。動揺尺度は α 係数が .66 とやや小さいので，項目の修正もしくは追加を行ってもよいであろう。

喪失尺度と攻撃尺度の相関が .523 であり，恋愛相手が他の異性と仲良くしている場面を目撃したとき，恋愛対象を失う悲しみの感情と攻撃的な感情が同時に生起すると示唆される。

論文に記載する事項は以下の通りである。

〈a〉抽出法と回転法

因子負荷量を求める方法にはバリエーションが多いので，表のタイトルの中もしくは表の注記として，使用した抽出法と回転法を明記する。

表10.4 嫉妬感情の因子分析結果（重み付けのない最小2乗法，直接オブリミン回転［デルタ＝0]）

	因子			共通性	M	SD
	1	2	3			
［喪失因子］						
3. 悲しくなる	**.932**	.064	−.098	.852	1.56	0.92
7. 孤独を感じる	**.890**	−.148	.007	.742	1.72	0.96
2. 喪失を恐れる	**.775**	.006	.149	.708	2.17	1.10
［動揺因子］						
8. ゆううつになる	−.151	**.773**	−.142	.565	2.83	1.38
10. 不安になる	−.042	**.643**	.157	.439	3.39	1.04
9. 彼（彼女）に不信を抱く	.245	**.534**	−.028	.415	2.22	1.26
［攻撃因子］						
5. 彼（彼女）を傷つけたいと思う	−.182	−.199	**.819**	.629	3.22	1.40
6. 彼（彼女）に仕返しをしたいと思う	.242	.129	**.809**	.905	3.44	1.54
4. 彼（彼女）に憎しみを持つ	.250	.317	**.672**	.820	3.00	1.41
1. 彼（彼女）に恨みを抱く	.392	.220	**.540**	.716	2.83	1.15
因子間相関						
因子1	1.000					
因子2	.293	1.000				
因子3	.351	.097	1.000			

表10.5 嫉妬感情3尺度の記述統計量と α 係数

			α係数とその CI			尺度間相関係数		
尺度名	平均	標準偏差	α係数	95%CI	$\bar{r}$[範囲]	喪失	動揺	攻撃
喪失尺度	5.44	2.71	.89	[.76, .96]	.74[.66 ～ .78]	1.000		
動揺尺度	8.44	2.85	.66	[.25, .86]	.40[.33 ～ .46]	.224	1.000	
攻撃尺度	12.50	4.69	.87	[.73, .95]	.63[.35 ～ .84]	.523	.220	1.000

Note. *CI* は信頼区間，$\bar{r}$[範囲] は尺度内の項目間相関係数の平均値と範囲である。

〈b〉抽出した因子の数とその根拠

SPSSの出力を用いる場合，相関係数行列の固有値，累積説明率，スクリー・プロットなどを参考にして因子数を判断する。因子数の決定はユーザーの判断に委ねられているので，論文では抽出した因子数の根拠を明確に述べる。事例では，固有値の大きさ，累積説明率，スクリー・プロットから総合的に判断したことを記載した。また，研究仮説に沿って因子数を決定した場合は仮説との整合性を説明する。

〈c〉因子負荷量

回転後の因子負荷量を報告する。項目は因子負荷量の大きさに基づいて並び替えを行う。SPSSの出力はオプション指定によって並び替えが行われるので，出力された順番通りに項目を記載すればよい。記載例のように，大きな因子負荷量を太字にすると読み取りやすい。なお，解釈に使用しなかった小さな負荷量も省略しない。また，因子分析を繰り返すことによって項目を削除した場合，その理由と手順を説明する。

〈d〉共通性

共通性は各変数が共通因子で十分に説明されているかどうかを示すので，**因子抽出後**の共通性を因子負荷量と共に記載し，必要に応じて大きさに言及する。古い文献では表の中で共通性を h^2 と表記しているものもある。

〈e〉因子の解釈

因子負荷量の大きさを参照して因子の意味を述べ，因子の内容に即して名前をつける。事例では喪失因子，動揺因子，攻撃因子と命名したが，命名後は因子名に沿って解説を行っていくので，適切な命名が求められる。比喩や飛躍した命名は好ましくないが，堅い表現を組み合わせる必要はない。

〈f〉負荷量平方和と説明率

図 10.10 の**説明された分散の合計**に**抽出後の負荷量平方和**として出力される**合計**は，**因子行列**（因子負荷量の初期解）の縦 2 乗和であり，**分散の %** は全分散の 10（観測変数の数に等しい）に占める割合（分散説明率），**累積 %** はそれを累積した値（累積分散説明率）である。また，この事例のように斜交回転を行った場合，図 10.10 の**注 a** に表示されているように，因子負荷量の 2 乗和から各因子の分散とその説明率を求めることはできない。そのため，図 10.10 で**回転後の負荷量平方和**として出力される値は，因子構造の 2 乗和である。因子構造とは，因子と観測変数の相関係数であり，SPSS では**構造行列**として出力される。したがって，斜交回転を行った場合は**回転後の負荷量平方和**の値を論文へ記載しなくてもよく，もし記載する場合は因子構造の 2 乗和であることを付記する。また，分散説明率を記載するときは，3 因子全体の累積説明率（図 10.10 の**抽出後の負荷量平方和**の**累積 %** 参照）が 67.9% であることを本文もしくは表 10.4 の注として記入する。一方，直交回転（**因子分析：回転**ダイアログボックスの**方法**で**クォーティマックス (Q)**，**バリマックス (V)**，**エカマックス (E)** のどれかを指定した場合）を用いたときは分散説明率の定義は一意であるから，**回転後の負荷量平方和**の**分散の %** と**累積 %** を因子ごとに記載する。

〈g〉因子間の相関係数

斜交回転の場合は，必ず因子間の相関係数を記載し，その大きさに言及する。直交回転では因子間の相関係数はゼロであるから，記載する必要はない。

〈h〉尺度得点の信頼性

その後の分析に尺度得点を用いる場合，尺度得点の信頼性の高さを報告する。事例では Cronbach の α 係数とその信頼区間を記載した。α 係数だけではなく，その信頼区間を参照することにより，より正確に信頼性の高さを推測することができる。また，式 (10.1) からわかる通り，α 係数の値は項目数とも関係するので，尺度内の項目間相関係数の平均と範囲を報告することが望まれる。

〈i〉項目の平均と標準偏差

スペースがあれば，事例のように項目の平均値と標準偏差を因子負荷量と共に記載する。

10.5　因子負荷量の推定

同一のデータで因子数を 1 つの値に固定しても，数学的に正しい因子負荷量の推定値は無数にある。これを因子軸の不定性という。そのため，初期解と呼ばれる因子負荷量の推定値（SPSS では**初期の解 (I)** として出力される）をはじめに求め，その後，解釈しやすい因子負荷量へ初期解を変換する。SPSS は**因子分析**ダイアログボックスで初期解を求めることを**因子抽出 (E)**，初期解の変換を**回転 (T)** と呼んでいる。ここでは初期解を求める方法と回転について説明する。

10.5.1 因子抽出 — 初期解

SPSS で利用できる因子抽出法（**因子分析：因子抽出**ダイアログボックスの**方法（M）**で選択する；図 10.7 参照）は，**主成分分析**，**重み付けのない最小 2 乗法**，**一般化した最小 2 乗法**，**最尤法**，**主因子法**，**アルファ因子法**，**イメージ因子法**である。標準設定（デフォルト）として設定されている**主成分分析**は合成得点を作る方法であり，厳密には因子分析とは言えないので，それ以外の方法を選ぶ。選択に迷ったときは，**重み付けのない最小 2 乗法**もしくは**最尤法**を選ぶとよい。主要な方法の特徴は以下の通りである。

- 重み付けのない最小 2 乗法
  観測変数間の相関係数は因子負荷量と因子間の相関（初期解では 0）で表現することができ，これを再生相関係数（**因子分析：記述統計**ダイアログボックスで**再生相関（R）**をチェックする；図 10.6 参照）という。そこで，**重み付けのない最小 2 乗法**（最小 2 乗法）はデータから求めた相関係数と再生相関係数の違いに着目し，その 2 乗和を最小とする初期解を求める。
- 一般化した最小 2 乗法
  一般化した最小 2 乗法（一般化最小 2 乗法）は**重み付けのない最小 2 乗法**を発展させた方法で，独自性（$= 1 -$ 共通性）の大きさが観測変数ごとに異なる点にも考慮して，初期解を求める。
- 最尤法
  最尤法（最尤推定法）は観測変数が多変量正規分布に従うと仮定して因子負荷量を推定する。この方法は因子数の検定を行うことができるが，被験者数が大きい場合，適切な因子数よりも多い因子数となることがあるので，検定結果のみから因子数を判断すべきではない。
- 主因子法
  主因子法（SPSS の**主因子法**は反復主因子法とも呼ばれる）は正常に計算が終了すれば**重み付けのない最小 2 乗法**と同一の推定値を与えるが，計算アルゴリズムが劣るので，**重み付けのない最小 2 乗法**を利用する方がよい。

10.5.2 因子軸の回転 — 直交回転と斜交回転

因子軸の不定性により，初期解を変換しても再生相関係数の値は変わらない。そこで，因子の意味を解釈しやすくするために，不定性を生かして因子負荷量が単純構造を示すように初期解を変換する。これが因子（軸）の**回転**であり，2 つのタイプがある。1 つは回転後の因子が無相関である直交回転，もう 1 つは因子に相関がある斜交回転である。

単純構造とは，(1) 各観測変数が少数の因子に大きな負荷量を持ち，(2) 各因子においては大きな負荷量を持つ観測変数は少なく，0 に近い負荷量が多い，そして，(3) 観測変数ごとに任意の 2 因子で負荷量を比べたとき，同時に因子負荷量が大きい観測変数が少ない状態である。

ここでは，2 因子解を例として因子軸の回転について説明する。

(a) 直交回転

初期解の因子 f の負荷量を横軸の値，同じく初期解の因子 g の負荷量を縦軸の値として，観測変数 x の因子負荷量を図 10.20 に示した（図中の黒丸）。因子負荷量を単純構造とするには，一方の因子の座標値を大きくし，他方の因子の座標値を小さくすればよいので，因子 f と因子 g の軸を直交させたまま $40°$ ほど右へ回転し，回転後の因子 f'（回転後）と因子 g'（回転後）とした。因子 f' の座標値は，観測変数 x の位置から因子 g'（回転後）との平行線を引き，因子 f'（回転後）と交わったところの座標値 a である。また，因子 g' の座標値は，観測変数 x の位置から因子 f'（回転後）との平行線を引き，因子 g'（回転後）と交わったところの座標値 b である。因子軸を回転したことにより，変換後の因子負荷量 a は 0 に近くて b は大きいので，観測変数 x は回転後の因子（f' と g'）に対して単純構造を示している。

直交回転は因子間相関が 0 であるから，因子負荷量の大きさだけに注目して因子を解釈できる点にメリットがある。したがって，因子に無相関を仮定できる場合は直交回転を用いるとよい。

因子分析：回転ダイアログボックス（図 10.8 参照）で指定できる直交回転法は以下の通りである。直交回転を指定した場合，回転後の因子負荷量は**回転後の因子行列**として出力される。

- クォーティマックス法
  クォーティマックス法は因子負荷量の 2 乗の分散が最大となるように因子軸を回転する。この方法は 1 つの因子に対して多数の観測変数が高い負荷量を持つ傾向があるので，使用しない方がよいとされる。
- バリマックス法
  バリマックス法は因子ごとに因子負荷量の 2 乗の分散を算出し，その総和が最大となるように因子軸を回転する。直交回転の中では最も利用されてきた方法である。
- エカマックス法
  エカマックス法は，因子ごとに算出される因子負荷量の 2 乗の分散と観測変数ごとに算出される因子負荷量の 2 乗の分散が同時に最大となるように因子軸を回転する。**クォーティマックス**法と**バリマックス**法を合わせた方法とも言える。

因子間における分散説明率の偏りは**クォーティマックス**法が最も大きく，次いで**バリマックス**法，最も小さいのが**エカマックス**法といわれる。経験的にも**エカマックス**法が最も分散説明率を均等にするが，他の方法も試み，最も納得できる解を選ぶとよいであろう。

(a) 斜交回転

直交解と同じ初期解を用いて図 10.21 へ斜交回転を示した。斜交回転は因子軸を 1 本ずつ，特別の制約を課さずに回転する。そこで，因子 f（回転前）を右へ $30°$ ほど，因子 g（回転前）を右へ $50°$ ほど回転した。回転後の因子負荷量は因子 f'（回転後）と因子 g'（回転後）の座標値である。座標値は直交回転と同様に定義され，因子 f' の座標値は観測変数 x の位置から因子 g'（回転後）との平行線を引き，因子 f'（回転後）と交わったところの座標値 a である。また，因子 g' の座標値は，観測変数 x の位置から因子 f'（回転後）との平行線を引き，因子 g'（回転後）と交わったところの座標値 b である。因子軸を回転したことにより，変換後の因子負荷量 a は 0 に近くて b は大きいので，観測変数 x は回転後の因子（f' と g'）に対して単純構造を示している。

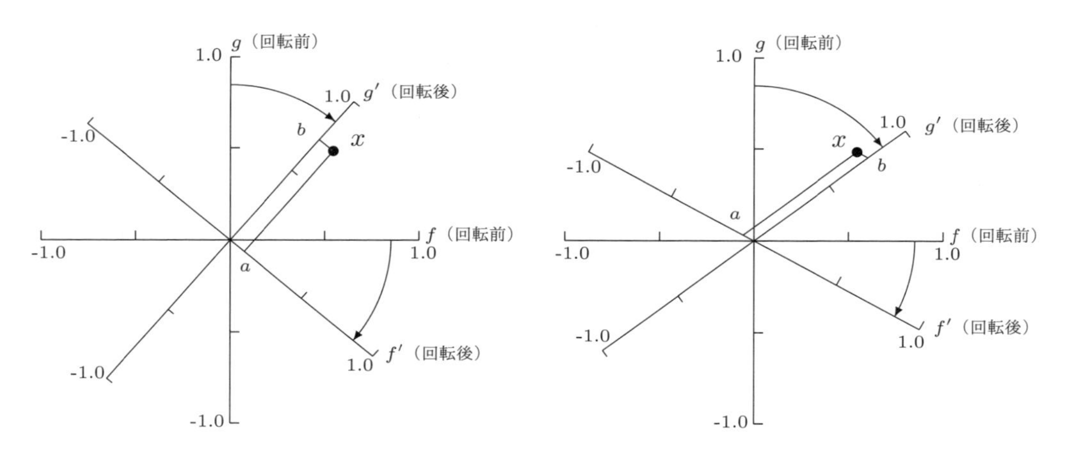

図 10.20 因子軸の直交回転　　図 10.21 因子軸の斜交回転

一般的に斜交回転の方が単純構造になりやすく，因子の解釈も容易になるが，因子間に相関が生じるので，因子分析の結果を解釈する際には因子間相関の意味を含めて解釈を行う。特に因子が多い場合は因子間相関の意味づけがやっかいになることもあるが，因子を無相関とする強い根拠がないときは斜交回転を用いて因子間相関の大きさを確認する方がよい。また，直交回転を行っても尺度得点は無相関とはならないので，斜交回転を利用すべきとする考え方もある。

因子分析：回転ダイアログボックス（図 10.8 参照）で指定できる斜交回転法は以下の通りである。斜交回転を指定した場合，回転後の因子負荷量は**パターン行列**として出力される。

- 直接オブリミン法
  直接オブリミン法は，因子内かつ各観測変数内で因子負荷量のコントラストが鮮明になるように因子軸を斜交回転する。**デルタ (D)** は因子軸の斜交度を制御し，指定できる最大値は .8 である。**デルタ (D)** へマイナスで大きな値を指定するほど因子間相関が小さくなる（直交回転に近づく）。Harman(1976) では**デルタ (D)** として 0 以下の値が推奨されているが，迷ったときは標準設定（デフォルト）の 0 のままでよいであろう。
- プロマックス法
  プロマックス法は事前回転として初期解を直交回転（SPSS ではバリマックス回転）し，符号を変えずに回転後の因子負荷量を K（≥ 1 以上）乗し，単純構造を強調する。そして，因子負荷量を基準化してターゲット行列とし，プロクラステス回転と呼ばれる方法を用いて初期解を斜交回転する。K の値は**カッパ (K)** として指定するが，**カッパ (K)** が大きいほど因子間相関は大きくなる。**カッパ (K)** として 3 が推奨されることもあるが，SPSS の標準設定（デフォルト）は開発者が推奨する 4 となっている。**プロマックス**法は斜交回転法として多用されている。

10.6 SPSS で出力される主要な数値と行列

因子軸の直交回転と斜交回転では出力される数表が異なるので，出力される主要な数値と行列の意味を以下に整理する。

(1) 直交回転

〈a〉説明された分散の合計欄へ出力される値

〈i〉初期の固有値

- 合計
  各因子が観測変数の変動を説明する大きさを観測変数の分散で表すことができ，初期解では，その分散が最大となる因子が順に抽出される。このとき，共通性の値を 1 としたまま観測変数の数と同じ数の因子を抽出すると，分散と固有値が一致する。それが**合計**欄の値である。固有値は観測変数の相関係数行列に定義されるものなので，直交回転後および斜交回転後の因子に対応させて因子負荷量行列の中へ記載するのは好ましくない。なお，固有値の総和は観測変数の数に一致する。固有値はカイザー基準とスクリー・プロットで使用される。
- 分散の %
  分散の % は全因子の分散の総和（観測変数の数に等しい）に占める各因子の分散の割合である。論文へ記載する必要はない。
- 累積 %
  第 1 因子から**分散の %** を累積した値である。論文へ記載する必要はない。

〈ii〉抽出後の負荷量平方和

以下の値は論文へ記載する必要はない。

- 合計
  因子行列として出力される因子負荷量（初期解）の縦 2 乗和である。初期解は因子間相関が 0 であるから，**合計**欄の値は各因子によって説明できる観測変数の分散に等しい。
- 分散の %
  分散の % は全因子の分散（観測変数の数に等しい）に占める各因子の分散の割合である。
- 累積 %
  第 1 因子から**分散の %** を累積した値である。

〈iii〉回転後の負荷量平方和

以下の値は論文へ記載してもよい。

- 合計
  回転後の因子行列として出力される直交回転後の因子負荷量の 2 乗和である。因子間相関が 0 であるから，各因子が説明できる観測変数の分散の大きさに等しい。因子との関連が大きい変数が多いほど分散は大きい。
- 分散の %
  分散の % は全因子の分散（観測変数の数に等しい）に占める各因子の分散の

割合である。

- **累積 %**

  第1因子から**分散の %** を累積した値である。

〈b〉**因子行列**

因子分析：記述統計ダイアログボックスの**初期の解（I）**へチェックを入れると**因子行列**が出力される。これは因子負荷量の初期解であるから，論文へ記載する必要はない。

〈c〉**回転後の因子行列**

直交回転後の因子負荷量であり，この値に基づいて因子を解釈する。論文へ記載する因子負荷量である。

〈d〉**因子交換行列**

初期解を直交回転するために用いた行列であり，論文へ記載する必要はない。

（2）**斜交回転**

〈a〉**説明された分散の合計**欄へ出力される値

〈i〉**初期の固有値**

合計，**分散の %**，**累積 %** は直交回転の場合と同様に解釈し，利用する。

〈ii〉**抽出後の負荷量平方和**

合計，**分散の %**，**累積 %** は直交回転の場合と同様に解釈し，利用する。論文へ記載する必要はない。

〈iii〉**回転後の負荷量平方和**

- **合計**

  ラベルが**回転後の負荷量平方和**と表示されるが，**構造行列**として出力される因子構造（因子と観測変数の相関係数）の2乗和である。論文へ記載しなくてもよいが，記載する場合は因子構造の2乗和であることを明記する。

〈b〉**因子行列**

因子負荷量の初期解である。直交回転の場合と同様に解釈し，利用する。論文へ記載する必要はない。

〈c〉**パターン行列**

斜交回転後の因子負荷量であり，この値に基づいて因子を解釈する。論文へ記載する。

〈d〉**構造行列**

回転後の因子と観測変数の相関係数である。論文へ記載する必要はない。なお，直交回転では因子構造は因子負荷量と一致するので，**構造行列**は出力されない。

〈e〉**因子相関行列**

斜交回転後の因子間の相関係数であり，論文へ記載して解釈を加える。

10.7 因子得点の推定

因子抽出に続き，個人の因子得点を用いて以下のような発展的分析を行うことが多い。

（1）名義尺度をなす変数との関係（因子得点の差の検定）
（2）間隔・比率尺度をなす変数との関係（因子得点との相関係数の検定）

(3) 因子得点による被験者の分類（被験者のクラスター分析）

因子抽出や尺度作成が目的のとき，(1) と (2) は因子得点の妥当性を検証するために必要となり，(3) は他の変数を用いて被験者群の特徴を記述するために行われる。

因子分析の数学的なモデルは因子得点を用いた観測変数の予測であるが（205 ページ参照），因子分析には観測変数を用いるので，観測変数の値から因子得点を推定することになる。SPSS を用いて個人の因子得点を推定する手順は以下の通りである。

【事例】

嫉妬感情を構成する 3 因子の因子得点を推定する。

【分析方法】

因子分析。

【要件】

変数は間隔・比率尺度であること。データ数が十分に大きいこと。

【SPSS の手順】

〈a〉データエディタを開く
　データエディタから嫉妬感情の分析に用いたデータを開く。

〈b〉メニューを選ぶ
　[分析 (A)] → [次元分解] → [因子分析 (F)] →因子分析ダイアログボックス

〈i〉変数の指定
　分析に用いる変数名を**変数 (V)** ボックスへドラッグする。

〈ii〉記述統計量
　記述統計 (D) ボタンを押して**因子分析：記述統計**ダイアログボックスを開き，**1 変量の記述統計量 (U)**，**初期の解 (I)**，**相関行列の係数 (C)**，**KMO と Bartlett の球面性検定 (K)** にチェックを入れる。

〈iii〉因子抽出の方法
　因子抽出 (E) ボタンを押して**因子分析：因子抽出**ダイアログボックスを開き，**方法 (M)** として**重み付けのない最小 2 乗法**を指定する。また，**表示**内の**スクリープロット (S)** にチェックを入れる。

〈iv〉回転の方法
　回転 (T) ボタンを押して**因子分析：回転**ダイアログボックスを開き，**方法**の中から**直接オブリミン (O)** を選択する。

〈v〉**得点 (S)** ボタンを押して**因子分析：因子得点**ダイアログボックスを開き，**変数として保存 (S)**，因子得点を推定する**方法**として**回帰 (R)**，**因子得点係数行列を表示 (D)** をチェックする（図 10.22）。**因子得点係数行列**とは観測変数の標準得点へ乗じて因子得点を推定するための係数を並べた行列である。

〈vi〉オプションの選択
　オプション (O) ボタンを押して**因子分析：オプション**ダイアログボックスを開き，**係数の表示書式**の**サイズによる並び替え (S)** をチェックして**続行**ボタンを押す。

以上の指定ができてら，**因子分析**ダイアログボックスで **OK** ボタンを押し，計算を実行する。

図 10.22　因子得点と係数行列を求める

x10	FAC1_1	FAC2_1	FAC3_1
3	-1.88526	.06888	-.62644
2	.51389	-.13632	-.15760
3	.66639	1.09789	-.82103
3	.18284	-.04288	-1.55478
3	-.58204	.77669	.67874
2	.79502	-.22943	1.48583
4	.83887	.85697	.86878
3	.60754	-.11484	-.80553
3	.32802	.94596	.57776
5	.76708	1.28743	1.48623
2	-2.04193	-.34421	-.66218
3	-.72100	.52486	-.21382
1	.41273	.03951	-1.36890
2	-.70048	-.98801	-.57573
1	1.02340	-.68379	1.62824
1	-1.31076	-2.48587	-.18712
3	.61200	-.53695	.59186
3	.49369	-.03591	-.34430

図 10.23　因子得点の推定値

【出力の読み方と解説】

因子得点を保存するように指定すると，データセットに新しい変数として因子得点が追加される。因子得点には自動的に FAC1_1，FAC2_1，FAC3_1 という変数名が付き，データエディタに保存される（図 10.23）。変数名の FAC の後ろに付く数値は因子の番号，アンダーバーの後の 1 は 1 回目の分析という意味である。したがって，FAC1_1 は喪失因子，FAC2_1 は動揺因子，FAC3_1 は攻撃因子の因子得点である。

因子得点係数行列

	因子		
	1	2	3
1．彼（彼女）に恨みを抱く	.200	.160	-.138
2．喪失を恐れる	.116	.106	.340
3．悲しくなる	.564	.121	-.416
4．彼 (彼女) に憎しみを持つ	.059	.393	.272
5．彼 (彼女) を傷つけたいと思う	-.058	-.304	.098
6．彼 (彼女) に仕返しをしたいと思う	-.047	-.028	.820
7．孤独を感じる	.197	-.323	-.014
8．ゆううつになる	-.085	.457	.050
9．彼（彼女）に不信を抱く	.040	.072	-.133
10．不安になる	-.003	.168	-.074

因子抽出法: 重みなし最小二乗法
回転法: Kaiser の正規化を伴うオブリミン法
因子得点の計算方法: 回帰法

図 10.24　因子得点係数行列

因子得点を推定する多数の方法が提案されているが（芝, 1979），SPSS では**回帰法 (R)**，**Bartlett 法 (B)**，**Anderson-Rubin 法 (A)** を利用でき，この事例では**回帰法 (R)** を利用した。**因子得点係数行列**（図 10.24）として出力された値は，回帰法を用いて因子得点を推定するために観測変数の標準得点に乗じた係数である。その絶対値が大きい項目ほど推定値に対する寄与が大きいと言える。第 1 因子（喪失因子）に対する係数は項目 2，項目 3，項目 7 の値が大きく，因子負荷量の大きさと整合している。しかし，項目 1 の係数は .200 であり，項目 2 の .116 よりも大きく，これより，因子負荷量の大きさと係数の重みが比例するとは限らないことがわかる。同様に第 2 因子（動揺因子）では項目 8，項目 9，項目 10 の負荷量が大きかったが，項目 4 と項目 7 の係数（.393 と −.323）が項目 9 と項目 10 の係数（.072 と .168）よりも大きい。同様の逆転は因子 3（攻撃因子）でも生じており，因子得点の解釈を複雑にしている。

抽出した因子の強さを表す数値として因子負荷量の大きい観測変数の合計点もしくは項目平均点を用いることがあり，それを尺度得点という。因子負荷量の小さい変数も利用している因子得点と比べ，尺度得点は明瞭な解釈ができる。しかも，単純に観測変数の得点を合計すればよいので，その後の研究でも容易に利用することができる。

文献

引用文献

(1) 足立浩平 (2006). 多変量データ解析法 — 心理・教育・社会系のための入門　ナカニシヤ出版
(2) Belsley, D.A., Kuh, E., & Welsch, R.E. (1980). *Regression Diagnostics: Identifying Influential Data and Sources of Collinearity.* Wiley Series in Probability and Statistics. New York:Wiley Interscience.
(3) Cohen, J. (1992). A Power Primer. *Psychological Bulletin*, **112**(1), 155–159.
(4) Faul, F., Erdfelder, E., Buchner, A., & Lang, A.-G. (2009). Statistical power analyses using G*Power 3.1: Tests for correlation and regression analyses. *Behavior Research Methods*, **41**, 1149–1160.
(5) Feldt, L. S., Woodruff, D. J., & Salih, F. A. (1987). Statistical inference for coefficient alpha. *Applied Psychological Measurement*, **11**, 93–103.
(6) Field, A. (2013). *Discovering Statistics using IBM SPSS Statistics*(4th ed.). Thousand Oaks, CA: SAGE Publications.
(7) 南風原朝和 (2002). 心理統計学の基礎　有斐閣
(8) 南風原朝和 (2014). 続・心理統計学の基礎　有斐閣
(9) 南風原朝和・芝　祐順 (1987). 相関係数および平均値差の解釈のための確率的な指標　教育心理学研究，**35**(3)，259–265.
(10) Harman, H. H. (1976). *Modern Factor Analysis*(3rd ed.). Chicago, IL: University of Chicago Press.
(11) Howell, D. C. (2012). *Statistical Methods for Psychology*(8th ed.). Belmont, CA: Wadsworth, Cengage Learning.
(12) Huynh, H., & Feldt, L. S. (1976). Estimation of the Box correction for degrees of freedom from sample data in randomised block and split-plot designs. *Journal of Educational Statistics*, **1**, 69–82.
(13) 石井秀宗 (2014). 人間科学のための統計分析　医歯薬出版
(14) 狩野　裕・三浦麻子 (2002). グラフィカル多変量解析 — AMOS，EQS，CALIS による目で見る共分散構造分析 増補版　現代数学社
(15) 森　敏昭・吉田寿夫（編著） (1990). 心理学のためのデータ解析テクニカルブック　北大路書房
(16) 永田　靖・吉田道弘 (1997). 統計的多重比較法の基礎　サイエンティスト社
(17) 小野寺孝義・菱村　豊（編） (2005). 文科系学生のための新統計学　ナカニシヤ出版

(18) 小野寺孝義・山本嘉一郎（編）(2004). SPSS 事典 — BASE 編　ナカニシヤ出版
(19) 大久保街亜・岡田謙介 (2012). 伝えるための心理統計: 効果量・信頼区間・検定力　勁草書房
(20) R Core Team (2013). *R: A language and environment for statistical computing.* R Foundation for Statistical Computing, Vienna, Austria. URL http://www.R-project.org/.
(21) 芝　祐順 (1979). 因子分析法 第 2 版　東京大学出版会
(22) Stevens, J. P. (1992). *Applied Multivariate Statistics for the Social Sciences*(2nd ed.). Hillsdale, NJ: Lawrence Erlbaum.
(23) 谷岡一郎 (2000).「社会調査」のウソ — リサーチ・リテラシーのすすめ（*p*.26）　文藝春秋（文春新書）
(24) 豊田秀樹 (1998). 共分散構造分析 [入門編] — 構造方程式モデリング　朝倉書店

参考書

引用文献欄の書籍と共に以下の書籍を本書の読者へ薦めたい。

(1) 朝野熙彦 (2000). 入門多変量解析の実際 第 2 版　講談社
(2) 後藤宗理・中沢　潤・大野木裕明 (2000). 心理学マニュアル　要因計画法　北大路書房
(3) 原田　章・松田幸弘 (2013). 統計解析の心構えと実践 — SPSS による統計解析　ナカニシヤ出版
(4) Huff, D. (1954). *How to Lie with Statistics.* New York: Norton.（高木秀玄（訳）(1968). 統計でウソをつく法 — 数式を使わない統計学入門　講談社（ブルーバックス））
(5) 川端一光・荘島宏二郎 (2014). 心理学のための統計学入門　誠信書房
(6) 北折充隆 (2012). 自分で作る調査マニュアル — 書き込み式卒論質問紙調査解説　ナカニシヤ出版
(7) 村井潤一郎・柏木惠子 (2008). ウォームアップ心理統計　東京大学出版会
(8) 小野寺孝義（編著）(2015). 心理・教育統計法特論〔新訂〕　放送大学教育振興会
(9) 大櫛陽一・浅川達人・松木秀明・春木康男 (2007). 看護・福祉・医学統計学 — SPSS 入門から研究まで　福村出版
(10) 大山　正・宮埜壽夫・岩脇三良 (2005). 心理学研究法 — データ収集・分析から論文作成まで（コンパクト新心理学ライブラリ）　サイエンス社
(11) 竹原卓真 (2013). SPSS のススメ〈1〉2 要因の分散分析をすべてカバー（増補改訂版）北大路書房
(12) 山田剛史・村井潤一郎 (2004). よくわかる心理統計（やわらかアカデミズム・わかるシリーズ）　ミネルヴァ書房
(13) 山内光哉 (2008). 心理・教育のための分散分析と多重比較 — エクセル・SPSS 解説付き　サイエンス社
(14) 柳井晴夫・田栗正章・藤越康祝・C.R. ラオ (2007). やさしい統計入門 — 視聴率調査から多変量解析まで　講談社（ブルーバックス）
(15) 吉田寿夫 (1998). 本当にわかりやすいすごく大切なことが書いてあるごく初歩の統計の本　北大路書房

付録 A

付表

目次

付表 A.1 標準正規分布表

z	.00	.01	.02	.03	.04	.05	.06	.07	.08	.09
0.0	.5000	.4960	.4920	.4880	.4840	.4801	.4761	.4721	.4681	.4641
0.1	.4602	.4562	.4522	.4483	.4443	.4404	.4364	.4325	.4286	.4247
0.2	.4207	.4168	.4129	.4090	.4052	.4013	.3974	.3936	.3897	.3859
0.3	.3821	.3783	.3745	.3707	.3669	.3632	.3594	.3557	.3520	.3483
0.4	.3446	.3409	.3372	.3336	.3300	.3264	.3228	.3192	.3156	.3121
0.5	.3085	.3050	.3015	.2981	.2946	.2912	.2877	.2843	.2810	.2776
0.6	.2743	.2709	.2676	.2643	.2611	.2578	.2546	.2514	.2483	.2451
0.7	.2420	.2389	.2358	.2327	.2296	.2266	.2236	.2206	.2177	.2148
0.8	.2119	.2090	.2061	.2033	.2005	.1977	.1949	.1922	.1894	.1867
0.9	.1841	.1814	.1788	.1762	.1736	.1711	.1685	.1660	.1635	.1611
1.0	.1587	.1562	.1539	.1515	.1492	.1469	.1446	.1423	.1401	.1379
1.1	.1357	.1335	.1314	.1292	.1271	.1251	.1230	.1210	.1190	.1170
1.2	.1151	.1131	.1112	.1093	.1075	.1056	.1038	.1020	.1003	.0985
1.3	.0968	.0951	.0934	.0918	.0901	.0885	.0869	.0853	.0838	.0823
1.4	.0808	.0793	.0778	.0764	.0749	.0735	.0721	.0708	.0694	.0681
1.5	.0668	.0655	.0643	.0630	.0618	.0606	.0594	.0582	.0571	.0559
1.6	.0548	.0537	.0526	.0516	.0505	.0495	.0485	.0475	.0465	.0455
1.7	.0446	.0436	.0427	.0418	.0409	.0401	.0392	.0384	.0375	.0367
1.8	.0359	.0351	.0344	.0336	.0329	.0322	.0314	.0307	.0301	.0294
1.9	.0287	.0281	.0274	.0268	.0262	.0256	.0250	.0244	.0239	.0233
2.0	.0228	.0222	.0217	.0212	.0207	.0202	.0197	.0192	.0188	.0183
2.1	.0179	.0174	.0170	.0166	.0162	.0158	.0154	.0150	.0146	.0143
2.2	.0139	.0136	.0132	.0129	.0125	.0122	.0119	.0116	.0113	.0110
2.3	.0107	.0104	.0102	.0099	.0096	.0094	.0091	.0089	.0087	.0084
2.4	.0082	.0080	.0078	.0075	.0073	.0071	.0069	.0068	.0066	.0064
2.5	.0062	.0060	.0059	.0057	.0055	.0054	.0052	.0051	.0049	.0048
2.6	.0047	.0045	.0044	.0043	.0041	.0040	.0039	.0038	.0037	.0036
2.7	.0035	.0034	.0033	.0032	.0031	.0030	.0029	.0028	.0027	.0026
2.8	.0026	.0025	.0024	.0023	.0023	.0022	.0021	.0021	.0020	.0019
2.9	.0019	.0018	.0018	.0017	.0016	.0016	.0015	.0015	.0014	.0014
3.0	.0013	.0013	.0013	.0012	.0012	.0011	.0011	.0011	.0010	.0010
3.1	.0010	.0009	.0009	.0009	.0008	.0008	.0008	.0008	.0007	.0007
3.2	.0007	.0007	.0006	.0006	.0006	.0006	.0006	.0005	.0005	.0005
3.3	.0005	.0005	.0005	.0004	.0004	.0004	.0004	.0004	.0004	.0003
3.4	.0003	.0003	.0003	.0003	.0003	.0003	.0003	.0003	.0003	.0002
3.5	.0002	.0002	.0002	.0002	.0002	.0002	.0002	.0002	.0002	.0002
3.6	.0002	.0002	.0001	.0001	.0001	.0001	.0001	.0001	.0001	.0001
3.7	.0001	.0001	.0001	.0001	.0001	.0001	.0001	.0001	.0001	.0001
3.8	.0001	.0001	.0001	.0001	.0001	.0001	.0001	.0001	.0001	.0001
3.9	.0000	.0000	.0000	.0000	.0000	.0000	.0000	.0000	.0000	.0000
4.0	.0000	.0000	.0000	.0000	.0000	.0000	.0000	.0000	.0000	.0000

Note. 数値は z よりも大きな領域（黒塗り）の面積を示す。たとえば，$z > 1.96$ の面積は .0250 である。

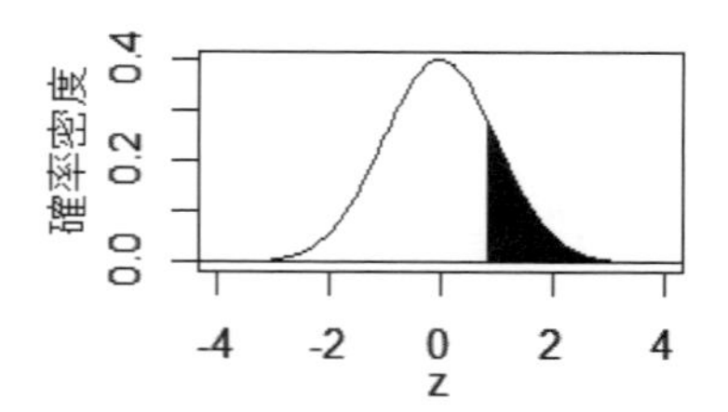

付表 A.2　χ^2 分布表

自由度	上側確率 α										
df	.990	.975	.950	.900	.750	.500	.250	.100	.050	.025	.010
1	0.00	0.00	0.00	0.02	0.10	0.45	1.32	2.71	3.84	5.02	6.63
2	0.02	0.05	0.10	0.21	0.58	1.39	2.77	4.61	5.99	7.38	9.21
3	0.11	0.22	0.35	0.58	1.21	2.37	4.11	6.25	7.81	9.35	11.34
4	0.30	0.48	0.71	1.06	1.92	3.36	5.39	7.78	9.49	11.14	13.28
5	0.55	0.83	1.15	1.61	2.67	4.35	6.63	9.24	11.07	12.83	15.09
6	0.87	1.24	1.64	2.20	3.45	5.35	7.84	10.64	12.59	14.45	16.81
7	1.24	1.69	2.17	2.83	4.25	6.35	9.04	12.02	14.07	16.01	18.48
8	1.65	2.18	2.73	3.49	5.07	7.34	10.22	13.36	15.51	17.53	20.09
9	2.09	2.70	3.33	4.17	5.90	8.34	11.39	14.68	16.92	19.02	21.67
10	2.56	3.25	3.94	4.87	6.74	9.34	12.55	15.99	18.31	20.48	23.21
11	3.05	3.82	4.57	5.58	7.58	10.34	13.70	17.28	19.68	21.92	24.72
12	3.57	4.40	5.23	6.30	8.44	11.34	14.85	18.55	21.03	23.34	26.22
13	4.11	5.01	5.89	7.04	9.30	12.34	15.98	19.81	22.36	24.74	27.69
14	4.66	5.63	6.57	7.79	10.17	13.34	17.12	21.06	23.68	26.12	29.14
15	5.23	6.26	7.26	8.55	11.04	14.34	18.25	22.31	25.00	27.49	30.58
16	5.81	6.91	7.96	9.31	11.91	15.34	19.37	23.54	26.30	28.85	32.00
17	6.41	7.56	8.67	10.09	12.79	16.34	20.49	24.77	27.59	30.19	33.41
18	7.01	8.23	9.39	10.86	13.68	17.34	21.60	25.99	28.87	31.53	34.81
19	7.63	8.91	10.12	11.65	14.56	18.34	22.72	27.20	30.14	32.85	36.19
20	8.26	9.59	10.85	12.44	15.45	19.34	23.83	28.41	31.41	34.17	37.57
21	8.90	10.28	11.59	13.24	16.34	20.34	24.93	29.62	32.67	35.48	38.93
22	9.54	10.98	12.34	14.04	17.24	21.34	26.04	30.81	33.92	36.78	40.29
23	10.20	11.69	13.09	14.85	18.14	22.34	27.14	32.01	35.17	38.08	41.64
24	10.86	12.40	13.85	15.66	19.04	23.34	28.24	33.20	36.42	39.36	42.98
25	11.52	13.12	14.61	16.47	19.94	24.34	29.34	34.38	37.65	40.65	44.31
26	12.20	13.84	15.38	17.29	20.84	25.34	30.43	35.56	38.89	41.92	45.64
27	12.88	14.57	16.15	18.11	21.75	26.34	31.53	36.74	40.11	43.19	46.96
28	13.56	15.31	16.93	18.94	22.66	27.34	32.62	37.92	41.34	44.46	48.28
29	14.26	16.05	17.71	19.77	23.57	28.34	33.71	39.09	42.56	45.72	49.59
30	14.95	16.79	18.49	20.60	24.48	29.34	34.80	40.26	43.77	46.98	50.89
31	15.66	17.54	19.28	21.43	25.39	30.34	35.89	41.42	44.99	48.23	52.19
32	16.36	18.29	20.07	22.27	26.30	31.34	36.97	42.58	46.19	49.48	53.49
33	17.07	19.05	20.87	23.11	27.22	32.34	38.06	43.75	47.40	50.73	54.78
34	17.79	19.81	21.66	23.95	28.14	33.34	39.14	44.90	48.60	51.97	56.06
35	18.51	20.57	22.47	24.80	29.05	34.34	40.22	46.06	49.80	53.20	57.34
36	19.23	21.34	23.27	25.64	29.97	35.34	41.30	47.21	51.00	54.44	58.62
37	19.96	22.11	24.07	26.49	30.89	36.34	42.38	48.36	52.19	55.67	59.89
38	20.69	22.88	24.88	27.34	31.81	37.34	43.46	49.51	53.38	56.90	61.16
39	21.43	23.65	25.70	28.20	32.74	38.34	44.54	50.66	54.57	58.12	62.43
40	22.16	24.43	26.51	29.05	33.66	39.34	45.62	51.81	55.76	59.34	63.69
41	22.91	25.21	27.33	29.91	34.58	40.34	46.69	52.95	56.94	60.56	64.95
42	23.65	26.00	28.14	30.77	35.51	41.34	47.77	54.09	58.12	61.78	66.21
43	24.40	26.79	28.96	31.63	36.44	42.34	48.84	55.23	59.30	62.99	67.46
44	25.15	27.57	29.79	32.49	37.36	43.34	49.91	56.37	60.48	64.20	68.71
45	25.90	28.37	30.61	33.35	38.29	44.34	50.98	57.51	61.66	65.41	69.96
46	26.66	29.16	31.44	34.22	39.22	45.34	52.06	58.64	62.83	66.62	71.20
47	27.42	29.96	32.27	35.08	40.15	46.34	53.13	59.77	64.00	67.82	72.44
48	28.18	30.75	33.10	35.95	41.08	47.34	54.20	60.91	65.17	69.02	73.68
49	28.94	31.55	33.93	36.82	42.01	48.33	55.27	62.04	66.34	70.22	74.92
50	29.71	32.36	34.76	37.69	42.94	49.33	56.33	63.17	67.50	71.42	76.15
60	37.48	40.48	43.19	46.46	52.29	59.33	66.98	74.40	79.08	83.30	88.38
80	53.54	57.15	60.39	64.28	71.14	79.33	88.13	96.58	101.9	106.6	112.3
100	70.06	74.22	77.93	82.36	90.13	99.33	109.1	118.5	124.3	129.6	135.8

Note. 標本から求めた χ^2 値が表中の値よりも大きければ，有意水準 α で帰無仮説は棄却される。

付表 A.3 t 分布表

自由度	両側確率 α（上側確率 $\alpha/2$）				
(df)	.200 (.100)	.100 (.050)	.050 (.025)	.020 (.010)	.010 (.005)
1	3.078	6.314	12.706	31.821	63.657
2	1.886	2.920	4.303	6.965	9.925
3	1.638	2.353	3.182	4.541	5.841
4	1.533	2.132	2.776	3.747	4.604
5	1.476	2.015	2.571	3.365	4.032
6	1.440	1.943	2.447	3.143	3.707
7	1.415	1.895	2.365	2.998	3.499
8	1.397	1.860	2.306	2.896	3.355
9	1.383	1.833	2.262	2.821	3.250
10	1.372	1.812	2.228	2.764	3.169
11	1.363	1.796	2.201	2.718	3.106
12	1.356	1.782	2.179	2.681	3.055
13	1.350	1.771	2.160	2.650	3.012
14	1.345	1.761	2.145	2.624	2.977
15	1.341	1.753	2.131	2.602	2.947
16	1.337	1.746	2.120	2.583	2.921
17	1.333	1.740	2.110	2.567	2.898
18	1.330	1.734	2.101	2.552	2.878
19	1.328	1.729	2.093	2.539	2.861
20	1.325	1.725	2.086	2.528	2.845
21	1.323	1.721	2.080	2.518	2.831
22	1.321	1.717	2.074	2.508	2.819
23	1.319	1.714	2.069	2.500	2.807
24	1.318	1.711	2.064	2.492	2.797
25	1.316	1.708	2.060	2.485	2.787
26	1.315	1.706	2.056	2.479	2.779
27	1.314	1.703	2.052	2.473	2.771
28	1.313	1.701	2.048	2.467	2.763
29	1.311	1.699	2.045	2.462	2.756
30	1.310	1.697	2.042	2.457	2.750
31	1.309	1.696	2.040	2.453	2.744
32	1.309	1.694	2.037	2.449	2.738
33	1.308	1.692	2.035	2.445	2.733
34	1.307	1.691	2.032	2.441	2.728
35	1.306	1.690	2.030	2.438	2.724
36	1.306	1.688	2.028	2.434	2.719
37	1.305	1.687	2.026	2.431	2.715
38	1.304	1.686	2.024	2.429	2.712
39	1.304	1.685	2.023	2.426	2.708
40	1.303	1.684	2.021	2.423	2.704
41	1.303	1.683	2.020	2.421	2.701
42	1.302	1.682	2.018	2.418	2.698
43	1.302	1.681	2.017	2.416	2.695
44	1.301	1.680	2.015	2.414	2.692
45	1.301	1.679	2.014	2.412	2.690
46	1.300	1.679	2.013	2.410	2.687
47	1.300	1.678	2.012	2.408	2.685
48	1.299	1.677	2.011	2.407	2.682
49	1.299	1.677	2.010	2.405	2.680
50	1.299	1.676	2.009	2.403	2.678
100	1.290	1.660	1.984	2.364	2.626
200	1.286	1.653	1.972	2.345	2.601
300	1.284	1.650	1.968	2.339	2.592
∞	1.282	1.645	1.960	2.327	2.576

Note. 標本から求めた t 値が表中の値よりも大きければ，有意水準 α で帰無仮説は棄却される。

付表 A.4　F 分布表（$\alpha = .01$；その 1）

分母の自由度（ν_2）	分子の自由度（ν_1）									
	1	2	3	4	5	6	7	8	9	10
1	4052	5000	5403	5625	5764	5859	5928	5981	6022	6056
2	98.50	99.00	99.17	99.25	99.30	99.33	99.36	99.37	99.39	99.40
3	34.12	30.82	29.46	28.71	28.24	27.91	27.67	27.49	27.35	27.23
4	21.20	18.00	16.69	15.98	15.52	15.21	14.98	14.80	14.66	14.55
5	16.26	13.27	12.06	11.39	10.97	10.67	10.46	10.29	10.16	10.05
6	13.75	10.92	9.78	9.15	8.75	8.47	8.26	8.10	7.98	7.87
7	12.25	9.55	8.45	7.85	7.46	7.19	6.99	6.84	6.72	6.62
8	11.26	8.65	7.59	7.01	6.63	6.37	6.18	6.03	5.91	5.81
9	10.56	8.02	6.99	6.42	6.06	5.80	5.61	5.47	5.35	5.26
10	10.04	7.56	6.55	5.99	5.64	5.39	5.20	5.06	4.94	4.85
11	9.65	7.21	6.22	5.67	5.32	5.07	4.89	4.74	4.63	4.54
12	9.33	6.93	5.95	5.41	5.06	4.82	4.64	4.50	4.39	4.30
13	9.07	6.70	5.74	5.21	4.86	4.62	4.44	4.30	4.19	4.10
14	8.86	6.51	5.56	5.04	4.69	4.46	4.28	4.14	4.03	3.94
15	8.68	6.36	5.42	4.89	4.56	4.32	4.14	4.00	3.89	3.80
16	8.53	6.23	5.29	4.77	4.44	4.20	4.03	3.89	3.78	3.69
17	8.40	6.11	5.18	4.67	4.34	4.10	3.93	3.79	3.68	3.59
18	8.29	6.01	5.09	4.58	4.25	4.01	3.84	3.71	3.60	3.51
19	8.18	5.93	5.01	4.50	4.17	3.94	3.77	3.63	3.52	3.43
20	8.10	5.85	4.94	4.43	4.10	3.87	3.70	3.56	3.46	3.37
21	8.02	5.78	4.87	4.37	4.04	3.81	3.64	3.51	3.40	3.31
22	7.95	5.72	4.82	4.31	3.99	3.76	3.59	3.45	3.35	3.26
23	7.88	5.66	4.76	4.26	3.94	3.71	3.54	3.41	3.30	3.21
24	7.82	5.61	4.72	4.22	3.90	3.67	3.50	3.36	3.26	3.17
25	7.77	5.57	4.68	4.18	3.85	3.63	3.46	3.32	3.22	3.13
26	7.72	5.53	4.64	4.14	3.82	3.59	3.42	3.29	3.18	3.09
27	7.68	5.49	4.60	4.11	3.78	3.56	3.39	3.26	3.15	3.06
28	7.64	5.45	4.57	4.07	3.75	3.53	3.36	3.23	3.12	3.03
29	7.60	5.42	4.54	4.04	3.73	3.50	3.33	3.20	3.09	3.00
30	7.56	5.39	4.51	4.02	3.70	3.47	3.30	3.17	3.07	2.98
31	7.53	5.36	4.48	3.99	3.67	3.45	3.28	3.15	3.04	2.96
32	7.50	5.34	4.46	3.97	3.65	3.43	3.26	3.13	3.02	2.93
33	7.47	5.31	4.44	3.95	3.63	3.41	3.24	3.11	3.00	2.91
34	7.44	5.29	4.42	3.93	3.61	3.39	3.22	3.09	2.98	2.89
35	7.42	5.27	4.40	3.91	3.59	3.37	3.20	3.07	2.96	2.88
36	7.40	5.25	4.38	3.89	3.57	3.35	3.18	3.05	2.95	2.86
37	7.37	5.23	4.36	3.87	3.56	3.33	3.17	3.04	2.93	2.84
38	7.35	5.21	4.34	3.86	3.54	3.32	3.15	3.02	2.92	2.83
39	7.33	5.19	4.33	3.84	3.53	3.30	3.14	3.01	2.90	2.81
40	7.31	5.18	4.31	3.83	3.51	3.29	3.12	2.99	2.89	2.80
41	7.30	5.16	4.30	3.81	3.50	3.28	3.11	2.98	2.87	2.79
42	7.28	5.15	4.29	3.80	3.49	3.27	3.10	2.97	2.86	2.78
43	7.26	5.14	4.27	3.79	3.48	3.25	3.09	2.96	2.85	2.76
44	7.25	5.12	4.26	3.78	3.47	3.24	3.08	2.95	2.84	2.75
45	7.23	5.11	4.25	3.77	3.45	3.23	3.07	2.94	2.83	2.74
46	7.22	5.10	4.24	3.76	3.44	3.22	3.06	2.93	2.82	2.73
47	7.21	5.09	4.23	3.75	3.43	3.21	3.05	2.92	2.81	2.72
48	7.19	5.08	4.22	3.74	3.43	3.20	3.04	2.91	2.80	2.71
49	7.18	5.07	4.21	3.73	3.42	3.19	3.03	2.90	2.79	2.71
50	7.17	5.06	4.20	3.72	3.41	3.19	3.02	2.89	2.78	2.70
70	7.01	4.92	4.07	3.60	3.29	3.07	2.91	2.78	2.67	2.59
100	6.90	4.82	3.98	3.51	3.21	2.99	2.82	2.69	2.59	2.50
200	6.76	4.71	3.88	3.41	3.11	2.89	2.73	2.60	2.50	2.41
500	6.69	4.65	3.82	3.36	3.05	2.84	2.68	2.55	2.44	2.36
1000	6.66	4.63	3.80	3.34	3.04	2.82	2.66	2.53	2.43	2.34
∞	6.63	4.61	3.78	3.32	3.02	2.80	2.64	2.51	2.41	2.32

Note. 標本から求めた F 値が表中の値よりも大きければ，有意水準 .01（1%）で帰無仮説は棄却される。

付表 A.5 F 分布表（$\alpha = .01$；その 2）

分母の自由度（ν_2）	分子の自由度（ν_1）									
	11	12	13	14	15	30	50	100	500	∞
1	6083	6106	6126	6143	6157	6261	6303	6334	6360	6366
2	99.41	99.42	99.42	99.43	99.43	99.47	99.48	99.49	99.50	99.50
3	27.13	27.05	26.98	26.92	26.87	26.50	26.35	26.24	26.15	26.13
4	14.45	14.37	14.31	14.25	14.20	13.84	13.69	13.58	13.49	13.46
5	9.96	9.89	9.82	9.77	9.72	9.38	9.24	9.13	9.04	9.02
6	7.79	7.72	7.66	7.60	7.56	7.23	7.09	6.99	6.90	6.88
7	6.54	6.47	6.41	6.36	6.31	5.99	5.86	5.75	5.67	5.65
8	5.73	5.67	5.61	5.56	5.52	5.20	5.07	4.96	4.88	4.86
9	5.18	5.11	5.05	5.01	4.96	4.65	4.52	4.41	4.33	4.31
10	4.77	4.71	4.65	4.60	4.56	4.25	4.12	4.01	3.93	3.91
11	4.46	4.40	4.34	4.29	4.25	3.94	3.81	3.71	3.62	3.60
12	4.22	4.16	4.10	4.05	4.01	3.70	3.57	3.47	3.38	3.36
13	4.02	3.96	3.91	3.86	3.82	3.51	3.38	3.27	3.19	3.17
14	3.86	3.80	3.75	3.70	3.66	3.35	3.22	3.11	3.03	3.00
15	3.73	3.67	3.61	3.56	3.52	3.21	3.08	2.98	2.89	2.87
16	3.62	3.55	3.50	3.45	3.41	3.10	2.97	2.86	2.78	2.75
17	3.52	3.46	3.40	3.35	3.31	3.00	2.87	2.76	2.68	2.65
18	3.43	3.37	3.32	3.27	3.23	2.92	2.78	2.68	2.59	2.57
19	3.36	3.30	3.24	3.19	3.15	2.84	2.71	2.60	2.51	2.49
20	3.29	3.23	3.18	3.13	3.09	2.78	2.64	2.54	2.44	2.42
21	3.24	3.17	3.12	3.07	3.03	2.72	2.58	2.48	2.38	2.36
22	3.18	3.12	3.07	3.02	2.98	2.67	2.53	2.42	2.33	2.31
23	3.14	3.07	3.02	2.97	2.93	2.62	2.48	2.37	2.28	2.26
24	3.09	3.03	2.98	2.93	2.89	2.58	2.44	2.33	2.24	2.21
25	3.06	2.99	2.94	2.89	2.85	2.54	2.40	2.29	2.19	2.17
26	3.02	2.96	2.90	2.86	2.81	2.50	2.36	2.25	2.16	2.13
27	2.99	2.93	2.87	2.82	2.78	2.47	2.33	2.22	2.12	2.10
28	2.96	2.90	2.84	2.79	2.75	2.44	2.30	2.19	2.09	2.06
29	2.93	2.87	2.81	2.77	2.73	2.41	2.27	2.16	2.06	2.03
30	2.91	2.84	2.79	2.74	2.70	2.39	2.25	2.13	2.03	2.01
31	2.88	2.82	2.77	2.72	2.68	2.36	2.22	2.11	2.01	1.98
32	2.86	2.80	2.74	2.70	2.65	2.34	2.20	2.08	1.98	1.96
33	2.84	2.78	2.72	2.68	2.63	2.32	2.18	2.06	1.96	1.93
34	2.82	2.76	2.70	2.66	2.61	2.30	2.16	2.04	1.94	1.91
35	2.80	2.74	2.69	2.64	2.60	2.28	2.14	2.02	1.92	1.89
36	2.79	2.72	2.67	2.62	2.58	2.26	2.12	2.00	1.90	1.87
37	2.77	2.71	2.65	2.61	2.56	2.25	2.10	1.98	1.88	1.85
38	2.75	2.69	2.64	2.59	2.55	2.23	2.09	1.97	1.86	1.84
39	2.74	2.68	2.62	2.58	2.54	2.22	2.07	1.95	1.85	1.82
40	2.73	2.66	2.61	2.56	2.52	2.20	2.06	1.94	1.83	1.80
41	2.71	2.65	2.60	2.55	2.51	2.19	2.04	1.92	1.82	1.79
42	2.70	2.64	2.59	2.54	2.50	2.18	2.03	1.91	1.80	1.78
43	2.69	2.63	2.57	2.53	2.49	2.17	2.02	1.90	1.79	1.76
44	2.68	2.62	2.56	2.52	2.47	2.15	2.01	1.89	1.78	1.75
45	2.67	2.61	2.55	2.51	2.46	2.14	2.00	1.88	1.77	1.74
46	2.66	2.60	2.54	2.50	2.45	2.13	1.99	1.86	1.76	1.73
47	2.65	2.59	2.53	2.49	2.44	2.12	1.98	1.85	1.74	1.71
48	2.64	2.58	2.53	2.48	2.44	2.12	1.97	1.84	1.73	1.70
49	2.63	2.57	2.52	2.47	2.43	2.11	1.96	1.83	1.72	1.69
50	2.63	2.56	2.51	2.46	2.42	2.10	1.95	1.82	1.71	1.68
70	2.51	2.45	2.40	2.35	2.31	1.98	1.83	1.70	1.57	1.54
100	2.43	2.37	2.31	2.27	2.22	1.89	1.74	1.60	1.47	1.43
200	2.34	2.27	2.22	2.17	2.13	1.79	1.63	1.48	1.33	1.28
500	2.28	2.22	2.17	2.12	2.07	1.74	1.57	1.41	1.23	1.16
1000	2.27	2.20	2.15	2.10	2.06	1.72	1.54	1.38	1.19	1.11
∞	2.25	2.18	2.13	2.08	2.04	1.70	1.52	1.36	1.15	1.00

Note. 標本から求めた F 値が表中の値よりも大きければ，有意水準 .01（1%）で帰無仮説は棄却される。

付表 A.6 F 分布表（$\alpha = .05$；その 1）

分母の自由度（ν_2）	分子の自由度（ν_1）									
	1	2	3	4	5	6	7	8	9	10
1	161.4	199.5	215.7	224.6	230.2	234.0	236.8	238.9	240.5	241.9
2	18.51	19.00	19.16	19.25	19.30	19.33	19.35	19.37	19.38	19.40
3	10.13	9.55	9.28	9.12	9.01	8.94	8.89	8.85	8.81	8.79
4	7.71	6.94	6.59	6.39	6.26	6.16	6.09	6.04	6.00	5.96
5	6.61	5.79	5.41	5.19	5.05	4.95	4.88	4.82	4.77	4.74
6	5.99	5.14	4.76	4.53	4.39	4.28	4.21	4.15	4.10	4.06
7	5.59	4.74	4.35	4.12	3.97	3.87	3.79	3.73	3.68	3.64
8	5.32	4.46	4.07	3.84	3.69	3.58	3.50	3.44	3.39	3.35
9	5.12	4.26	3.86	3.63	3.48	3.37	3.29	3.23	3.18	3.14
10	4.96	4.10	3.71	3.48	3.33	3.22	3.14	3.07	3.02	2.98
11	4.84	3.98	3.59	3.36	3.20	3.09	3.01	2.95	2.90	2.85
12	4.75	3.89	3.49	3.26	3.11	3.00	2.91	2.85	2.80	2.75
13	4.67	3.81	3.41	3.18	3.03	2.92	2.83	2.77	2.71	2.67
14	4.60	3.74	3.34	3.11	2.96	2.85	2.76	2.70	2.65	2.60
15	4.54	3.68	3.29	3.06	2.90	2.79	2.71	2.64	2.59	2.54
16	4.49	3.63	3.24	3.01	2.85	2.74	2.66	2.59	2.54	2.49
17	4.45	3.59	3.20	2.96	2.81	2.70	2.61	2.55	2.49	2.45
18	4.41	3.55	3.16	2.93	2.77	2.66	2.58	2.51	2.46	2.41
19	4.38	3.52	3.13	2.90	2.74	2.63	2.54	2.48	2.42	2.38
20	4.35	3.49	3.10	2.87	2.71	2.60	2.51	2.45	2.39	2.35
21	4.32	3.47	3.07	2.84	2.68	2.57	2.49	2.42	2.37	2.32
22	4.30	3.44	3.05	2.82	2.66	2.55	2.46	2.40	2.34	2.30
23	4.28	3.42	3.03	2.80	2.64	2.53	2.44	2.37	2.32	2.27
24	4.26	3.40	3.01	2.78	2.62	2.51	2.42	2.36	2.30	2.25
25	4.24	3.39	2.99	2.76	2.60	2.49	2.40	2.34	2.28	2.24
26	4.23	3.37	2.98	2.74	2.59	2.47	2.39	2.32	2.27	2.22
27	4.21	3.35	2.96	2.73	2.57	2.46	2.37	2.31	2.25	2.20
28	4.20	3.34	2.95	2.71	2.56	2.45	2.36	2.29	2.24	2.19
29	4.18	3.33	2.93	2.70	2.55	2.43	2.35	2.28	2.22	2.18
30	4.17	3.32	2.92	2.69	2.53	2.42	2.33	2.27	2.21	2.16
31	4.16	3.30	2.91	2.68	2.52	2.41	2.32	2.25	2.20	2.15
32	4.15	3.29	2.90	2.67	2.51	2.40	2.31	2.24	2.19	2.14
33	4.14	3.28	2.89	2.66	2.50	2.39	2.30	2.23	2.18	2.13
34	4.13	3.28	2.88	2.65	2.49	2.38	2.29	2.23	2.17	2.12
35	4.12	3.27	2.87	2.64	2.49	2.37	2.29	2.22	2.16	2.11
36	4.11	3.26	2.87	2.63	2.48	2.36	2.28	2.21	2.15	2.11
37	4.11	3.25	2.86	2.63	2.47	2.36	2.27	2.20	2.14	2.10
38	4.10	3.24	2.85	2.62	2.46	2.35	2.26	2.19	2.14	2.09
39	4.09	3.24	2.85	2.61	2.46	2.34	2.26	2.19	2.13	2.08
40	4.08	3.23	2.84	2.61	2.45	2.34	2.25	2.18	2.12	2.08
41	4.08	3.23	2.83	2.60	2.44	2.33	2.24	2.17	2.12	2.07
42	4.07	3.22	2.83	2.59	2.44	2.32	2.24	2.17	2.11	2.06
43	4.07	3.21	2.82	2.59	2.43	2.32	2.23	2.16	2.11	2.06
44	4.06	3.21	2.82	2.58	2.43	2.31	2.23	2.16	2.10	2.05
45	4.06	3.20	2.81	2.58	2.42	2.31	2.22	2.15	2.10	2.05
46	4.05	3.20	2.81	2.57	2.42	2.30	2.22	2.15	2.09	2.04
47	4.05	3.20	2.80	2.57	2.41	2.30	2.21	2.14	2.09	2.04
48	4.04	3.19	2.80	2.57	2.41	2.29	2.21	2.14	2.08	2.03
49	4.04	3.19	2.79	2.56	2.40	2.29	2.20	2.13	2.08	2.03
50	4.03	3.18	2.79	2.56	2.40	2.29	2.20	2.13	2.07	2.03
70	3.98	3.13	2.74	2.50	2.35	2.23	2.14	2.07	2.02	1.97
100	3.94	3.09	2.70	2.46	2.31	2.19	2.10	2.03	1.97	1.93
200	3.89	3.04	2.65	2.42	2.26	2.14	2.06	1.98	1.93	1.88
500	3.86	3.01	2.62	2.39	2.23	2.12	2.03	1.96	1.90	1.85
1000	3.85	3.00	2.61	2.38	2.22	2.11	2.02	1.95	1.89	1.84
∞	3.84	3.00	2.60	2.37	2.21	2.10	2.01	1.94	1.88	1.83

Note. 標本から求めた F 値が表中の値よりも大きければ，有意水準 .05（5%）で帰無仮説は棄却される。

付表 A.7 F 分布表（$\alpha = .05$；その 2）

分母の自由度（ν_2）	分子の自由度（ν_1）									
	11	12	13	14	15	30	50	100	500	∞
1	243.0	243.9	244.7	245.4	245.9	250.1	251.8	253.0	254.1	254.3
2	19.40	19.41	19.42	19.42	19.43	19.46	19.48	19.49	19.49	19.50
3	8.76	8.74	8.73	8.71	8.70	8.62	8.58	8.55	8.53	8.53
4	5.94	5.91	5.89	5.87	5.86	5.75	5.70	5.66	5.64	5.63
5	4.70	4.68	4.66	4.64	4.62	4.50	4.44	4.41	4.37	4.36
6	4.03	4.00	3.98	3.96	3.94	3.81	3.75	3.71	3.68	3.67
7	3.60	3.57	3.55	3.53	3.51	3.38	3.32	3.27	3.24	3.23
8	3.31	3.28	3.26	3.24	3.22	3.08	3.02	2.97	2.94	2.93
9	3.10	3.07	3.05	3.03	3.01	2.86	2.80	2.76	2.72	2.71
10	2.94	2.91	2.89	2.86	2.85	2.70	2.64	2.59	2.55	2.54
11	2.82	2.79	2.76	2.74	2.72	2.57	2.51	2.46	2.42	2.40
12	2.72	2.69	2.66	2.64	2.62	2.47	2.40	2.35	2.31	2.30
13	2.63	2.60	2.58	2.55	2.53	2.38	2.31	2.26	2.22	2.21
14	2.57	2.53	2.51	2.48	2.46	2.31	2.24	2.19	2.14	2.13
15	2.51	2.48	2.45	2.42	2.40	2.25	2.18	2.12	2.08	2.07
16	2.46	2.42	2.40	2.37	2.35	2.19	2.12	2.07	2.02	2.01
17	2.41	2.38	2.35	2.33	2.31	2.15	2.08	2.02	1.97	1.96
18	2.37	2.34	2.31	2.29	2.27	2.11	2.04	1.98	1.93	1.92
19	2.34	2.31	2.28	2.26	2.23	2.07	2.00	1.94	1.89	1.88
20	2.31	2.28	2.25	2.22	2.20	2.04	1.97	1.91	1.86	1.84
21	2.28	2.25	2.22	2.20	2.18	2.01	1.94	1.88	1.83	1.81
22	2.26	2.23	2.20	2.17	2.15	1.98	1.91	1.85	1.80	1.78
23	2.24	2.20	2.18	2.15	2.13	1.96	1.88	1.82	1.77	1.76
24	2.22	2.18	2.15	2.13	2.11	1.94	1.86	1.80	1.75	1.73
25	2.20	2.16	2.14	2.11	2.09	1.92	1.84	1.78	1.73	1.71
26	2.18	2.15	2.12	2.09	2.07	1.90	1.82	1.76	1.71	1.69
27	2.17	2.13	2.10	2.08	2.06	1.88	1.81	1.74	1.69	1.67
28	2.15	2.12	2.09	2.06	2.04	1.87	1.79	1.73	1.67	1.65
29	2.14	2.10	2.08	2.05	2.03	1.85	1.77	1.71	1.65	1.64
30	2.13	2.09	2.06	2.04	2.01	1.84	1.76	1.70	1.64	1.62
31	2.11	2.08	2.05	2.03	2.00	1.83	1.75	1.68	1.62	1.61
32	2.10	2.07	2.04	2.01	1.99	1.82	1.74	1.67	1.61	1.59
33	2.09	2.06	2.03	2.00	1.98	1.81	1.72	1.66	1.60	1.58
34	2.08	2.05	2.02	1.99	1.97	1.80	1.71	1.65	1.59	1.57
35	2.07	2.04	2.01	1.99	1.96	1.79	1.70	1.63	1.57	1.56
36	2.07	2.03	2.00	1.98	1.95	1.78	1.69	1.62	1.56	1.55
37	2.06	2.02	2.00	1.97	1.95	1.77	1.68	1.62	1.55	1.54
38	2.05	2.02	1.99	1.96	1.94	1.76	1.68	1.61	1.54	1.53
39	2.04	2.01	1.98	1.95	1.93	1.75	1.67	1.60	1.53	1.52
40	2.04	2.00	1.97	1.95	1.92	1.74	1.66	1.59	1.53	1.51
41	2.03	2.00	1.97	1.94	1.92	1.74	1.65	1.58	1.52	1.50
42	2.03	1.99	1.96	1.94	1.91	1.73	1.65	1.57	1.51	1.49
43	2.02	1.99	1.96	1.93	1.91	1.72	1.64	1.57	1.50	1.48
44	2.01	1.98	1.95	1.92	1.90	1.72	1.63	1.56	1.49	1.48
45	2.01	1.97	1.94	1.92	1.89	1.71	1.63	1.55	1.49	1.47
46	2.00	1.97	1.94	1.91	1.89	1.71	1.62	1.55	1.48	1.46
47	2.00	1.96	1.93	1.91	1.88	1.70	1.61	1.54	1.47	1.46
48	1.99	1.96	1.93	1.90	1.88	1.70	1.61	1.54	1.47	1.45
49	1.99	1.96	1.93	1.90	1.88	1.69	1.60	1.53	1.46	1.44
50	1.99	1.95	1.92	1.89	1.87	1.69	1.60	1.52	1.46	1.44
70	1.93	1.89	1.86	1.84	1.81	1.62	1.53	1.45	1.37	1.35
100	1.89	1.85	1.82	1.79	1.77	1.57	1.48	1.39	1.31	1.28
200	1.84	1.80	1.77	1.74	1.72	1.52	1.41	1.32	1.22	1.19
500	1.81	1.77	1.74	1.71	1.69	1.48	1.38	1.28	1.16	1.11
1000	1.80	1.76	1.73	1.70	1.68	1.47	1.36	1.26	1.13	1.08
∞	1.79	1.75	1.72	1.69	1.67	1.46	1.35	1.24	1.11	1.00

Note. 標本から求めた F 値が表中の値よりも大きければ，有意水準 .05（5%）で帰無仮説は棄却される。

付表 A.8　スチューデント化された範囲 $q_{\alpha,m,df}$（$\alpha = .01$）

自由度	比較する条件の数（m）								
（df）	2	3	4	5	6	7	8	9	10
1	90.03	135.0	164.3	185.6	202.2	215.8	227.2	237.0	245.6
2	13.90	19.02	22.56	25.37	27.76	29.86	31.73	33.41	34.93
3	8.26	10.62	12.17	13.32	14.24	15.00	15.65	16.21	16.71
4	6.51	8.12	9.17	9.96	10.58	11.10	11.54	11.92	12.26
5	5.70	6.98	7.80	8.42	8.91	9.32	9.67	9.97	10.24
6	5.24	6.33	7.03	7.56	7.97	8.32	8.61	8.87	9.10
7	4.95	5.92	6.54	7.00	7.37	7.68	7.94	8.17	8.37
8	4.75	5.64	6.20	6.62	6.96	7.24	7.47	7.68	7.86
9	4.60	5.43	5.96	6.35	6.66	6.91	7.13	7.33	7.49
10	4.48	5.27	5.77	6.14	6.43	6.67	6.87	7.05	7.21
11	4.39	5.15	5.62	5.97	6.25	6.48	6.67	6.84	6.99
12	4.32	5.05	5.50	5.84	6.10	6.32	6.51	6.67	6.81
13	4.26	4.96	5.40	5.73	5.98	6.19	6.37	6.53	6.67
14	4.21	4.89	5.32	5.63	5.88	6.08	6.26	6.41	6.54
15	4.17	4.84	5.25	5.56	5.80	5.99	6.16	6.31	6.44
16	4.13	4.79	5.19	5.49	5.72	5.92	6.08	6.22	6.35
17	4.10	4.74	5.14	5.43	5.66	5.85	6.01	6.15	6.27
18	4.07	4.70	5.09	5.38	5.60	5.79	5.94	6.08	6.20
19	4.05	4.67	5.05	5.33	5.55	5.73	5.89	6.02	6.14
20	4.02	4.64	5.02	5.29	5.51	5.69	5.84	5.97	6.09
21	4.00	4.61	4.99	5.26	5.47	5.65	5.79	5.92	6.04
22	3.99	4.59	4.96	5.22	5.43	5.61	5.75	5.88	5.99
23	3.97	4.57	4.93	5.20	5.40	5.57	5.72	5.84	5.95
24	3.96	4.55	4.91	5.17	5.37	5.54	5.69	5.81	5.92
25	3.94	4.53	4.89	5.14	5.35	5.51	5.65	5.78	5.89
26	3.93	4.51	4.87	5.12	5.32	5.49	5.63	5.75	5.86
27	3.92	4.49	4.85	5.10	5.30	5.46	5.60	5.72	5.83
28	3.91	4.48	4.83	5.08	5.28	5.44	5.58	5.70	5.80
29	3.90	4.47	4.81	5.06	5.26	5.42	5.56	5.67	5.78
30	3.89	4.45	4.80	5.05	5.24	5.40	5.54	5.65	5.76
40	3.82	4.37	4.70	4.93	5.11	5.26	5.39	5.50	5.60
50	3.79	4.32	4.63	4.86	5.04	5.19	5.31	5.41	5.51
60	3.76	4.28	4.59	4.82	4.99	5.13	5.25	5.36	5.45
120	3.70	4.20	4.50	4.71	4.87	5.01	5.12	5.21	5.30
∞	3.64	4.12	4.40	4.60	4.76	4.88	4.99	5.08	5.16

付表 A.9 スチューデント化された範囲 $q_{\alpha,m,df}$（$\alpha = .05$）

自由度	比較する条件の数（m）								
（df）	2	3	4	5	6	7	8	9	10
1	17.97	26.98	32.82	37.08	40.41	43.12	45.40	47.36	49.07
2	6.08	8.33	9.80	10.88	11.73	12.43	13.03	13.54	13.99
3	4.50	5.91	6.82	7.50	8.04	8.48	8.85	9.18	9.46
4	3.93	5.04	5.76	6.29	6.71	7.05	7.35	7.60	7.83
5	3.64	4.60	5.22	5.67	6.03	6.33	6.58	6.80	6.99
6	3.46	4.34	4.90	5.30	5.63	5.90	6.12	6.32	6.49
7	3.34	4.16	4.68	5.06	5.36	5.61	5.82	6.00	6.16
8	3.26	4.04	4.53	4.89	5.17	5.40	5.60	5.77	5.92
9	3.20	3.95	4.41	4.76	5.02	5.24	5.43	5.59	5.74
10	3.15	3.88	4.33	4.65	4.91	5.12	5.30	5.46	5.60
11	3.11	3.82	4.26	4.57	4.82	5.03	5.20	5.35	5.49
12	3.08	3.77	4.20	4.51	4.75	4.95	5.12	5.27	5.39
13	3.06	3.73	4.15	4.45	4.69	4.88	5.05	5.19	5.32
14	3.03	3.70	4.11	4.41	4.64	4.83	4.99	5.13	5.25
15	3.01	3.67	4.08	4.37	4.59	4.78	4.94	5.08	5.20
16	3.00	3.65	4.05	4.33	4.56	4.74	4.90	5.03	5.15
17	2.98	3.63	4.02	4.30	4.52	4.70	4.86	4.99	5.11
18	2.97	3.61	4.00	4.28	4.49	4.67	4.82	4.96	5.07
19	2.96	3.59	3.98	4.25	4.47	4.65	4.79	4.92	5.04
20	2.95	3.58	3.96	4.23	4.45	4.62	4.77	4.90	5.01
21	2.94	3.56	3.94	4.21	4.42	4.60	4.74	4.87	4.98
22	2.93	3.55	3.93	4.20	4.41	4.58	4.72	4.85	4.96
23	2.93	3.54	3.91	4.18	4.39	4.56	4.70	4.83	4.94
24	2.92	3.53	3.90	4.17	4.37	4.54	4.68	4.81	4.92
25	2.91	3.52	3.89	4.15	4.36	4.53	4.67	4.79	4.90
26	2.91	3.51	3.88	4.14	4.35	4.51	4.65	4.77	4.88
27	2.90	3.51	3.87	4.13	4.33	4.50	4.64	4.76	4.86
28	2.90	3.50	3.86	4.12	4.32	4.49	4.62	4.74	4.85
29	2.89	3.49	3.85	4.11	4.31	4.47	4.61	4.73	4.84
30	2.89	3.49	3.85	4.10	4.30	4.46	4.60	4.72	4.82
40	2.86	3.44	3.79	4.04	4.23	4.39	4.52	4.63	4.73
50	2.84	3.42	3.76	4.00	4.19	4.34	4.47	4.58	4.68
60	2.83	3.40	3.74	3.98	4.16	4.31	4.44	4.55	4.65
120	2.80	3.36	3.68	3.92	4.10	4.24	4.36	4.47	4.56
∞	2.77	3.31	3.63	3.86	4.03	4.17	4.29	4.39	4.47

索引

■著者紹介

●山際勇一郎（やまぎわ　ゆういちろう）

—現職　東京都立大学 人文社会学部 人文科学研究科 教授
教育学修士

—主要著書

・心理学要論（分担）　培風館
・対人社会心理学重要研究集 7（分担）　誠信書房
・心理測定尺度集 II（分担）　サイエンス社
・ユーザーのための教育・心理統計と実験計画法（共著）
教育出版
・ユーザーのための心理データの多変量解析法（共著）
教育出版

●服部　環（はっとり　たまき）

—現職　法政大学 現代福祉学部 臨床心理学科 教授
教育学博士

—主要著書

・読んでわかる心理統計法（共著）　サイエンス社
・心理・教育のための R によるデータ解析　福村出版
・「使える」教育心理学（監修，分担）　北樹出版
・心理学の「現在」がわかるブックガイド（監修，分担）
実務教育出版
・Q&A 心理データ解析（共著）　福村出版

文系のための SPSS データ解析

2016 年　2 月 10 日　　初版第 1 刷発行　　定価はカヴァーに
2020 年　5 月 30 日　　初版第 2 刷発行　　表示してあります

著　者　山際勇一郎
　　　　服部　　環
発行者　中西　　良
発行所　株式会社ナカニシヤ出版
〒 606-8161　京都市左京区一乗寺木ノ本町 15 番地
Telephone　075-723-0111
Facsimile　075-723-0095
Website　http://www.nakanishiya.co.jp/
Email　iihon-ippai@nakanishiya.co.jp
郵便振替　01030-0-13128

装幀＝白沢　正／印刷・製本＝創栄図書印刷

ISBN978-4-7795-1013-7　C3004